RELATIVITÄTSTHEORIE

VON

W. PAULI JUN.

SONDERABDRUCK AUS DER ENCYKLOPÄDIE
DER MATHEMATISCHEN WISSENSCHAFTEN

MIT EINEM VORWORT VON

A. SOMMERFELD

SPRINGER FACHMEDIEN WIESBADEN GMBH 1921

ISBN 978-3-663-15264-4
DOI 10.1007/978-3-663-15829-5

ISBN 978-3-663-15829-5 (eBook)

Vorwort.

Bei dem scheinbar unersättlichen Bedürfnis nach Darstellungen der Relativitätstheorie, populären sowohl als hochwissenschaftlichen, welches besonders in Deutschland herrscht, glaubte ich dem Verlage raten zu sollen, eine Sonderausgabe des vortrefflichen Artikels zu veranstalten, den Herr W. Pauli jr. für die Encyklopädie der Mathematischen Wissenschaften, Band V, verfaßt hat. Obgleich damals noch Student war Herr Pauli nicht nur in den feinsten Gedankengängen der Relativitätstheorie durch eigene Untersuchungen heimisch, sondern auch mit der Literatur des Gegenstandes voll vertraut.

Der Artikel paßt sich seiner ganzen Anlage nach in den Rahmen der Mathematischen Encyclopädie ein. Die Rückverweise auf frühere Artikel, insbesondere auf die Elektronentheorie von H. A. Lorentz, die in ihrem Schlußparagraphen die Theorie des deformierbaren Elektrons ankündigt und daher selbst einen Markstein in der Geschichte der Relativitätstheorie bedeutet, mußten in dieser Sonderausgabe natürlich bestehen bleiben und werden den Leser schwerlich stören. Entsprechend dem allgemeinen Charakter der Encyclopädie werden die mathematischen Zusammenhänge in voller Allgemeinheit und Abstraktion dargestellt; den mathematischen Hilfsmitteln invariantentheoretischer und polydimensionaler Art ist besonders der II. Abschnitt gewidmet. Entsprechend den Zielen des physikalischen Encyklopädie-Bandes andererseits steht aber letzten Endes die physikalische Anwendung im Vordergrunde und wird die Möglichkeit der empirischen Prüfung nie aus dem Auge verloren; z. B. wird im I. Abschnitt der vielgenannte Ritzsche Gegenvorschlag zur Relativitätstheorie dargestellt und an Hand der Erfahrung mit einer Gründlichkeit kritisiert, die der Bedeutung seines Urhebers entspricht.

In der ausgedehnten Berücksichtigung des Beobachtungsmaterials unterscheidet sich der vorliegende Artikel von Weyls großer Systematik der Raum-Zeit-Theorie, die natürlich nur die besondere Auffassung Weyls, zum Teil im Gegensatz zu derjenigen Einsteins, zum Ausdruck bringen will; die Weylsche Theorie selbst und die Mieschen Gedanken, die sie weiter ausbaut, werden im letzten Abschnitt kritisch dargestellt. Von dem Laueschen Lehrbuch andererseits unterscheidet sich der Artikel Paulis darin, daß die Beweise im allgemeinen nicht vollständig durchgeführt, sondern nur ihrem wesentlichen Gedankengange nach angedeutet werden. Während das Lauesche Lehrbuch in der Auswahl des Stoffes sich mannigfache Beschränkungen auferlegen muß, wird hier die vollständige Berücksichtigung aller bis Ende 1920 erschienenen wertvolleren Beiträge angestrebt. Darüber hinaus sind auch die eigenen Ansichten des Verfassers vielfach in den Bericht eingestreut.

Es ist zu hoffen, daß die vorliegende Sonderausgabe als eine nützliche Ergänzung der Relativitätsliteratur willkommen sein und in gleicher Weise den Physiker wie den Mathematiker bei einem tieferen Eindringen in die Theorie fördern wird.

München, den 30. Juli 1921. **A. Sommerfeld**

Inhaltsübersicht.

---

*) Ich möchte auch an dieser Stelle Herrn Geheimrat *Klein* für das große Interesse, das er diesem Referat entgegengebracht hat, seine tatkräftige Hilfe bei der Durchsicht der Korrektur und seine vielen wertvollen Ratschläge meinen wärmsten Dank aussprechen. Auch Herrn *Bessel-Hagen* bin ich für sorgfältige Durchsicht eines Teiles der Korrekturbogen zu Dank verpflichtet.

IV. Allgemeine Relativitätstheorie.

V. Theorien über die Natur der elektrischen Elementarteilchen.

Literatur.

1. Grundlegende Schriften.

E. Mach, Die Mechanik in ihrer Entwicklung historisch-kritisch dargestellt, Leipzig 1883.

B. Riemann, Über die Hypothesen, die der Geometrie zugrunde liegen. Neu herausgegeben und erläutert von *H. Weyl*, Berlin 1920 [abgedruckt aus Gött. Nachr. 13 (1868), p. 133].

Lorentz-Einstein-Minkowski, Das Relativitätsprinzip. Eine Sammlung von Abhandlungen, Leipzig 1913, 3. erweiterte Aufl. 1920.

H. Minkowski, Zwei Abhandlungen über die Grundgleichungen der Elektrodynamik, Leipzig 1910 [erste Abhandl. abgedruckt aus Gött. Nachr. 1908, p. 53; zweite Abhandl. abgedruckt aus Math. Ann. 68 (1910), p. 526].

A. Einstein und *M. Großmann*, Entwurf einer verallgemeinerten Relativitätstheorie und einer Theorie der Gravitation, Leipzig 1913 [abgedruckt aus der Ztschr. Math. Phys. 63 (1914), p. 215].

A. Einstein, Die Grundlagen der allgemeinen Relativitätstheorie, Leipzig 1916 [abgedruckt aus Ann. d. Phys. 49 (1916), p. 769].

2. Lehrbücher.

M. v. Laue, Das Relativitätsprinzip, Leipzig 1911; 3. Aufl. 1919, 1. Band, Das Relativitätsprinzip der Lorentz-Transformation; 4. Aufl. 1921.

H. Weyl, Raum — Zeit — Materie, Vorlesungen über allgemeine Relativitätstheorie, Berlin 1918; 3. Aufl 1920, 4. Aufl. 1921 (zitiert nach der 1. und 3. Aufl.).

A. S. Eddington, Space, Time and Gravitation. Cambridge 1920.

A. Kopff, Grundzüge der Einsteinschen Relativitätstheorie, Leipzig 1921.

E. Freundlich, Die Grundlagen der Einsteinschen Gravitationstheorie, Berlin 1916.

A. Einstein, Über die spezielle und die allgemeine Relativitätstheorie (gemeinverständlich), Braunschweig 1917.

M. Born, Die Relativitätstheorie Einsteins und ihre physikalischen Grundlagen (gemeinverständlich dargestellt), Berlin 1920.

3. Schriften, besondere Fragen betreffend.

H. Poincaré, Sechs Vorträge gehalten zu Göttingen vom 22.—28. April 1909; 6. Vortrag: La mécanique nouvelle, Leipzig 1910.

P. Ehrenfest, Zur Krise der Lichtäther-Hypothese. Rede, gehalten beim Antritt des Lehramts an der Reichs-Universität zu Leiden, Berlin 1913.

H. A. Lorentz, Das Relativitätsprinzip, drei Vorlesungen gehalten in Teylers Stiftung zu Haarlem, Leipzig 1914.

A. Einstein, Äther und Relativitätstheorie. Rede, gehalten am 5. Mai 1920 an der Reichs-Universität zu Leiden, Berlin 1920.

F. Klein, Gesammelte mathematische Abhandlungen, 1. Band, herausgegeben von *R. Fricke* und *A. Ostrowski*, Berlin 1921 (insbesondere das Kap. Zum Erlanger Programm [1872]).

A. Brill, Das Relativitätsprinzip, Leipzig 1912; 4. Aufl. 1920.

E. Cohn, Physikalisches über Raum und Zeit, Leipzig 1913.

H. Witte, Raum und Zeit im Lichte der neueren Physik, Braunschweig 1914; 3. Aufl. 1920.

4. Schriften philosophischen Inhalts.

M. Schlick, Raum und Zeit in der gegenwärtigen Physik, zur Einführung in das Verständnis der allgemeinen Relativitätstheorie, Berlin 1917; 3. Aufl. 1920.

H. Holst, Vort fysiske Verdensbillede og Einsteins Relativitetstheori, Kopenhagen 1920.

H. Reichenbach, Relativitätstheorie und Erkenntnis a priori, Berlin 1920.

E. Cassirer, Zur Einsteinschen Relativitätstheorie, Berlin 1921.

J. Petzold, Die Stellung der Relativitätstheorie in der geistigen Entwicklung der Menschheit, Dresden 1921.

Eine Ergänzung zu vorliegendem Artikel bilden nach der astronomischen Seite der Artikel *F. Kottler,* Gravitation und Relativitätstheorie (Beitrag zum Artikel VI 2, 22 von *S. Oppenheim*) und nach der mathematischen Seite die Artikel von *R. Weitzenböck,* Neuere Arbeiten über algebraische Invariantentheorie, Differentialinvarianten und *L. Berwald,* Differentialinvarianten der Geometrie (mit besonderer Berücksichtigung der mehrdimensionalen Mannigfaltigkeiten), Bd. III 4 dieser Encyklopädie.

I. Grundlagen der speziellen Relativitätstheorie.

1. Historisches (Lorentz, Poincaré, Einstein). Die Umwandlung der physikalischen Begriffe, welche die Relativitätstheorie bewirkt hat, war seit langer Zeit vorbereitet. Bereits im Jahre 1887 bemerkte *Voigt*[1]) in einer Arbeit, die noch auf dem Standpunkt der elastischen Lichttheorie steht, daß es mathematisch bequem ist, in einem bewegten Bezugssystem eine Ortszeit t' einzuführen, deren Anfangspunkt eine lineare Funktion der räumlichen Koordinaten ist, während jedoch die Zeiteinheit als unveränderlich angenommen wird. Man kann nämlich auf diese Weise erreichen, daß die Wellengleichung

$$\Delta\varphi - \frac{1}{c^2}\frac{\partial^2\varphi}{\partial t^2} = 0$$

auch im bewegten System gültig bleibt. Diese Bemerkung blieb jedoch vollständig unbeachtet, und erst in den grundlegenden Arbeiten, die *H. A. Lorentz*[2]) 1892 und 1895 veröffentlichte, tritt eine derartige Transformation wieder auf. Zu der formalen Erkenntnis, daß die Einführung einer Ortszeit t' im bewegten System mathematisch bequem ist, kamen hier wesentlich physikalische Ergebnisse hinzu. Es wurde der Nachweis erbracht, daß bei Berücksichtigung der Bewegungen der in den Äther eingelagerten Elektronen alle Effekte 1. Ordnung in

1) *W. Voigt,* Über das Dopplersche Prinzip, Gött. Nachr. 1887, p. 41. Man erhält die *Voigt*schen Formeln, wenn man in den weiter unten angeschriebenen Gleichungen (1) $\varkappa = \sqrt{1-\beta^2}$ setzt.

2) *H. A. Lorentz,* La théorie éléctromagnetique de Maxwell et son application aux corps mouvants, Arch. Néerl. 25 (1892), p. 363; Versuch einer Theorie der elektrischen und magnetischen Erscheinungen in bewegten Körpern, Leiden 1895.

dem Quotienten $\frac{v}{c}$ aus Translationsgeschwindigkeit der Materie und Lichtgeschwindigkeit, welche die Beobachtungen kennen gelehrt hatten, quantitativ theoretisch erklärt werden können. Insbesondere ergab die Theorie eine Erklärung dafür, daß eine *gemeinsame* Geschwindigkeit von Materie und Beobachter gegen den Äther, was die Größen 1. Ordnung anlangt, auf die Erscheinungen keinen Einfluß hat.[3])

Das negative Ergebnis des *Michelson*schen Interferenzversuches[4]), bei dem es sich um einen Effekt *zweiter* Ordnung in $\frac{v}{c}$ handelt, machte jedoch der Theorie große Schwierigkeiten. Um diese zu beseitigen, verfielen *Lorentz*[5]) und unabhängig von ihm *Fitzgerald* auf die Hypothese, daß alle Körper bei einer Translationsbewegung mit der Geschwindigkeit v ihre Dimensionen verändern. Und zwar müßte die Veränderung der Längsdimensionen durch den Faktor $\varkappa\sqrt{1-\frac{v^2}{c^2}}$ bestimmt sein, wenn $\varkappa$ die Veränderung der Querdimensionen angibt; $\varkappa$ selbst bleibt unbestimmt. Zur Begründung dieser Hypothese führt *Lorentz* an, daß es sehr wohl möglich sei, daß die Molekularkräfte bei der Translationsbewegung geändert würden. Nehme man überdies an, daß die Moleküle in Gleichgewichtslagen ruhen und rein elektrostatisch aufeinander wirken, so folge aus der Theorie von selbst, daß im bewegten System Gleichgewicht vorhanden sei, wenn alle Abstände in der Translationsrichtung sich bei ungeänderten Querdimensionen um $\sqrt{1-\frac{v^2}{c^2}}$ verkürzen. Nun galt es, diese „Lorentz-Kontraktion" orga-

3) Das von *Fizeau* gefundene, sowohl dem Relativitätsprinzip als auch der Theorie von *Lorentz* widersprechende Resultat bezüglich der Beeinflussung der Azimutänderung der Polarisationsebene des Lichtes beim schiefen Durchgang durch eine Glasplatte durch die Erdbewegung wurde hernach von *D. B. Brace* [Phil. Mag. 10 (1908), p. 591] und *B. Straßer* [Ann. d. Phys. 24 (1907), p. 137] als irrtümlich nachgewiesen. — Ferner ist zu erwähnen, daß die Theorie von *Lorentz* die Möglichkeit offen ließ, mit Hilfe der Gravitation auch Effekte erster Ordnung des „Ätherwindes" zu konstatieren. So müßte, wie *Maxwell* bemerkt hat, die Translation des Sonnensystems gegen den Äther eine Ungleichheit von erster Ordnung in den Verfinsterungszeiten der Jupitermonde zur Folge haben; *C. V. Burton* [Phil. Mag. 19 (1910), p. 417; vgl. auch *H. A. Lorentz,* Das Relativitätsprinzip, 3 Haarlemer Vorträge, Leipzig 1914, p. 21] fand jedoch die zu gewärtigenden Fehlerquellen ebenso groß wie den zu erwartenden Effekt, so daß die Beobachtungen der Jupitermonde zur Entscheidung für oder gegen die alte Äthertheorie nicht herangezogen werden können.

4) Eine Beschreibung desselben gibt *H. A. Lorentz* im Artikel V 14 dieser Encyklopädie.

5) *H. A. Lorentz,* De relative beweging van de aarde en dem aether, Amst. Versl. 1 (1892), p. 74.

nisch in die Theorie einzuarbeiten und auch die anderen negativen Versuche[6]), einen Einfluß der Erdbewegung auf die Erscheinungen festzustellen, zu deuten. Da ist zunächst *Larmor* zu nennen, der bereits 1900 die heute allgemein als Lorentz-Transformation bekannten Formeln aufgestellt, also auch die Veränderung des Zeitmaßstabes bei der Bewegung ins Auge gefaßt hat.[7]) *Lorentz'* zusammenfassender Artikel[8]), der Ende 1903 abgeschlossen wurde, brachte einige kurze Andeutungen, die sich hernach als sehr fruchtbar erwiesen. Er vermutet, daß bei Übertragung der Veränderlichkeit der Masse von der elektromagnetischen auf alle ponderablen Massen die Theorie darüber werde Rechenschaft geben können, daß auch bei Vorhandensein der Molekularbewegung die Translation keine anderen Folgen hat als die erwähnte Kontraktion. Hiermit wäre auch der Versuch von *Trouton* und *Noble* erklärt. Nebenbei wird die bedeutungsvolle Frage aufgeworfen, ob vielleicht auch die Dimensionen der Elektronen durch die Translation geändert werden[9]). Doch stellt sich *Lorentz* in der Einleitung zu seinem Artikel noch prinzipiell auf den Standpunkt, daß die Erscheinungen nicht nur von der relativen Bewegung der betrachteten Körper, sondern auch von der Bewegung zum Äther abhängen[9a]).

Wir kommen nun zur Besprechung der drei Arbeiten von *Lorentz*[10]), *Poincaré*[11]) und *Einstein*[12]), welche diejenigen Überlegungen und Entwicklungen enthalten, die den Grundstock der Relativitätstheorie bilden. Zeitlich voran geht die Arbeit von *Lorentz*. Es wird vor allem der Nachweis erbracht, daß die *Maxwell*schen Gleichungen gegenüber der Koordinatentransformation

$$(1)\quad x' = \varkappa \frac{x - vt}{\sqrt{1-\beta^2}}, \quad y' = \varkappa y, \quad z' = \varkappa z, \quad t' = \varkappa \frac{t - \frac{v}{c^2} x}{\sqrt{1-\beta^2}} \cdot \left(\beta = \frac{v}{c}\right)^{13)}$$

6) *F. T. Trouton* u. *H. R. Noble*, London Phil. Trans. A 202 (1903), p. 165; Lord *Rayleigh*, Phil. Mag. 4 (1902), p. 678.

7) *J. J. Larmor*, aether and matter, Cambridge 1900, p. 167—177.

8) Artikel V 14 dieser Encyklopädie, Schlußabsatz Nr. 64 und 65.

9) l. c. Anm. 8), p. 278.

9a) l. c. p. 154.

10) *H. A. Lorentz*, Amst. Proc. 6 (1904), p. 809 [Versl. 12 (1904), p. 986]: Electromagnetic phenomena in a system moving with any velocity smaller than that of light.

11) *H. Poincaré*, Paris C. R. 140 (1905), p. 1504, Rend. Pal. 21 (1906), p. 129 sur la dynamique de l'éléctron.

12) *A. Einstein*, Ann. d. Phys. 17 (1905), p. 891: Zur Elektrodynamik bewegter Körper.

13) Um aus den Formeln bei *Larmor* und *Lorentz* (1) zu erhalten, muß man in jenen noch x durch $x - vt$ ersetzen, weil dort zuerst der gewöhnliche Übergang zum bewegten System gemacht wird.

invariant sind, sofern man gleichzeitig die Feldstärken im gestrichenen System passend wählt. Dies wird jedoch nur für die Gleichungen im ladungsfreien Raum exakt nachgewiesen. Die Terme, welche Ladungsdichte und Geschwindigkeit enthalten, sind bei *Lorentz* im gestrichenen System nicht dieselben wie im ruhenden System, da er diese Größen nicht ganz richtig transformiert. Er sieht deshalb auch die beiden Systeme nicht als völlig, sondern nur sehr angenähert als gleichwertig an. Unter der Voraussetzung, daß auch die Elektronen bei der Translation die oben erwähnte Deformation erfahren, sowie daß alle Massen und Kräfte genau so von der Geschwindigkeit abhängen wie rein elektromagnetische Massen und Kräfte, kann *Lorentz* das Auftreten der Kontraktion bei allen Körpern (auch bei Vorhandensein von Molekularbewegung) sowie das negative Ergebnis aller bekannten Versuche, einen Einfluß der Erdbewegung auf die optischen Erscheinungen festzustellen, erklären. Als entfernte Folgerung ergibt sich übrigens, daß $\varkappa = 1$ gesetzt werden muß, d. h. daß die Querdimensionen bei der Translation ungeändert bleiben, wenn anders diese Erklärung überhaupt möglich ist. Wir möchten noch ausdrücklich betonen, daß auch in dieser Arbeit *Lorentz* das Relativitätsprinzip keineswegs evident war. Ferner ist für ihn im Gegensatz zu *Einstein* charakteristisch, daß er die Kontraktion kausal zu verstehen sucht.

Die formalen Lücken, die die Arbeit von *Lorentz* übrig ließ, wurden von *Poincaré* ausgefüllt. Das Relativitätsprinzip wird von ihm als allgemein und streng gültig ausgesprochen. Da er die *Maxwell*schen Gleichungen für das Vakuum wie die übrigen bisher genannten Autoren als gültig annimmt, so kommt das auf die Forderung hinaus, daß alle Naturgesetze gegenüber der „Lorentz-Transformation"[14]) kovariant sein müssen. Die Unveränderlichkeit der Querdimensionen bei der Translation wird ganz naturgemäß aus dem Postulat hergeleitet, daß die Transformationen, die den Übergang von einem ruhenden zu einem gleichförmig bewegten System vermitteln, eine Gruppe bilden müssen, welche die gewöhnlichen Verlagerungen des Koordinatensystems als Untergruppe enthält. Ferner werden die *Lorentz*schen Transformationsformeln für Ladungsdichte und Geschwindigkeit korrigiert und damit die völlige Kovarianz der Feldgleichungen der Elektronentheorie hergestellt. Auf die Behandlung des Gravitationsproblems und die Verwendung der imaginären Koordinate ict in dieser Arbeit werden wir noch zu sprechen kommen (vgl. Nr. **50** und **7**).

---

14) Die Bezeichnungen „Lorentztransformation" und „Lorentzgruppe" finden sich in dieser Arbeit *Poincarés* zum erstenmal.

Durch *Einstein* wurde endlich die Grundlegung der neuen Disziplin zu einem gewissen Abschluß gebracht. Seine Arbeit von 1905 wurde fast gleichzeitig mit *Poincarés* Abhandlung eingesendet und ist ohne Kenntnis der *Lorentz*schen Abhandlung von 1904 verfaßt worden. Sie enthält nicht nur alle wesentlichen Resultate der beiden genannten Arbeiten, sondern vor allem auch eine völlig neue, viel tiefere Auffassung des ganzen Problems. Im folgenden wird dies im einzelnen dargelegt.

2. Das Relativitätspostulat. Die vielen negativen Versuche[15]), einen Einfluß der Erdbewegung auf die Erscheinungen durch Messungen auf der Erde selbst festzustellen, lassen mit aller Wahrscheinlichkeit, man kann wohl sagen mit Sicherheit, den Schluß zu, daß prinzipiell die Erscheinungen in einem System unabhängig von der Translationsbewegung sind, die es als Ganzes hat. Präziser gesagt: Es gibt eine dreifach unendliche Schar[16]) von geradlinig und gleichförmig gegeneinander bewegten Bezugssystemen, in denen sich die Phänomene in vollkommen gleicher Weise abwickeln. Wir werden sie im folgenden mit *Einstein* Galileische Bezugssysteme nennen, weil in ihnen das Galileische Trägheitsgesetz gilt. Es ist unbefriedigend, daß nicht *alle* Systeme als gleichwertig angesehen werden oder wenigstens eine kausale Begründung für die Auszeichnung einer gewissen Schar von Systemen gegeben wird. Diesem Mangel hilft die *allgemeine* Relativitätstheorie ab (vgl. Abschnitt IV). Vorläufig müssen wir uns auf die Galileischen Bezugssysteme, also auf die Relativität bei gleichförmigen Translationsbewegungen beschränken.

Durch das Postulat der Relativität wird der Äther als *Substanz* aus den physikalischen Theorien entfernt, da es keinen Sinn mehr hat, von Ruhe oder Bewegung relativ zum Äther zu sprechen, wenn diese

15) Neben der unter [6]) genannten Literatur ist anzuführen: Die Wiederholung des Michelsonschen Versuches von *E. W. Morley* und *D. C. Miller*, Phil. Mag. 8 (1904), p. 753 und 9 (1905), p. 680. [Man vgl auch die Diskussion bei *J. Lüroth*, München Ber. 7 (1909); *E. Kohl*, Ann. d. Phys. 28 (1909), p. 259 u. 662; *M. v. Laue*, Ann. d. Phys. 33 (1910), p. 156.] Weitere Versuche, eine durch die Erdbewegung verursachte Doppelbrechung zu finden *D. B. Brace*, Phil. Mag. 7 (1904), p. 317; 10 (1905), p. 71; Boltzmann-Festschrift 1907, p. 576 und einen Versuch von *F. T. Trouton* und *A. O. Rankine*, Proc. Roy. Soc. 8 (1908), p. 420, eine Änderung des elektrischen Widerstandes eines Drahtes je nach seiner Orientierung zur Richtung der Erdbewegung festzustellen. Man vgl. dazu auch den zusammenfassenden Bericht von *J. Laub*, Jahrb. f. Rad. u. El. 7 (1910), p. 405 über die experimentellen Grundlagen des Relativitätsprinzips.

16) Von den trivialen Verschiebungen des Koordinatenursprungs und den Verlagerungen der Achsen ist hier abgesehen.

durch Beobachtungen prinzipiell nicht konstatiert werden können. Es wird uns dies heute um so weniger befremden, als man nunmehr bereits mit Erfolg begonnen hat, die elastischen Eigenschaften der Materie auf elektrische Kräfte zurückzuführen und es ganz widersinnig wäre, wollte man hernach wieder versuchen, die elektromagnetischen Erscheinungen durch die elastischen Eigenschaften eines hypothetischen Mediums zu erklären[17]). Die mechanische Äthervorstellung war eigentlich bereits überflüssig und hemmend geworden, als die elastische Lichttheorie durch die elektromagnetische ersetzt wurde. In dieser war die Äthersubstanz immer ein Fremdkörper geblieben. Neuerdings hat *Einstein*[18]) vorgeschlagen, den Begriff Äther weiter zu fassen und darunter keine Substanz zu verstehen, sondern einfach den *Inbegriff derjenigen physikalischen Zustandsgrößen, die dem von gewöhnlicher Materie freien Raume zugeordnet werden müssen.* In diesem weiteren Sinne gibt es natürlich einen Äther, man hat nur zu beachten, daß er keine mechanischen Eigenschaften hat, d. h. daß zu den physikalischen Zustandsgrößen des materiefreien Raumes keine Lagenkoordinaten und Geschwindigkeiten gehören.

Es könnte scheinen, daß das Relativitätspostulat, nachdem man die Äthervorstellung aufgegeben hat, unmittelbar evident ist. Eine genauere Überlegung zeigt jedoch, daß dies nicht zutrifft[19]). Wir können selbstverständlich nicht dem ganzen Weltall eine Translation erteilen und dann prüfen, ob die Erscheinungen sich dadurch ändern. Einen heuristischen und physikalischen Wert hat also unser Satz nur dann, wenn man ihn für jedes abgeschlossene System als gültig ansieht. Wann aber ist ein System abgeschlossen? Genügt es, daß alle Massen hinreichend entfernt sind?[20]) Die Antwort lautet erfahrungsgemäß: Bei gleichförmigen Translationsbewegungen genügt es, bei anderen Bewegungen genügt es nicht. Für diese Vorzugsstellung der ersteren muß noch eine Erklärung gegeben werden (s. Abschn. IV, Nr. 62). Zusammenfassend können wir sagen: Das Relativitätspostulat besagt implizite, daß eine gleichförmige Translation des Schwerpunktes des Weltalls relativ zu einem abgeschlossenen System auf die Erscheinungen in diesem ohne Einfluß ist.

---

17) Diesen naheliegenden Gedanken hat gelegentlich *M. Born* vorgebracht [Naturw. 7 (1919), p. 136].

18) *A. Einstein,* Äther und Relativitätstheorie, Berlin 1920, Rede gehalten in Leiden.

19) Vgl. dazu *A. Einstein,* Ann. d. Phys. 38 (1912), p. 1059.

20) Auf die Notwendigkeit, auch in der speziellen Relativitätstheorie die fernen Massen mit in Betracht zu ziehen, hat in anderem Zusammenhang *H. Holst* hingewiesen (vgl. unten Anm. 43).

3. Das Postulat von der Konstanz der Lichtgeschwindigkeit. Die Theorie von Ritz und verwandte Theorien. Die Forderung der Relativität genügt noch nicht, um die Kovarianz aller Naturgesetze gegenüber der Lorentz-Transformation zu folgern. So ist z. B. die klassische Mechanik mit dem Relativitätsprinzip durchaus im Einklang, obwohl die Lorentz-Transformation auf ihre Gleichungen nicht anwendbar ist. *Lorentz* und *Poincaré* hatten nun, wie wir gesehen haben, die *Maxwell*schen Gleichungen ihren Betrachtungen zugrunde gelegt. Es ist aber durchaus zu verlangen, einen so fundamentalen Satz wie die Kovarianz aller Naturgesetze gegenüber der Lorentz-Gruppe aus möglichst *einfachen* Grundannahmen herzuleiten. Dies geleistet zu haben, ist das Verdienst *Einsteins*. Er hat gezeigt, daß bloß folgender Satz der Elektrodynamik vorausgesetzt werden muß: *Die Lichtgeschwindigkeit ist unabhängig vom Bewegungszustand der Lichtquelle.* Ist diese punktförmig, so sind die Wellenflächen also auf jeden Fall Kugeln mit ruhendem Mittelpunkt. Wir wollen diesen Sachverhalt wie üblich der Kürze wegen mit dem Schlagwort „Konstanz der Lichtgeschwindigkeit" bezeichnen, obwohl diese Bezeichnung zu Mißverständnissen Anlaß geben kann. Von einer *universellen* Konstanz der Vakuum-Lichtgeschwindigkeit kann schon deshalb nicht die Rede sein, weil diese nur in den Galileischen Bezugssystemen stets denselben Wert c hat. Ihre Unabhängigkeit vom Bewegungszustand der Lichtquelle besteht jedoch auch in der allgemeinen Relativitätstheorie zu recht. Sie erweist sich als der wahre Kern der alten Ätherauffassung. (Über die Gleichheit der *numerischen Werte* der Lichtgeschwindigkeit in allen Galileischen Bezugssystemen vgl. Nr. 5.)

Wie im folgenden Abschnitt gezeigt wird, führt die Konstanz der Lichtgeschwindigkeit im Verein mit dem Relativitätspostulat zu einer Neuerung des Zeitbegriffes. Es ist deshalb von *W. Ritz*[21]) und unabhängig von ihm von *Tolman*[22]), *Kunz*[23]) und *Comstock*[24]) die Frage aufgeworfen worden, ob man nicht diesen radikalen Folgerungen entgehen und dennoch in Übereinstimmung mit der Erfahrung bleiben

---

21) *W. Ritz,* Recherches critiques sur l'éléctrodynamique générale. Ann. de chim. et phys. 13 (1908), p. 145 [Ges. Werke p. 317]; Sur les théories éléctromagnétiques des Maxwell-Lorentz, Arch. de Génève 16 (1908), p. 209 [Ges. Werke, p. 427]; Du rôle de l'éther en physique, Scientia 3 (1908), p. 260 [Ges. Werke, p. 447]; vgl. auch *P. Ehrenfest*, Zur Frage nach der Entbehrlichkeit des Lichtäthers, Phys. Ztschr. 13 (1912), p. 317; Zur Krise der Lichtätherhypothese, Rede gehalten in Leiden 1912, Berlin 1913.

22) *C. Tolman,* Phys. Rev. 30 (1910), p. 291 und 31 (1910), p. 26.

23) *J. Kunz,* Am. J. of Science 30 (1910), p. 1313.

24) *D. F. Comstock,* Phys. Rev. 30 (1910), p. 267.

kann, wenn man die Konstanz der Lichtgeschwindigkeit leugnet und bloß das erste Postulat beibehält. Es ist klar, daß damit nicht nur die Existenz des Äthers, sondern auch die *Maxwell*schen Gleichungen für das Vakuum verworfen werden, so daß die ganze Elektrodynamik neu aufgebaut werden muß. Dies hat in einer *systematischen* Theorie nur *W. Ritz* getan. Er behält die Gleichungen

$$\text{(2)} \qquad \operatorname{rot} \mathfrak{E} + \frac{1}{c}\dot{\mathfrak{H}} = 0, \quad \operatorname{div} \mathfrak{H} = 0$$

bei, so daß die Feldstärken sich in der gewöhnlichen Elektrodynamik aus einem skalaren und einem Vektorpotential herleiten lassen:

$$\text{(2a)} \qquad \mathfrak{E} = -\operatorname{grad} \varphi - \frac{1}{c}\dot{\mathfrak{A}}, \quad \mathfrak{H} = \operatorname{rot} \mathfrak{A}.$$

Die Gleichungen

$$\text{(3)} \qquad \varphi(P, t) = \int \frac{\varrho\, d V_P}{[r_{PP'}]_{t'=t-\frac{r}{c}}}, \quad \mathfrak{A}(P, t) = \int \frac{\frac{1}{c}\varrho \mathfrak{v}\, d V_{P'}}{[r_{PP'}]_{t'=t-\frac{r}{c}}}$$

der gewöhnlichen Elektrodynamik werden jedoch ersetzt durch

$$\text{(4)} \qquad \varphi(P, t) = \int \frac{\varrho\, d V_{P'}}{[r_{PP'}]_{t'=t-\frac{r}{c+v_r}}}, \quad \mathfrak{A}(P, t) = \int \frac{\varrho \mathfrak{v}\, d V_{P'}}{[r_{PP'}]_{t'=t-\frac{r}{c+v_r}}}$$

entsprechend dem Prinzip, daß nur die Geschwindigkeit einer Lichtwelle *relativ zur Quelle*, von der sie ausgeht, sowie die Geschwindigkeit einer elektromagnetischen Störung *relativ zum Elektron*, das sie verursacht, gleich c ist. Wir wollen alle Theorien, welche diese Annahme machen, kurz Emissionstheorien nennen. Da das Relativitätspostulat bei ihnen von selbst erfüllt ist, erklären sie alle den *Michelson*schen Interferenzversuch, und wir haben nun zu prüfen, ob sie mit den sonstigen optischen Erfahrungen verträglich sind.

Da ist zunächst zu bemerken, daß sie mit der elektronentheoretischen Erklärung der Reflexion und Brechung unvereinbar sind, für welche die Interferenz der von den Dipolen der Substanz ausgehenden Kugelwellen mit der einfallenden Welle wesentlich ist. Denken wir uns nämlich die Substanz ruhend und die Lichtquelle gegen sie bewegt, so haben nach *Ritz* die von den Dipolen ausgehenden Wellen eine andere Geschwindigkeit (nämlich c) als die einfallende Welle, Interferenz ist also nicht möglich. Die Emissionstheorien sind ferner nur durch künstliche Zusatzhypothesen imstande, von dem für die Optik bewegter Medien fundamentalen *Fizeau*schen Strömungsversuch (vgl. Nr. 6) Rechenschaft zu geben, was sehr schwer ins Gewicht fällt. Wir wollen noch genauer betrachten, was sie über den Dopplereffekt aussagen. Eine einfache Überlegung lehrt, daß die Frequenz sich genau so ändern muß, wie es die Äthertheorie verlangt, die Wellenlänge dagegen wegen der veränderten Geschwindigkeit dieselbe bleibt wie bei ruhender Quelle.[22a]) Es fragt sich also, ob bei den gewöhnlichen, astronomischen Beobachtungen des Dopplereffektes die Änderung der Wellenlänge oder die der Frequenz konstatiert wird. Man kann zugunsten der Emissionstheorien annehmen, daß es sich bei Beobachtungen mit Prismen um die Frequenz handelt. Bei den Beobachtungen mit Beugungsgittern ist die Frage viel schwieriger zu entscheiden. *Tolman* ist der Ansicht, daß hier die Wellenlänge in Betracht kommt, die Emissionstheorien also dadurch widerlegt seien, *Stewart*[25]) dagegen vertritt die entgegengesetzte Anschauung. Es läßt sich hier nicht ohne weiteres eine Entscheidung treffen, da die Auffassung der Beugung bei den Emissionstheorien schon an sich sehr unklar ist. In den Aussagen über den Dopplereffekt am bewegten Spiegel gehen die verschiedenen Emissionstheorien auseinander. Nach *J. J. Thomson*[26]) und *Stewart*[25]) ist der bewegte Spiegel, was die Geschwindigkeit des reflektierten Strahles anlangt, äquivalent mit dem Spiegelbild der Lichtquelle, nach *Tolman* wirkt er wie eine neue Lichtquelle an seiner Oberfläche, nach *Ritz*[21a]) endlich ist die Geschwindigkeit des reflektierten Strahles gleich der eines parallelen, von der ursprünglichen Lichtquelle ausgehenden Strahles. Bei ruhender Quelle und bewegtem Spiegel ist also nach *Thomson-Stewart* kein Dopplereffekt der Wellenlänge zu erwarten, nach *Tolman* ist er halb so groß wie der der gewöhnlichen Optik, nach *Ritz* stimmt er mit diesem überein. Nun ist der Dopplereffekt der Wellenlänge des von einem bewegten Spiegel reflektierten Lichtes neuerdings wiederholt mit dem Interferometer bestimmt worden[27]) mit dem unzweifelhaften Ergebnis, daß er mit dem von der klassischen Optik geforderten übereinstimmt. Die Annahmen von *Thomson-Stewart* und *Tolman* sind damit widerlegt. Weiter hat *Q. Majorana*[28]) auch den Dopplereffekt bei einer bewegten Lichtquelle mit dem Interferometer bestimmt und hat gefunden, daß er ebenfalls dem nach der klassischen Optik zu erwartenden entspricht. Sein Ver-

22a) Dies wurde zuerst von *Tolman* (Phys. Rev., l. c. Anm. 22) hervorgehoben.

25) *O. M. Stewart*, Phys. Rev. 32 (1911), p. 418.

26) *J. J. Thomson*, Phil. Mag. 19 (1910), p. 301.

21a) *W. Ritz* u. *P. Ehrenfest*, l. c., Anm. 21); s. auch *C. Tolman*, Phys. Rev. 35 (1912), p. 136. Wenn im folgenden von „*Ritz*scher Theorie" gesprochen wird, so ist dabei die hier erwähnte, von Willkür nicht freie Vorschrift mitinbegriffen zu denken.

27) *A. A. Michelson*, Astroph. J. 37 (1913), p. 190; *Ch. Fabry* u. *H. Buisson*, Paris C. R. 158 (1914), p. 1498; *Q. Majorana*, Paris C. R. 165 (1917), p. 424, Phil. Mag. 35 (1918), p. 163 und Phys. Rev. 11 (1918), p. 411.

28) *Q. Majorana*, Phil. Mag. 37 (1919), p. 190.

such ist jedoch gegen *Ritz* nicht entscheidend, worauf besonders *Michaud*[29]) hingewiesen hat. Sei nämlich L eine mit der Geschwindigkeit v vom ruhenden Spiegel S sich entfernende Lichtquelle, A ein fester Punkt vor dem Spiegel, so kommt es in *Majoranas* Versuch in letzter Linie auf die Veränderung des Gangunterschiedes an, der beim Hin- und Zurücklaufen des Lichtes auf der Strecke $AS = l$ entsteht, wenn die Geschwindigkeit der Lichtquelle von Null auf v anwächst.

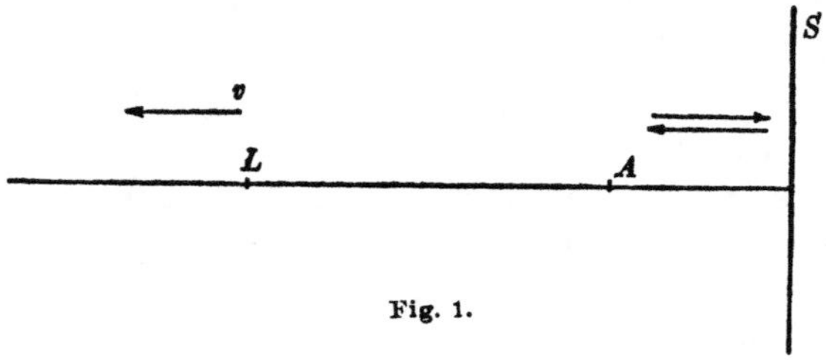

Fig. 1.

Auf dem Hinweg haben wir nun: Geschwindigkeit gleich $c - v$, Frequenz $\nu_1 = \nu\left(1 - \frac{v}{c}\right)$, also $\lambda_1 = \frac{c - v}{\nu_1} = \lambda$. Bei der Reflexion am (ruhenden) Spiegel S bleibt zwar die Frequenz die gleiche, die Geschwindigkeit wird aber hernach $c + v$, also die Wellenlänge $\lambda_2 = \frac{c + v}{\nu_1} = \lambda\left(1 + \frac{2v}{c}\right)$, wenn wir uns auf Größen 1. Ordnung beschränken. Die gesuchte Änderung des gesamten Gangunterschiedes ist also

$$\Delta = \frac{2v}{c} l = \frac{v}{c} \cdot 2l,$$

genau wie in der klassischen Theorie. Man kann überhaupt allgemein zeigen, daß in den Größen 1. Ordnung, solange es sich um geschlossene Lichtwege handelt, zwischen der *Ritz*schen und der gewöhnlichen oder der relativistischen Optik kein Unterschied besteht. Terrestrische Versuche können also nur dann zwischen beiden Anschauungen entscheiden, wenn sie sich auf Effekte 2. Ordnung erstrecken.[30]) Als derartiges experimentum crucis könnte nach *La Rosa*[31]) und *Tolman*[32]) der *Michelson*sche Interferenzversuch dienen, wenn man ihn nicht mit irdischen Lichtquellen, sondern mit Sonnenlicht ausführt. Die *Ritz*sche Theorie würde im Gegensatz zur Relativitätstheorie verlangen, daß sich dann eine Streifenverschiebung bei Drehung des Apparates zeigt.

Effekte 1. Ordnung, die gegen *Ritz* entscheiden können, gibt es jedoch sehr wohl, wenn man es nicht mit geschlossenen, sondern mit offenen Lichtwegen zu tun hat. Diese Möglichkeit ist zwar nicht

29) *P. Michaud,* Paris C. R. 168 (1919), p. 507.

30) Dies wird gelegentlich von *Ehrenfest* bemerkt (Phys. Ztschr., l. c. Anm. 21).

31) *M. La Rosa,* Nuovo Cimento (6) 3 (1912), p. 345 und Phys. Ztschr. 13 (1912), p. 1129.

32) *C. Tolman,* Phys. Rev. 35 (1912), p. 136.

bei terrestrischen, wohl aber bei astronomischen Messungen vorhanden. Schon *Comstock*[24a]) hat auf mögliche Effekte bei Doppelsternen hingewiesen. *De Sitter*[33]) hat dann die Verhältnisse quantitativ diskutiert und kam zu folgendem Ergebnis: Bei in Wirklichkeit kreisförmigen Bahnen spektroskopischer Doppelsterne müßte bei Inkonstanz der Lichtgeschwindigkeit der tatsächlich zur Beobachtung kommende zeitliche Verlauf des Dopplereffektes dem einer exzentrischen Bahn entsprechen. Aus den vorhandenen Bahnen mit sehr kleiner Exzentrizität läßt sich entnehmen, daß die Lichtgeschwindigkeit von der Geschwindigkeit v des Doppelsternes weitgehend unabhängig ist. Setzt man sie in der Form $c + kv$ an, so muß $k < 0{,}002$ sein. Hält man dieses Ergebnis mit den erwähnten Schwierigkeiten der Emissionstheorien bei der Erklärung des *Fizeau*schen Versuches und bei der atomistischen Deutung der Brechung zusammen, so kann man wohl mit Sicherheit sagen, daß sich das Postulat von der Konstanz der Lichtgeschwindigkeit als richtig, der von *Ritz* und anderen eingeschlagene Weg, den *Michelson*schen Versuch zu erklären, als ungangbar erwiesen hat.

4. Relativität der Gleichzeitigkeit. Ableitung der Lorentz-Transformation aus den beiden Postulaten. Axiomatik der Lorentz-Transformation. Bei oberflächlicher Betrachtung scheinen die beiden Postulate unvereinbar. Denken wir uns nämlich eine Lichtquelle L, die sich relativ zum Beobachter A mit der Geschwindigkeit v bewegt, während der Beobachter B relativ zu L ruhen möge. Beide Beobachter müssen dann als Wellenflächen Kugeln sehen, deren Mittelpunkte relativ zu ihnen ruhen, also *verschiedene* Kugeln. Der Widerspruch verschwindet jedoch, wenn man zuläßt, daß Raumpunkte, die für A gleichzeitig vom Licht durchlaufen werden, für B nicht gleichzeitig durchlaufen werden. Wir sind damit unmittelbar zur Relativität der Gleichzeitigkeit gelangt. Damit hängt zusammen, daß überhaupt erst eine Definition des Synchronismus zweier Uhren an verschiedenen Orten gegeben werden muß. Als solche wählt *Einstein* folgende. Vom Punkt P gehe ein Lichtstrahl zur Zeit t_P aus, werde zur Zeit t_Q in Q reflektiert und gelange zur Zeit t'_P wieder nach P zurück. Die Uhr in Q läuft synchron mit der Uhr in P, wenn $t_Q = \frac{t_P + t'_P}{2}$ ist. Das Licht verwendet *Einstein* deshalb zur Zeit-

24a) *D. F. Comstock*, Phys. Rev., l. c., Anm. 24).

33) *W. de Sitter*, Amst. Proc. 15 (1913), p. 1297 u. 16 (1913), p. 395; Phys. Ztschr. 14 (1913), p. 429 u. 1267; vgl. auch die Diskussion bei *P. Guthnik*, Astr. Nachr. 195 (1913), Nr. 4670, sowie den durch *De Sitters* zweite Note widerlegten Einwand von *E. Freundlich*, Phys. Ztschr. 14 (1913), p. 835. Vgl. auch *W. Zurhellen*, Astr. Nachr. 198 (1914), p. 1.

regulierung, weil wir über den Vorgang der Lichtausbreitung auf Grund unserer Postulate bestimmte Aussagen machen können. Es sind natürlich auch andere Möglichkeiten der Uhrenvergleichung denkbar wie Transport von Uhren, mechanische oder elastische Koppelungen u. dgl. Wir müssen verlangen, daß sich bei diesen kein unlösbarer Widerspruch zur optischen Uhreneinstellung ergibt.

Wir sind nun imstande, die Transformationsformeln, welche die Koordinaten x, y, z, t und x', y', z', t' zweier gleichförmig gegeneinander bewegter Bezugssysteme K und K' verknüpfen, herzuleiten. Die x-Achse legen wir in die Bewegungsrichtung derart, daß K' gegen K sich in der positiven x-Richtung mit der Geschwindigkeit v bewegt. Von sämtlichen Autoren wird davon ausgegangen, daß die Transformationsformeln linear sein müssen. Man kann dies damit begründen, daß gleichförmige, geradlinige Bewegungen in K auch in K' gleichförmig und geradlinig sein sollen (wobei überdies noch als selbstverständlich angenommen wird, daß endliche Koordinatenwerte in K auch in K' endlich bleiben. Es steckt darin auch die Annahme der Gültigkeit der euklidischen Geometrie und der Homogenität von Raum und Zeit). Gemäß den beiden Postulaten muß nun die Gleichung

$$x^2 + y^2 + z^2 - c^2t^2 = 0 \tag{2}$$

die entsprechende Gleichung

$$x'^2 + y'^2 + z'^2 - c^2t'^2 = 0 \tag{2'}$$

nach sich ziehen, was wegen der Linearität der Transformation nur möglich ist, wenn

$$x'^2 + y'^2 + z'^2 - c^2t'^2 = \varkappa(x^2 + y^2 + z^2 - c^2t^2)$$

ist, wo $\varkappa$ eine von v abhängige Konstante bedeutet. Berücksichtigt man noch, daß jede Bewegung parallel der x-Achse nach der Transformation wieder parallel der x-Achse sein muß, so folgen daraus durch ganz elementare Überlegungen die Formeln (1) der Nr. **1**. Es ist jetzt noch eine besondere Betrachtung nötig, um zu zeigen, daß $\varkappa = 1$ zu setzen ist. *Einstein* geht so vor, daß er auf K' noch einmal die Transformation (1) mit entgegengesetzter Geschwindigkeit anwendet.

$$x'' = \varkappa(-v)\frac{x' + vt'}{\sqrt{1-\beta^2}}, \quad y'' = \varkappa(-v)y', \quad z'' = \varkappa(-v)z',$$

$$t'' = \varkappa(-v)\frac{t' + \frac{v}{c^2}x'}{\sqrt{1-\beta^2}}.$$

Man findet

$$x'' = \varkappa(v)\varkappa(-v)x, \quad y'' = \varkappa(v)\varkappa(-v)y, \quad z'' = \varkappa(v)\varkappa(-v)z,$$

$$t'' = \varkappa(v)\varkappa(-v)t.$$

Da nun K'' relativ zu K ruht, muß es mit diesem identisch sein, d. h. es muß gelten
$$\varkappa(v)\varkappa(-v) = 1.$$
Nun bedeutet aber $\varkappa(v)$, wie wir bereits in Nr. **1** bemerkt haben, die Veränderung der Querdimension eines Stabes, und diese muß aus Symmetriegründen von der *Richtung* der Geschwindigkeit unabhängig sein: $\varkappa(v) = \varkappa(-v)$, woraus im Verein mit obiger Relation wegen des positiven Vorzeichens von $\varkappa$, $\varkappa(v) = 1$ folgt. In ähnlicher Weise schließt *Poincaré*. Er betrachtet die Gesamtheit aller linearen Transformationen, welche die Gleichung (2) in sich überführen (diese Gesamtheit bildet natürlich eine Gruppe), und fordert, daß sie als Untergruppe enthält:

a) die einparametrige Gruppe der Translationen parallel der x-Achse (als Gruppenparameter fungiert die Geschwindigkeit v),

b) die gewöhnlichen Verlagerungen der Koordinatenachsen. Hieraus folgt wieder $\varkappa = 1$. *Einsteins* Symmetrieforderung $\varkappa(v) = \varkappa(-v)$ ist nämlich in b) mitenthalten. Wir sind also zu dem definitiven Resultat gekommen:

$$\text{(I)} \qquad x' = \frac{x - vt}{\sqrt{1-\beta^2}}, \quad y' = y, \quad z' = z, \quad t' = \frac{t - \frac{v}{c^2}x}{\sqrt{1-\beta^2}}$$

$$\text{(II)} \qquad x'^2 + y'^2 + z'^2 - c^2t'^2 = x^2 + y^2 + z^2 - c^2t^2.$$

Die zu (I) inverse Transformation erhält man, wenn man v durch $-v$ ersetzt:

$$\text{(Ia)} \qquad x = \frac{x' + vt'}{\sqrt{1-\beta^2}}, \quad y = y', \quad z = z', \quad t = \frac{t' + \frac{v}{c^2}x'}{\sqrt{1-\beta^2}}.$$ [34])

Der einfache Bau der Formeln (I) legt die Frage nahe, ob sie nicht

---

34) Es ist für manche Anwendungen von Wert, auch die Formeln für die Koordinatentransformation in dem allgemeinen Fall zu kennen, wo die x-Achse nicht die Richtung der Translationsgeschwindigkeit hat. Man erhält sie, indem $\mathfrak{r}$ in eine Komponente $\mathfrak{r}_{\parallel}$ in der Richtung der Translationsgeschwindigkeit $\mathfrak{v}$ des Systems K gegen K' und eine zu $\mathfrak{v}$ senkrechte Komponente $\mathfrak{r}_{\perp}$ spaltet. Aus (I) folgt zunächst
$$\mathfrak{r}'_{\parallel} = \frac{\mathfrak{r}_{\parallel} - \mathfrak{v}t}{\sqrt{1-\beta^2}}, \qquad \mathfrak{r}'_{\perp} = \mathfrak{r}_{\perp}, \qquad t' = \frac{t - \frac{v}{c^2}\mathfrak{r}_{\parallel}}{\sqrt{1-\beta^2}};$$
wegen
$$\mathfrak{r}_{\parallel} = \frac{(\mathfrak{r}\mathfrak{v})\mathfrak{v}}{v^2}, \qquad \mathfrak{r}_{\perp} = \mathfrak{r} - \mathfrak{r}_{\parallel} = \mathfrak{r} - \frac{(\mathfrak{r}\mathfrak{v})\mathfrak{v}}{v^2}, \qquad \mathfrak{r}' = \mathfrak{r}'_{\parallel} + \mathfrak{r}'_{\perp}$$
kann dies aber auch geschrieben werden
$$\text{(1a)} \qquad \mathfrak{r}' = \mathfrak{r} + \frac{1}{v^2}\left(\frac{1}{\sqrt{1-\beta^2}} - 1\right)(\mathfrak{r}\mathfrak{v})\,\mathfrak{v} - \frac{\mathfrak{v}t}{\sqrt{1-\beta^2}}, \qquad t' = \frac{t - \frac{1}{c^2}(\mathfrak{r}\mathfrak{v})}{\sqrt{1-\beta^2}}.$$
Diese Formeln finden sich bei *G. Herglotz,* Ann. d. Phys. 36 (1911), p. 497 Gl. (9).

schon aus allgemeinen gruppentheoretischen Gesichtspunkten gefolgert werden können, ohne daß die Invarianz von (2) vorausgesetzt werden muß. Inwiefern dies der Fall ist, zeigen die Arbeiten von *Ignatowsky* und von *Frank* und *Rothe.*[35]) Setzt man bloß voraus:

1. daß die Transformationen eine einparametrige homogene lineare Gruppe bilden,
2. daß die Geschwindigkeit K gegen K' entgegengesetzt gleich der von K' gegen K ist, und
3. daß die Kontraktion der von K gesehenen, in K' ruhenden Längen gleich ist der Kontraktion der von K' gesehenen in K ruhenden Längen,

so folgt bereits, daß die Transformationsformeln die Gestalt haben müssen

$$x' = \frac{x - vt}{\sqrt{1 - \alpha v^2}}, \quad t' = \frac{t - \alpha v x}{\sqrt{1 - \alpha v^2}}. \tag{3}$$

Über das Vorzeichen, die Größe und die physikalische Bedeutung von α folgt natürlich nichts. Aus den gruppentheoretischen Forderungen läßt sich also bloß die äußere Form der Transformationsformeln ableiten, nicht ihr physikalischer Inhalt. Man bemerkt übrigens, daß aus (3) die Transformationsformeln

$$x' = x - vt, \quad t' = t \tag{4}$$

der gewöhnlichen Mechanik hervorgehen, wenn man $\alpha = 0$ setzt. Sie werden jetzt allgemein nach dem Vorgang von *Ph. Frank* „Galilei-Transformation" genannt. Man erhält sie natürlich ebenso, wenn man in (I) $c = \infty$ setzt.

5. Lorentz-Kontraktion und Zeitdilatation. Die Lorentz-Kontraktion ergibt sich als einfachste Folge der Transformationsformeln (I) und damit auch der beiden Grundannahmen. Betrachten wir einen in der x-Achse liegenden Stab, der im Bezugssystem K' ruht. Die Koordinaten seiner Enden x_1' und x_2' sind also von t' unabhängig, und es ist

$$x_2' - x_1' = l_0 \tag{5}$$

gleich der Ruhlänge des Stabes. Wir denken uns andererseits im System K die Länge des Stabes folgendermaßen bestimmt. Wir ermitteln x_1 und x_2 als Funktion von t. Den Abstand zweier Lagen, die vom Anfangs- und Endpunkt des Stabes im System K gleichzeitig eingenommen werden, nennen wir die Länge l des Stabes im bewegten System:

$$x_2(t) - x_1(t) = l. \tag{6}$$

35) *W. v. Ignatowsky,* Arch. Math. Phys. 17 (1910), p. 1 und 18 (1911), p. 17; Phys. Ztschr. 11 (1910), p. 972 und 12 (1911), p. 779; *Ph. Frank* u. *H. Rothe,* Ann. d. Phys. 34 (1911), p. 825 und Phys. Ztschr. 13 (1912), p. 750.

Da diese Lagen in K' nicht gleichzeitig sind, haben wir auch nicht zu erwarten, daß l gleich l_0 wird. In der Tat folgt aus (1):

$$x_2' = \frac{x_2(t) - vt}{\sqrt{1-\beta^2}}, \quad x_1' = \frac{x_1(t) - vt}{\sqrt{1-\beta^2}}, \quad \text{also}$$

$$l_0 = \frac{l}{\sqrt{1-\beta^2}}, \qquad l = l_0\sqrt{1-\beta^2}, \tag{7}$$

der Stab ist im Verhältnis $\sqrt{1-\beta^2} : 1$ kontrahiert, wie bereits *Lorentz* angenommen hatte. Da die Querdimensionen eines Körpers unverändert bleiben, kontrahiert sich auch sein Volumen nach der gleichen Formel

$$V = V_0\sqrt{1-\beta^2}. \tag{7a}$$

Wir haben gesehen, daß diese Kontraktion mit der Relativität der Gleichzeitigkeit zusammenhängt, und es ist deshalb die Ansicht geäußert worden[36]), daß sie nur „scheinbar", von unserer Raum-Zeitmessung vorgetäuscht ist. Nennt man nur dann einen Tatbestand wirklich, wenn er von allen Galileischen Bezugssystemen aus in derselben Weise konstatiert wird, so ist die Lorentz-Kontraktion allerdings nur scheinbar, denn der relativ zu K' ruhende Beobachter sieht den Stab unverkürzt. Wir halten das aber nicht für zweckmäßig, jedenfalls ist die Lorentz-Kontraktion prinzipiell beobachtbar. Zur Beurteilung dieser Frage ist ferner ein von *Einstein*[37]) angegebenes Gedankenexperiment lehrreich, welches zeigt, daß die zur Beobachtung der Lorentz-Kontraktion nötige Konstatierung der Gleichzeitigkeit räumlich entfernter Ereignisse durch Maßstäbe allein, ohne daß Uhren verwendet werden, vorgenommen werden kann. Verwenden wir nämlich zwei Maßstäbe A_1B_1 und A_2B_2 von der gleichen Ruhlänge l_0, die sich relativ zu K mit absolut genommen gleicher, aber entgegengesetzt gerichteter Geschwindigkeit v bewegen, und markieren den Punkt A^*, in dem sich A_1 und A_2, und den Punkt B^*, in dem sich B_1 und B_2 überdecken. (Aus Symmetriegründen folgt, daß diese Ereignisse in K gleichzeitig stattfinden.) Der Abstand A^*B^*, mit in K ruhenden Stäben ausgemessen, hat dann den Betrag

$$l = l_0\sqrt{1-\beta^2}.$$

Man muß also sagen: Die Lorentz-Kontraktion ist nicht eine Eigenschaft *eines* Maßstabes allein, sondern eine prinzipiell beobachtbare, reziproke Beziehung zweier relativ zueinander bewegten Maßstäbe.

Eine analoge Veränderung wie die Längeneinheit erfährt die Zeiteinheit bei Bewegung. Betrachten wir wieder eine in K' ruhende Uhr.

---

36) *V. Variĉak*, Phys. Ztschr. 12 (1911), p. 169.

37) *A. Einstein*, Phys. Ztschr. 12 (1911), p. 509.

Die Zeit t', welche sie in K' anzeigt, ist ihre Normalzeit τ, ihre Koordinate x' können wir gleich 0 setzen. Aus (I) folgt dann

$$t = \frac{\tau}{\sqrt{1-\beta^2}}, \quad \tau = \sqrt{1-\beta^2}\, t. \tag{8}$$

Gemessen in der Zeiteinheit von K geht also die mit der Geschwindigkeit v bewegte Uhr im Verhältnisse $\sqrt{1-\beta^2} : 1$ langsamer, als wenn sie ruhte. Diese Folgerung aus der Lorentz-Transformation ist zwar in den Ergebnissen von *Lorentz* und *Poincaré* bereits implizite enthalten, wurde jedoch erst von *Einstein* klar ausgesprochen.

Die Zeitdilatation gibt Anlaß zu einer scheinbar paradoxen Folgerung, die bereits in *Einsteins* erster Arbeit erwähnt und später von *Langevin*[38]), *Laue*[39]) und *Lorentz*[40]) genauer diskutiert wurde. Im Punkt P mögen sich zwei synchron gehende Uhren U_1, U_2 befinden. Bewegt man dann zur Zeit $t = 0$ eine von ihnen U_2 mit der konstanten Geschwindigkeit v während der Zeit t auf irgendeiner Kurve nach P', so geht sie hernach nicht mehr synchron mit U_1. Sie zeigt bei ihrer Ankunft in P' die Zeit $t\sqrt{1-\beta^2}$ statt t an. Insbesondere gilt das auch noch, wenn der Endpunkt P' der Bahn mit dem Anfangspunkt zusammenfällt. Der Einfluß der Beschleunigung auf den Gang der Uhr kann vernachlässigt werden, so lange wir uns in einem Galileischen Bezugssytem befinden. Betrachten wir insbesondere den Fall, daß U_2 auf der x-Achse bis zu einem Punkt Q und dann wieder zurück nach P bewegt wird — wobei die Geschwindigkeitsänderungen in P und Q ruckweise erfolgen sollen —, so wird dieser Einfluß jedenfalls unabhängig von t und leicht zu eliminieren sein. Das Paradoxon liegt im Folgenden: Beschreiben wir den Vorgang von einem Bezugssystem K^*, welches relativ zu U_2 dauernd ruht. Die Uhr U_1 bewegt sich dann relativ zu K^* genau so wie U_2 relativ zu K. Dennoch geht am Ende der Bewegung U_2 gegenüber der Uhr U_1 nach, U_1 also gegenüber der Uhr U_2 vor. Die Auflösung des Paradoxons besteht in der Bemerkung, daß das Koordinatensystem K^* kein Galileisches ist und in einem solchen der Einfluß der Beschleunigung auf eine Uhr nicht vernachlässigt werden kann, weil hier die Beschleunigung nicht durch eine äußere Kraft, sondern, wie man in der Newtonschen Mechanik sagt, durch eine Trägheitskraft erzeugt wird. Die volle Aufklärung des Problems kann naturgemäß erst im Rahmen

---

38) *P. Langevin,* L'évolution de l'espace et du temps, Scientia 10 (1911), p. 31.

39) *M. v. Laue,* Phys. Ztschr. 13 (1912), p. 118.

40) *H. A. Lorentz,* Das Relativitätsprinzip, 3 Haarlemer Vorlesungen, Leipzig 1914, p. 31 u. 47.

der allgemeinen Relativitätstheorie gegeben werden (vgl. Abschn. IV, Nr. **53** b); über die vierdimensionale Formulierung des Uhrenparadoxons siehe Abschn. III, Nr. **24**). Wir bemerken ferner, daß die Zeitregulierung durch Uhrentransport, die wir in der vorigen Nummer ins Auge gefaßt haben, nicht ohne weiteres möglich ist, sondern erst richtige Resultate liefert, wenn man die Zeitangaben der Uhren auf die Transportgeschwindigkeit Null extrapoliert.

Daß Versuche, einen Einfluß der Gesamttranslation eines Koordinatensystems auf die Erscheinungen innerhalb dieses Systems festzustellen, gemäß der Relativitätstheorie ein negatives Ergebnis haben müssen, ist evident. Dennoch ist es lehrreich nachzusehen, wie die Versuche von einem nicht mitbewegten System K aus gesehen werden. Wir wollen hier eine derartige Betrachtung für den *Michelson*schen Interferenzversuch durchführen. Ist l_1 die in K gemessene Länge des zur Bewegungsrichtung parallelen, l_2 die Länge des zur Bewegungsrichtung senkrechten Apparatarmes, so sind die Lichtzeiten t_1, t_2, die zum Durchlaufen der Arme gebraucht werden, bekanntlich bestimmt durch

$$ct_1 = \frac{2l_1}{1-\beta^2}, \qquad ct_2 = \frac{2l_2}{\sqrt{1-\beta^2}}.$$

Nun ist wegen der Lorentz-Kontraktion

$$l_1 = l_0\sqrt{1-\beta_2}, \qquad \text{dagegen} \qquad l_2 = l_0,$$

also

$$ct_1 = ct_2 = \frac{2l_0}{\sqrt{1-\beta^2}}.$$

Es scheint also, daß der mitbewegte Beobachter in K' eine andere Lichtgeschwindigkeit

$$c' = c\sqrt{1-\beta^2}. \tag{9}$$

beobachtet als der Beobachter in K. Dies ist eine Auffassung, die *Abraham*[41]) vertritt. Nach *Einstein* ist dagegen noch die Zeitdilatation

$$t' = t\sqrt{1-\beta^2}$$

zu berücksichtigen, so daß

$$ct_1' = ct_2' = 2l_0$$

wird und die Lichtgeschwindigkeit in K' dieselbe ist wie in K. Nach *Abraham* gibt es keine Zeitdilatation. Die *Abraham*sche Auffassung ist zwar mit dem *Michelson*schen Versuch im Einklang, steht aber im Widerspruch mit dem Relativitätspostulat, da sie prinzipiell Versuche zuläßt, welche die „absolute" Bewegung eines Systems zu bestimmen gestatten.[42])

---

41) *M. Abraham*, Theorie d. Elektrizität 2, 2. Aufl., Leipzig 1908, p. 367.

42) Es mögen an dieser Stelle auch die Gedankenexperimente von *W. Wien* [Würzb. phys. med. Ges. 1908, p. 29 und Taschenb. f. Math. u. Phys. 2 (1911),

Gehen wir nun noch genauer auf den Unterschied zwischen dem *Einstein*schen und dem *Lorentz*schen Standpunkt ein. Vor allem hat *Einstein* gezeigt, daß bei einer tiefer gehenden Fassung des Zeitbegriffes der Unterschied zwischen „Ortszeit" und wahrer Zeit verschwindet. Die *Lorentz*sche Ortszeit erweist sich als die Zeit im bewegten System K' schlechtweg. Es gibt ebenso viele Zeiten und ebenso viele Räume, als es Galileische Bezugssysteme gibt. Sehr wertvoll ist es weiterhin, daß *Einstein* die Theorie unabhängig gemacht hat von speziellen Annahmen über die Konstitution der Materie.

Ist aber deshalb das Bestreben, die Lorentz-Kontraktion atomistisch zu deuten, vollkommen zu verwerfen? Wir glauben diese Frage verneinen zu müssen. Die Kontraktion eines Maßstabes ist kein elementarer, sondern ein sehr verwickelter Prozeß. Sie würde nicht eintreten, wenn nicht schon die Grundgleichungen der Elektronentheorie sowie die uns noch unbekannten Gesetze, welche den Zusammenhalt des Elektrons selbst bestimmen, gegenüber der Lorentz-Gruppe kovariant wären. Wir müssen eben postulieren, daß dies der Fall ist, wissen aber auch, daß dann, wenn dies zutrifft, die Theorie imstande sein wird, das Verhalten von bewegten Maßstäben und Uhren atomistisch zu erklären. Nur muß man sich dabei stets der Gleichwertigkeit der beiden relativ zueinander bewegten Koordinatensysteme bewußt bleiben.

Die erkenntnistheoretischen Grundlagen der Relativitätstheorie sind neuerdings auch von philosophischer Seite einer eingehenden Prüfung unterzogen worden.[43]) Dabei ist auch die Meinung vertreten worden, daß die Relativitätstheorie den Ursachbegriff über Bord wirft. Wir sind der Ansicht, daß es erkenntnistheoretisch vollkommen befriedigt, zu sagen, die Relativbewegung ist die Ursache der Kontraktion, da diese nicht die Eigenschaft *eines* Maßstabes, sondern eine Relation zwischen zwei Maßstäben ist, und daß man, um der Kausalität zu genügen, sich nicht wie *Holst* auf die Massen des Weltalls berufen muß.

---

p. 287] und von *G. N. Lewis* und *C. Tolman* [Phil. Mag. 18 (1909), p. 516, Fußnote] erwähnt werden, welche den Term $-\dfrac{\frac{v}{c^2}x}{\sqrt{1-\beta^2}}$ in der Transformationsformel für die Zeit veranschaulichen.

43) S. insbesondere *J. Petzold,* Ztschr. f. pos. Phil. 2 (1914), p 40; Verh. d. deutsch. phys. Ges. 20 (1918), p. 189 und 21 (1918), p. 495; Ztschr. f. Phys. 1 (1920), p. 467; *M. Jakob,* Verh. d. d. phys Ges. 21 (1919), p. 159 und 501; *H. Holst,* Kgl. danske Vid. Selsk. Math.-fys. Meddelelser II (1919), p. 11; Ztschr. f. Phys. 1 (1920), p. 32 und 3 (1920), p. 108.

6. Einsteins Additionstheorem der Geschwindigkeiten und seine Anwendung auf Aberration und Mitführungskoeffizient. Dopplereffekt. Es ist ohne weiteres zu sehen, daß die Art, wie man in der alten Kinematik Geschwindigkeiten zusammengesetzt hat, in der relativistischen Kinematik nicht mehr zu richtigen Resultaten führt. Z. B. ist klar, daß eine Geschwindigkeit $v < c$ mit c zusammengesetzt, wieder c geben muß und nicht $c + v$. Die Transformationsformeln (I) enthalten vollständig die Regeln, wie man hier zu verfahren hat. Es sei in K' irgendeine Bewegung

$$x' = x'(t'), \quad y' = y'(t'), \quad z' = z'(t')$$

gegeben. Durch (I) wird ihr eine Bewegung

$$x = x(t), \quad y = y(t), \quad z = z(t)$$

in K zugeordnet. Es ist gefragt nach dem Zusammenhang der Geschwindigkeitskomponenten

$$\frac{dx'}{dt'} = u_x' = u' \cos\alpha', \quad \frac{dy'}{dt'} = u_y', \quad \frac{dz'}{dt'} = u_z', \quad u' = \sqrt{u_x'^2 + u_y'^2 + u_z'^2}$$

in K' mit den entsprechenden Größen

$$\frac{dx}{dt} = u_x = u \cos\alpha, \quad \frac{dy}{dt} = u_y, \quad \frac{dz}{dt} = u_z, \quad u = \sqrt{u_x^2 + u_y^2 + u_z^2}$$

in K. Aus (Ia) erhält man

$$dx = \frac{dx' + v\,dt'}{\sqrt{1-\beta^2}}, \quad dy = dy', \quad dz = dz', \quad dt = \frac{dt' + \frac{v}{c^2}\,dx'}{\sqrt{1-\beta^2}}$$

und daraus mittels Division durch die letzte Gleichung

$$(10) \quad u_x = \frac{u_x' + v}{1 + \frac{v u_x'}{c^2}}, \quad u_y = \frac{\sqrt{1 - \frac{v^2}{c^2}} \cdot u_y'}{1 + \frac{v u_x'}{c^2}}, \quad u_z = \frac{\sqrt{1 - \frac{v^2}{c^2}} \cdot u_z'}{1 + \frac{v u_x'}{c^2}}.$$

Diese Relationen finden sich auch in der eingangs zitierten Arbeit von *Poincaré*. Aus ihnen folgt sogleich

$$(11) \quad u = \frac{\sqrt{u'^2 + v^2 + 2u'v\cos\alpha' - \left(\frac{u' v \sin\alpha'}{c}\right)^2}}{1 + \frac{u' v \cos\alpha'}{c^2}},$$

was man auch schreiben kann

$$(11\text{a}) \quad \sqrt{1 - \frac{u^2}{c^2}} = \frac{\sqrt{1 - \frac{v^2}{c^2}}\sqrt{1 - \frac{u'^2}{c^2}}}{1 + \frac{u' v \cos\alpha'}{c^2}}$$

und

$$(12) \quad \operatorname{tg}\alpha = \frac{\sqrt{1 - \frac{v^2}{c^2}}\, u' \sin\alpha'}{u' \cos\alpha' + v}.$$

Die inversen Formeln resultieren daraus, wenn man v durch $-v$ ersetzt. Für die absoluten Beträge gilt also das kommutative Gesetz, nicht aber für die Geschwindigkeitsrichtungen. Die Regeln für die Spezialfälle, daß die zusammenzusetzenden Geschwindigkeiten parallel bzw. senkrecht zueinander stehen, können aus den Formeln (10) sofort abgelesen werden.

Ferner entnimmt man aus (11a), daß Unterlichtgeschwindigkeit zu Unterlichtgeschwindigkeit hinzugefügt, immer wieder nur Unterlichtgeschwindigkeit gibt. Daß überdies materielle Körper sich nicht relativ zueinander mit Überlichtgeschwindigkeit bewegen können, folgt schon daraus, daß die Transformation (I) in diesem Fall imaginäre Werte für die Koordinaten liefert. Man kann aber noch mehr behaupten: Pflanzte sich eine Wirkung in einem System K mit Überlichtgeschwindigkeit fort, so gäbe es ein (gegen K mit Unterlichtgeschwindigkeit bewegtes) System K', in dem ein Ereignis, das in K ein zweites, zeitlich nachfolgendes verursacht, erst *nach* dem letzteren eintrifft. Setzten wir nämlich an $u_y = u_z = 0$, $u > c$, so wird nach der Umkehrung von (10)

$$u' = \frac{u - v}{1 - \frac{uv}{c^2}} < 0,$$

sobald man $\frac{c}{u} < \frac{v}{c} < 1$ wählt. Die Begriffe Ursache und Wirkung wären umgestoßen, so daß man auf die Unmöglichkeit, mit Überlichtgeschwindigkeit Signale zu senden, schließen kann.[44]) Die Lichtgeschwindigkeit spielt also in der Relativitätstheorie in vieler Hinsicht die Rolle einer unendlich großen Geschwindigkeit. Um gelegentlich aufgetauchten Mißverständnissen vorzubeugen, möchten wir jedoch noch besonders betonen, daß der Satz von der Unmöglichkeit der Überlichtgeschwindigkeit seiner Herleitung nach nur in den Galileischen Bezugssystemen gilt.

Wir wollen nun den Fall genauer betrachten, daß die eine der Geschwindigkeiten, die zusammengesetzt werden, gleich der Lichtgeschwindigkeit wird, wobei wir aber die Richtung des Lichtstrahles beliebig lassen; wir haben also $u' = c$. Dann folgt zunächst aus (11) $u = c$, d. h. Lichtgeschwindigkeit $+$ Unterlichtgeschwindigkeit gibt wieder Lichtgeschwindigkeit. Die Beziehung (12) ergibt sodann in unserem Fall

$$\text{(13)} \qquad \operatorname{tg} \alpha = \frac{\sqrt{1-\beta^2} \sin \alpha'}{\cos \alpha' + \beta}.$$

Dies ist die relativistische Aberrationsformel, die bereits *Einstein* in

44) *A. Einstein,* Ann. d. Phys. 23 (1907), p. 371.

seiner ersten Arbeit hergeleitet hat. Eine strengere Begründung für dieselbe werden wir weiter unten geben. In Größen 1. Ordnung stimmt sie mit der klassischen Formel überein. Die Relativitätstheorie bringt hier insofern eine prinzipielle Vereinfachung, als die Fälle bewegte Lichtquelle — ruhender Beobachter und ruhende Lichtquelle — bewegter Beobachter völlig identisch werden.

Eine zweite wichtige Anwendung des *Einstein*schen Additionstheorems der Geschwindigkeiten, auf die nach einem unvollkommenen Versuch von *J. Laub*[45]) zuerst *Laue*[46]) hingewiesen hat, besteht in der Erklärung des *Fresnel*schen Mitführungskoeffizienten. Gegenüber der elektronentheoretischen Erklärung von *H. A. Lorentz*[47]) kann die Relativitätstheorie ebensowenig wie bei der Aberration im Ergebnis etwas Neues liefern, wenigstens was die der Beobachtung allein zugänglichen Größen 1. Ordnung anlangt. Die relativistische Ableitung hat jedoch den großen Vorzug, daß sie einfacher ist als die elektronentheoretische und vor allem, daß sie die Unabhängigkeit des Endresultates von speziellen Annahmen über den Mechanismus der Lichtbrechung in Evidenz setzt. Auch ist die Auffassung eine andere. Man hat früher den *Fizeau*schen Versuch geradezu als einen Beweis für die Existenz eines ruhenden Äthers angesehen, indem man ihn dahin interpretierte[48]), daß die Lichtwellen sich relativ zum bewegten Medium nicht mit der Geschwindigkeit $\frac{c}{n}$, sondern mit der Geschwindigkeit $\frac{c}{n} - \frac{v}{n^2}$ ausbreiten. Es liegt hier eine vom relativistischen Standpunkt unberechtigte Anwendung der gewöhnlichen Kinematik vor. Man hat die Sache vielmehr so aufzufassen, daß für einen mit dem Medium mitbewegten Beobachter das Licht sich normal mit der Geschwindigkeit $\frac{c}{n}$ nach allen Richtungen fortpflanzt. Gerade deshalb breitet es sich jedoch relativ zu einem mit der Geschwindigkeit v gegen das Medium bewegten Beobachter nicht mit der Geschwindigkeit $\frac{c}{n} + v$ aus, sondern mit einer anderen V, die sich aus (10) bestimmt. Wir wollen uns hier auf den Fall beschränken, daß die Strahlrichtung mit der Bewegungsrichtung des Beobachters gegen das

45) *J. Laub,* Ann. d. Phys. 23 (1907), p. 738.

46) *M. v. Laue,* Ann. d. Phys. 23 (1907), p. 989.

47) Vgl die Darstellung im Artikel V 14, Nr. 60 dieser Encyklopädie. Eine vereinfachte Ableitung des Mitführungskoeffizienten vom elektronentheoretischen Standpunkt gibt *H. A. Lorentz* in der Naturw. Rundsch. 21 (1906), p. 487.

48) Siehe z. B. den Artikel V 13, Nr. 21, p. 103 dieser Encyklopädie von *H. A. Lorentz.*

Medium übereinstimmt. Im allgemeinen Fall, auf den wir im Abschnitt III, Nr. **36** γ) zurückkommen werden, ist das Additionstheorem der Geschwindigkeiten mit Vorsicht zu handhaben. Es ist also zu setzen $u_x' = u' = \frac{c}{n}$, $u_x = u = V$, und die erste Gleichung (10) liefert

$$V = \frac{\frac{c}{n} + v}{1 + \frac{v}{cn}} \sim \frac{c}{n} + v\left(1 - \frac{1}{n^2}\right), \tag{14}$$

wenn wir nur die Glieder 1. Ordnung beibehalten. Für dispergierende Medien ist, wie bereits *H. A. Lorentz*[49]) bemerkt hat, auf der rechten Seite noch eine Korrektur anzubringen. Wie aus der Ableitung hervorgeht, bedeutet dann nämlich n den Brechungsindex derjenigen Wellenlänge λ', welche im mitbewegten System K' wahrgenommen wird. Wegen des Dopplereffektes, dessen Theorie wir sogleich darlegen werden, bestimmt sie sich aus der für das System K gültigen Wellenlänge λ zu

$$\lambda' = \lambda\left(1 + \frac{v}{u'}\right) = \lambda\left(1 + \frac{nv}{c}\right).$$

(Wir beschränken uns wieder auf Größen 1. Ordnung.) Also wird

$$\frac{c}{n(\lambda')} = \frac{c}{n(\lambda)} - \frac{c}{n^2}\frac{dn}{d\lambda} \cdot \lambda\frac{nv}{c},$$

und wenn wir noch n statt $n(\lambda)$ schreiben, erhalten wir endlich

$$V = \frac{c}{n} + v\left(1 - \frac{1}{n^2} - \frac{\lambda}{n}\frac{dn}{d\lambda}\right). \tag{14a}$$

Zeeman[50]) ist es gelungen, das Vorhandensein dieses Zusatzgliedes auch experimentell sicherzustellen.

Die Versuchsanordnung wurde neuerdings mehrfach modifiziert, indem man das Licht nicht an festen, sondern an bewegten Flächen austreten ließ, und zwar auch senkrecht auf der Bewegungsrichtung des Körpers, in dem die Mitführung bestimmt wird. Es wurden dabei bewegte Glas- oder Quarzkörper statt der Flüssigkeit bei *Fizeau* verwendet. Die Theorie bedarf dann gewisser Modifikationen gegenüber der des *Fizeau*schen Versuchs, und es resultieren andere Endformeln.[51]) Auch ersetzte man die translatorische Bewegung durch

---

49) *H. A. Lorentz,* Versuch einer Theorie d. elektrischen und optischen Erscheinungen in bewegten Körpern, Leiden 1895, p. 101.

50) *P. Zeeman,* Amst. Versl. 23 (1914), p. 245; 24 (1915), p. 18.

51) Solche Experimente wurden ausgeführt von *G. Sagnac,* Paris C. R. 157 (1913), p. 708 u. 1410; J. de Phys. (5) 4 (1914), p. 177 [Theorie bei *M. v. Laue,* München Ber. 1911, p. 404 und Das Relativitätsprinzip, 3. Aufl. 1919]; *F. Harreß,* Diss. Jena 1911 und Bericht von *O. Knopf,* Ann. d. Phys. 62 (1920), p. 389 [Zur theoretischen Deutung vgl.: *P. Harzer,* Astron. Nachr. 198 (1914), p. 378 und 199

eine Drehung. Besonders bemerkenswert ist der Versuch von *Sagnac*[51]), bei dem alle Apparatteile mitrotiert werden, weil er zeigt, daß die Rotation eines Bezugssystems relativ zu einem Galileischen System durch optische Experimente innerhalb des Systems selbst festgestellt werden kann. Das Ergebnis des Experiments ist mit der Relativitätstheorie völlig im Einklang. Schon früher hatte *Michelson*[51a]) einen ähnlichen Versuch vorgeschlagen, um die Drehung der Erde optisch nachzuweisen, und *Laue*[51a]) hat diesen Vorschlag vom theoretischen Standpunkt aus eingehend besprochen. Wir haben es hier mit einem optischen Gegenstück zum *Foucault*schen Pendelversuch zu tun.

Als letzte der drei für die Optik bewegter Körper fundamentalen Erscheinungen besprechen wir hier gleich den Dopplereffekt, obwohl er nichts mit dem Additionstheorem der Geschwindigkeiten zu tun hat. Betrachten wir eine sehr weit entfernte Lichtquelle L, die im System K ruht. Mit einem zweiten System K' bewege sich ein Beobachter in der positiven x-Richtung mit der Geschwindigkeit v relativ zu K. Die Verbindungslinie Lichtquelle-Beobachter schließe in K gemessen einen Winkel α mit der x-Achse ein, und die z-Achse liege überdies senkrecht auf der durch diese beiden Richtungen bestimmten Ebene. Dann ist in K die Lichtphase bestimmt durch

$$e^{2\pi i\nu\left[t-\frac{x\cos\alpha+y\sin\alpha}{c}\right]},$$

wo ν die Normalfrequenz der Lichtquelle bedeutet. Wie wir im Abschnitt III, Nr. **32δ**) noch genauer ausführen werden, muß die Phase eine Invariante sein. Es gilt also

$$e^{2\pi i\nu'\left[t'-\frac{x'\cos\alpha'+y'\sin\alpha'}{c}\right]}=e^{2\pi i\nu\left[t-\frac{x\cos\alpha+y\sin\alpha}{c}\right]}.$$

Mittels (I) folgt daraus sofort

$$\nu'=\nu\frac{1-\beta\cos\alpha}{\sqrt{1-\beta^2}}, \tag{15}$$

$$\cos\alpha'=\frac{\cos\alpha-\beta}{1-\beta\cos\alpha},\qquad \sin\alpha'=\frac{\sin\alpha\sqrt{1-\beta^2}}{1-\beta\cos\alpha}, \tag{16}$$

woraus man weiter entnimmt

$$\operatorname{tg}\alpha'=\frac{\sin\alpha\sqrt{1-\beta^2}}{\cos\alpha-\beta} \tag{16a}$$

(1914), p. 10; *A. Einstein,* Astron. Nachr. 199 (1914), p. 9 und 47]; endlich *P. Zeeman,* Amst. Versl. 28 (1919), p. 1451 und *P. Zeeman* u. *A. Snethlage,* Amst. Versl. 28 (1919), p. 1462; Amst. Proc. 22 (1920), p. 462 u. 512; Die Theorie *aller* dieser Versuche wird ausführlich entwickelt durch *M. v. Laue,* Ann. d. Phys. 62 (1920), p. 448.

51a) *A. A. Michelson,* Phil. Mag. 8 (1904), p. 716; *M. v. Laue,* München Ber., math.-phys. Kl. 1911, p. 405.

und

(16b) $$\operatorname{tg}\frac{\alpha'}{2} = \sqrt{\frac{1+\beta}{1-\beta}}\operatorname{tg}\frac{\alpha}{2}.$$

Wir fügen noch die Transformationsformel für den räumlichen Winkel $d\Omega$ eines Strahlenbündels hinzu. Da

$$\frac{d\Omega'}{d\Omega} = \frac{d\cos\alpha'}{d\cos\alpha},$$

folgt aus

(16c) $$1 + \beta\cos\alpha' = \frac{1-\beta^2}{1-\beta\cos\alpha}$$

durch Differenzieren sofort

(17) $$d\Omega' = \frac{1-\beta^2}{(1-\beta\cos\alpha)^2}\,d\Omega.$$

Formel (15) bringt den Dopplereffekt zum Ausdruck, (16a) ist die Umkehrung unserer früheren Gleichung (13). Wir haben also zugleich eine neue, strengere Ableitung der relativistischen Aberrationsformel gewonnen. Wie zu erwarten war, stimmt auch der Ausdruck für den Dopplereffekt mit dem klassischen in den Größen 1. Ordnung, die allein der Beobachtung zugänglich sind, überein. Wie bei der Aberration bringt hier die Relativitätstheorie insofern eine prinzipielle Vereinfachung, als die in der alten Theorie und beim Schall auch tatsächlich verschiedenen Fälle: ruhende Lichtquelle — bewegter Beobachter und bewegte Lichtquelle — ruhender Beobachter vollkommen identisch werden.

Für die Relativitätstheorie charakteristisch ist der Umstand, daß auch dann, wenn die Geschwindigkeit der Lichtquelle senkrecht zur Blickrichtung gelegen ist ($\cos\alpha = 0$), der Dopplereffekt nicht verschwindet. Vielmehr wird nach (15) in diesem Fall

(17a) $$\nu' = \frac{\nu}{\sqrt{1-\beta^2}}.$$

Diese transversale Dopplerverschiebung nach Rot ist vollkommen im Einklang mit der für jede bewegte Uhr postulierten Zeitdilatation (Nr 5). Bald nachdem *Stark* den Dopplereffekt in dem von den Kanalstrahlteilchen emittierten Licht beobachtet hatte, wurde von *Einstein*[52]) auf die Möglichkeit hingewiesen, diesen transversalen Dopplereffekt durch Beobachtungen an Kanalstrahlen zu verifizieren. Bisher ist es jedoch nicht gelungen das Experiment durchzuführen, da es äußerst schwierig ist, α genau gleich 90^0 zu machen und den relativistischen transversalen Dopplereffekt vom gewöhnlichen longitudinalen zu trennen.

---

52) *A. Einstein,* Ann. d. Phys. 33 (1907), p. 197.

II. Mathematische Hilfsmittel.

7. Die vierdimensionale Raum-Zeitwelt (Minkowski). Wie im vorausgehenden Abschnitt dargelegt wurde, lassen sich die Postulate der Relativität und der Konstanz der Lichtgeschwindigkeit in die eine Forderung der Invarianz aller Naturgesetze gegenüber der Lorentz-Gruppe zusammenfassen Unter Lorentz-Gruppe wollen wir von nun an die Gesamtheit aller ∞^{10} linearen Transformationen verstehen, welche die Identität (II) befriedigen. Jede derartige Transformation kann aus Drehungen des Koordinatensystems (zu denen eventuell auch noch Spiegelungen hinzutreten können) und aus der speziellen Lorentz-Transformation vom Typus (I) zusammengesetzt werden.[53]) Mathematisch gesprochen ist also die spezielle Relativitätstheorie die Invariantentheorie der Lorentz-Gruppe.

Für ihre Entwicklung sind die Arbeiten *Minkowskis*[54]) grundlegend geworden. Durch konsequente Ausnutzung von zwei Umständen gelang es ihm, die Theorie in eine außerordentlich elegante mathematische Form zu bringen.

1. *Führt man statt der gewöhnlichen Zeit t die imaginäre Größe $u = ict$ ein, so verhalten sich in der Lorentz-Gruppe, also auch in den gegenüber dieser Gruppe invarianten Naturgesetzen, Raum und Zeitkoordinaten formal völlig gleich.* In der Tat geht dann die für die *Lorentz*-Gruppe charakteristische Invariante

$$x^2 + y^2 + z^2 - c^2t^2$$

---

53) Sobald man von den Transformationen der Koordinaten selbst zu denen ihrer Differentiale übergeht, entspricht den Verschiebungen des Koordinatenursprunges keine Transformation mehr (vgl. die folgende Nr.). Über die Einschränkung der in der Lorentz-Gruppe zulässigen Transformationen, welche von den Realitätsverhältnissen gefordert wird, und über die Umkehr der Zeit vgl. Nr. 22.

54) *H. Minkowski:* 1. Das Relativitätsprinzip, Vortrag gehalten in der math. Gesellsch. zu Göttingen am 5. Nov. 1907, abgedruckt im Jahresber. d. Deutsch. Math. Ver. 24 (1915), p. 372 und in den Ann. d. Phys. 47 (1915), p. 927. 2. Die Grundgleichungen für die elektromagnetischen Vorgänge in bewegten Körpern, Gött. Nachr. 1908, p. 53 und Math. Ann. 68 (1910), p. 472, auch separat, Leipzig 1911. 3. Raum und Zeit, Vortrag gehalten auf der Naturforscherversammlung in Köln am 21. Sept. 1908, abgedruckt in der Phys. Ztschr. 10 (1909), p 104, auch in der Sammlung, Das Relativitätsprinzip, Leipzig 1913. Im folgenden zitiert als *Minkowski* I, II und III.

Als Vorläufer *Minkowskis* muß *Poincaré* (Rend. Pal. l. c. Anm. 11) genannt werden, der bereits die imaginäre Koordinate $u = ict$ gelegentlich einführt und öfters schon diejenigen Größen zusammenfaßt und als Koordinaten eines Punktes im R_4 deutet, die man heute als Komponenten eines Vektors bezeichnet Auch der invariante Abstand spielt in seinen Überlegungen eine Rolle.

über in

$$x^2 + y^2 + z^2 + u^2. \tag{18}$$

Es ist deshalb zweckmäßig, nicht von vornherein Raum und Zeit zu trennen, sondern die vierdimensionale Raum-Zeit-Mannigfaltigkeit an sich zu betrachten, die wir mit *Minkowski* kurz Welt nennen wollen.

2. Da der Ausdruck (18) gegenüber Lorentz-Transformationen invariant und außerdem eine quadratische Form der Koordinaten ist, liegt es nahe, ihn als *Quadrat der Entfernung* des Weltpunktes $P(x, y, z, u)$ vom Koordinatenursprung zu definieren in Analogie zum entsprechenden Entfernungsquadrat $x^2 + y^2 + z^2$ im gewöhnlichen Raum. *Dadurch wird in der Welt eine Geometrie (Metrik) festgelegt, die eine weitgehende Verwandtschaft mit der Euklidischen Geometrie hat.* Eine volle Identität beider Geometrien ist wegen des imaginären Charakters der einen Koordinate nicht vorhanden, der zum Beispiel zur Folge hat, daß zwei Weltpunkte mit dem Abstand Null nicht notwendig zusammenfallen müssen; in Nr. 22 werden diese Verhältnisse näher erläutert. Ungeachtet dieser Unterschiede in den geometrischen Verhältnissen können jedoch die Lorentz-Transformationen in Analogie zu den Drehungen des Koordinatensystems im R_3 als *orthogonale* lineare Transformationen der Weltkoordinaten und als (imaginäre) Drehungen der Weltachsen angesehen werden. Und ebenso wie der gewöhnliche Vektor- und Tensorkalkül aufgefaßt werden kann als Invariantentheorie der orthogonalen linearen Koordinatentransformationen des R_3, nimmt die Invariantentheorie der Lorentz-Gruppe die Form eines vierdimensionalen Vektor- und Tensorkalküls an.[55]) Zusammenfassend können wir also das *zweite* für die *Minkowski*sche Darstellung der Theorie wesentliche Moment so formulieren: *Infolge des Umstandes, daß die Lorentz-Gruppe eine quadratische Form der vier Weltkoordinaten invariant läßt, kann die Invariantentheorie dieser Gruppe geometrisch eingekleidet werden und erscheint dann als naturgemäße Verallgemeinernng des gewöhnlichen Vektor- und Tensorkalküls für eine vierdimensionale Mannigfaltigkeit.*

8. Übergang zu allgemeineren Transformationsgruppen. Um hier gleich auch die für die allgemeine Relativitätstheorie nötigen mathematischen Hilfsmittel entwickeln zu können, wollen wir schon hier einige formale Ergebnisse derselben vorwegnehmen.

Es ist dort nicht mehr möglich, den Abstand zweier in endlicher Entfernung voneinander befindlicher Weltpunkte in so einfacher Weise

55) Die entscheidenden Ansätze für denselben finden sich in den zitierten Arbeiten *Minkowskis*. Eine systematische Darstellung wurde zuerst von *Sommerfeld* gegeben: *A. Sommerfeld*, Ann. d. Phys. 32 (1910), p. 749 und 33 (1910), p. 649.

zu definieren, wie es durch die Relation (18) geschehen ist. Doch läßt sich auch hier das Quadrat des Abstandes ds zweier *unendlich benachbarter* Punkte darstellen als quadratische Form der Koordinatendifferentiale. Wir bezeichnen die Koordinaten statt mit x, y, z, u mit x^1, x^2, x^3, x^4, kurz mit x^i, die Koeffizienten dieser Form entsprechend mit g_{ik} und lassen mit *Einstein* die Summenzeichen fort, indem wir ein für allemal festsetzen, daß über jeden Index, der zweimal vorkommt, zu summieren ist, wobei er die Werte 1, 2, 3, 4 durchläuft. Dann können wir schreiben

(19) $$ds^2 = g_{ik}\,dx^i\,dx^k \qquad (g_{ik} = g_{ki}).$$

Die Summen auf der rechten Seite sind so auszuführen, daß i und k unabhängig voneinander je die Werte 1, 2, 3, 4 durchlaufen. Die Kombinationen ik, in welchen $i \neq k$ ist, kommen deshalb insgesamt je zweimal, die Kombinationen ii nur einmal in (19) vor. Dies hat zum Beispiel die Konsequenz, daß bei Differentiation der quadratischen Form

$$J = g_{ik}\,u^i\,u^k$$

nach u^i sich ergibt

(20) $$\frac{dJ}{du^i} = 2 g_{ik} u^k,$$

was auch im Einklang ist mit dem *Euler*schen Satz

$$u^i \frac{dJ}{du^i} = 2J.$$

Im Linienelement (19) werden die g_{ik} im allgemeinen beliebige Funktionen der Koordinaten sein können. Dementsprechend hat es die allgemeine Relativitätstheorie, nachdem die Größen g_{ik} *explizite* eingeführt sind, mit der Invariantentheorie der Gruppe aller Punkttransformationen

$$x'^k \rightarrow x'^k(x^1, x^2, x^3, x^4)$$

zu tun.

Wir geben noch mit teilweiser Ergänzung des bisher Gesagten die folgende Zusammenstellung der für die Physik wichtigsten Transformationsgruppen, indem wir dem Erlanger Programm von *F. Klein*[56a]) folgen. Jede der angeführten Gruppen enthält die vorangehenden als Untergruppen (B′ ausgenommen).

56a) *F. Klein,* Programm zum Eintritt in die philosophische Fakultät, Erlangen 1872; wiederabgedruckt in den Math. Ann. 43 (1893), p. 63. Vgl. auch *Kleins* Vortrag: Über die geometrischen Grundlagen der Lorentz-Gruppe, Jahresber. d. Deutsch. Math.-Ver. 19 (1910), p. 281 und Phys. Ztschr. 12 (1911), p. 17. Siehe auch die Bemerkungen in *F. Kleins* Gesammelten mathematischen Abhandlungen, 1. Band, Berlin 1921, p. 565—567.

A. Die Gruppe der orthogonalen linearen Transformationen (Lorentz-Gruppe), welche das Quadrat der Distanz

$$s^2 = x_1^2 + x_2^2 + x_3^2 + x_4^2$$

invariant läßt. Dabei können die inhomogenen Transformationen nach Belieben mitgezählt werden oder nicht. Definiert man die Lorentz-Gruppe jedoch als die Gruppe der linearen Transformationen der Koordinaten*differentiale,* welche das *infinitesimale* Abstandsquadrat

$$ds^2 = dx_1^2 + dx_2^2 + dx_3^2 + dx_4^2$$

invariant lassen, so besteht sie nur aus ∞^6 *homogenen* Transformationen. Für manche Anwendungen sind jedoch gerade die Verschiebungen des Koordinatenursprunges wichtig. Außerdem hat man noch zu unterscheiden zwischen den eigentlichen orthogonalen Transformationen mit der Funktionaldeterminante $+1$, welche sich stetig in die identische Transformation überführen lassen, und der umfassenderen Gruppe, die auch die gemischt orthogonalen Transformationen mit der Funktionaldeterminante -1 enthält, welche mit einer Umklappung verbunden sind.

B. Die affine Gruppe, die alle linearen Transformationen enthält.

B'. Die Gruppe der konformen Abbildungen, welche die Gleichung

$$x_1^2 + x_2^2 + x_3^2 + x_4^2 = 0$$

des Lichtkegels in sich überführt, so daß

$$x_1'^2 + x_2'^2 + x_3'^2 + x_4'^2 = \varrho(x_1^2 + x_2^2 + x_3^2 + x_4^2)$$

wird, wo ϱ eine beliebige Funktion der Koordinaten ist. Über ihre Anwendbarkeit auf die *Maxwell*schen Gleichungen und ihre Rolle in der *Nordström*schen Gravitationstheorie vgl. Nr. **28** und **65** d).

C. Die projektive Gruppe der linear gebrochenen Transformationen. Auf diese beziehen sich hauptsächlich die älteren Untersuchungen der Mathematiker über nichteuklidische Geometrie. Für die Physik ist sie bisher von geringerer Wichtigkeit (vgl. jedoch Nr. **18**).

D. Die Gruppe aller Punkttransformationen, der die invariante Differentialform (19) adjungiert ist. Ihre Invariantentheorie ist die Tensorrechnung der allgemeinen Relativitätstheorie.

E. Über die noch umfassendere Gruppe von *Weyl* siehe Abschn. V, Nr. **65**.

9. Tensorrechnung bei affinen Koordinatentransformationen.[56]) Um den Übelstand zu vermeiden, daß ein und dieselben Formeln in

---

56) Außer der in Nr. 7 zitierten Literatur kommt hier in Betracht: *H. Graßmann,* Ausdehnungslehre von 1862, Berlin; *M. v. Laue,* Das Relativitätsprinzip, Braunschweig, 1. Aufl. 1911, 3. Aufl. 1919; *H. Weyl,* Raum—Zeit—Materie, Berlin, 1. Aufl. 1918,

der speziellen und in der allgemeinen Relativitätstheorie in verschiedener Weise geschrieben werden, wollen wir gleich die affine Gruppe unseren Betrachtungen zugrunde legen und uns nicht auf orthogonale Transformationen beschränken. Geometrisch bedeutet dies, daß wir auch schiefwinklige (nicht aber krummlinige) Koordinatensysteme zulassen. Die g_{ik} sind Konstante, haben aber nicht immer die Normalwerte $g_{ik} = \delta_i^k$ wie in den orthogonalen Systemen. Dabei ist das Größensystem δ_i^k definiert durch

$$\delta_i^k = \begin{cases} 0 & \text{für} \quad i \neq k \\ 1 & \text{,,} \quad i = k. \end{cases} \tag{21}$$

Der Tensorkalkül kann nun in verschiedener Weise begründet werden. Entweder man deutet die Tensorkomponenten als Projektionen gewisser geometrischer Gebilde, oder man charakterisiert sie rein algebraisch durch ihr Verhalten bei Koordinatentransformationen. *Minkowski* faßt bloß den Vierervektor geometrisch auf, während er zu dem von ihm zuerst eingeführten Begriffe des Flächentensors (oder wie er sagt, des Vektors II. Art) auf rein algebraischem Wege gelangt. Durch *Sommerfelds* Arbeiten[55a]) wurde jedoch die geometrische Methode die herrschende und blieb sie, bis die Lorentz-Gruppe durch allgemeinere Transformationsgruppen ersetzt wurde. In der für den Tensorkalkül der allgemeinen Punkttransformationsgruppe grundlegenden Abhandlung von *Ricci* und *Levi-Civita*[56]), an die *Einstein*[56]) anknüpfte, findet sich nämlich außer einem Ansatz für die Interpretation der kontra- und kovarianten Vektorkomponenten keine geometrische Betrachtung. Erst durch spätere Arbeiten von *Hessenberg, Levi-Civita* und *Weyl*[57]) wurde das geometrische Moment wieder mehr betont.

---

2. Aufl. 1919, 3. Aufl. 1920; *G. Ricci* u. *T. Levi-Civita,* Méth. de calcul différentiel absolu et leurs application, Math. Ann. 54 (1901), p. 135; *A. Einstein,* Die formale Grundlage der allgemeinen Relativitätstheorie, Berl. Ber. 1914, p. 1030 und: Die Grundlage der allgemeinen Relativitätstheorie, Ann. d. Phys. 49 (1916), p. 769, auch separat als Broschüre, Leipzig 1916. Eine abweichende Terminologie verwenden *G. N. Lewis,* Proc. Am. Acad. 46 (1910), p. 165 und *E. B. Wilson* und *G. N. Lewis,* Proc. Am. Acad. 48 (1912), p. 387, vgl. auch den Bericht von *G. N. Lewis,* Jahrb. f. Rad. u. El. 7 (1910), p. 321. Ferner: *H. Kafka,* Ann. d. Phys. 58 (1919), p. 1; *H. Lang,* Diss. München 1919 und Ann. d. Phys. 61 (1920), p. 32. Über die reziproken Vektorsysteme vgl. man auch *C. Runge*, Vektoranalysis, Leipzig 1919, dessen Darlegung sich aber auf den R_3 beschränkt. Man vgl. zu den folgenden Darlegungen dieses Abschnittes auch *R. Weitzenböck,* Art. III E 7 dieser Enzykl., zweiter Teil, Abschn. C. — Es sei noch bemerkt, daß die hier dargelegte Tensorrechnung bei affinen Koordinatentransformationen nur der Terminologie nach von der in der Algebra üblichen Invariantentheorie der Formen verschieden ist.

55a) *A. Sommerfeld,* Ann. d. Phys. l. c.

57) Vgl. Literaturangabe in Nr. 10, 14 u. 16, Anm. 58a), 65), 66), 67) u 77).

Voll zur Geltung kommt es auch in der Dissertation von *Lang*.[56]) Die rein algebraische Darstellung hat den Vorzug der Einfachheit und Übersichtlichkeit, die geometrische den der Anschaulichkeit. Wir folgen hier zunächst der ersteren, um dann für spezielle Fälle der hier entwickelten Begriffe und Sätze auch geometrische Interpretationen zu geben.

Die Größen $a_{iklm\ldots}{}^{rst\ldots}$, in denen die Indizes unabhängig voneinander die Werte 1, 2, 3, 4 annehmen können, heißen Tensorkomponenten, und zwar in den Indizes $iklm\ldots$ kovariante, in den Indizes $rst\ldots$ kontravariante Komponenten, wenn sie sich bei der affinen Koordinatentransformation

$$x'^i = \alpha_k{}^i x^k \tag{22}$$

mit der Umkehrung

$$x^k = \overline{\alpha}_i{}^k x'^i, \tag{23}$$

(worin die Koeffizienten $\overline{\alpha}_i{}^k$ die Bedingungen

$$\alpha_r{}^i \overline{\alpha}_k{}^r = \alpha_i{}^r \overline{\alpha}_r{}^k = \delta_i{}^k \tag{24}$$

erfüllen), wie folgt transformieren:

$$a'_{iklm\ldots}{}^{rst\ldots} = a_{\iota\varkappa\lambda\mu\ldots}{}^{\varrho\sigma\tau\ldots} \overline{\alpha}_i{}^\iota \overline{\alpha}_k{}^\varkappa \overline{\alpha}_l{}^\lambda \ldots \alpha_\varrho{}^r \alpha_\sigma{}^s \ldots \text{[57a])}. \tag{25}$$

Hierin ist der allgemeinen Vorschrift gemäß über die doppelt vorkommenden Indizes zu summieren. (Über die Verallgemeinerung dieser Definition für beliebige Koordinatentransformationen siehe Nr. **14**.) Die Zahl der Indizes der Komponenten eines Tensors heißt sein *Rang*. Die Tensoren 1. Ranges heißen auch Vektoren. Das einfachste Beispiel für solche sind die (kontravarianten) Koordinaten x^i eines Punktes. Auch die durch (21) definierten Größen $\delta_i{}^k$ bilden zufolge (24) die Komponenten eines Tensors, und zwar im Index i kovariante und im Index k kontravariante. Dieser Tensor $\delta_i{}^k$ hat überdies die Eigentümlichkeit, daß seine Komponenten in allen Koordinatensystemen die gleichen Werte annehmen.

Durch Addition zweier Tensoren erhält man einen neuen Tensor gleichen Ranges, durch Multiplikation einen Tensor höheren Ranges, z. B.

$$a_i + b_i = c_i,$$

$$a_i b_k = c_{ik}, \quad a_i b^k = c_i{}^k.$$

Durch Verjüngung, d. h. Summation über korrespondierende Indizes

---

57a) Wir hielten es für richtiger, die Benennungen „kontravariant" und „kovariant" entsprechend der historisch älteren Bezeichnung „kogredient" und „kontragredient" zu vertauschen, so daß dann die Größen, die sich so wie die Koordinaten transformieren, kovariant genannt würden. Doch fügen wir uns hier der jetzt allgemein üblichen, von *Ricci* u. *Levi-Civita* herrührenden, auch von *Einstein* und *Weyl* (l. c. Anm. 56) angewandten Bezeichnung.

der oberen und unteren Reihe, erhält man einen Tensor niedrigeren Ranges. So z. B. aus dem Tensor 2. Ranges t_i^k die Invariante $t = t_i^i$ (wobei unserer Vorschrift entsprechend das Summenzeichen weggelassen ist). Man kann auch Multiplikation und Verjüngung kombinieren. Man bilde z. B. zuerst durch Multiplikation aus a_i und b^i den Tensor

$$s_i^k = a_i b^k$$

und dann durch Verjüngung die Invariante

$$s = s_i^i.$$

Diese erhält man aber auch *direkt* aus den Vektoren a_i und b^i mittels der Operation

$$s = a_i b^i.$$

Ebenso erhält man aus dem Tensor 2. Ranges a_{ik} und dem Vektor x den Vektor

$$y_i = a_{ik} x^k$$

und die Invariante

$$J = a_{ik} x^i x^k.$$

Die hier angewandte Regel läßt auch eine Umkehrung zu: Ist $a_i x^i$ bei *beliebigem* Vektor x^i eine Invariante, so sind die a_i kovariante Komponenten eines Vektors; ist $a^{ik} = a^{ki}$ und $a^{ik} x_i x_k$ bei *beliebigem* Vektor x_i eine Invariante, so sind die a^{ik} kontravariante Komponenten eines Tensors 2. Ranges usf. Die Verallgemeinerung dieser Sätze für Tensoren beliebigen Ranges erhellt unmittelbar.

Ein Tensor heißt in den Indizes i und k symmetrisch bzw. schiefsymmetrisch, wenn seine Komponenten bei Vertauschung der Indizes i und k sich nicht ändern, bzw. bloß ihr Vorzeichen wechseln (z. B. $a_{ik} = a_{ki}$, bzw. $a_{ik} = -a_{ki}$). Wie leicht zu verifizieren ist, sind diese Relationen vom zufällig gewählten Koordinatensystem unabhängig. Dabei ist aber wesentlich, daß die beiden Indizes i und k *derselben* Indexreihe (entweder beide der oberen oder beide der unteren) angehören.

Die in (19) eingeführten Größen g_{ik} bilden ebenfalls einen Tensor, wie aus der Invarianz von $g_{ik} x^i x^k$ [58]) folgt. Er ist sowohl für die Geometrie als auch für die Physik von der größten Bedeutung und heißt der *metrische Fundamentaltensor*. Man kann aus den g_{ik} auf folgende Weise neue Tensorkomponenten gewinnen. Man bilde zuerst die Determinante g der g_{ik}

(26) $$g = |g_{ik}|,$$

58) Im Gültigkeitsbereich der affinen Gruppe brauchen die beiden Punkte, deren Entfernungsquadrat durch $g_{ik} x^i x^k$ bestimmt ist, nicht als unendlich benachbart angenommen werden, vgl. die folgende Nr.

und dividiere dann die zu einem bestimmten Glied g_{ik} konjugierte Unterdeterminante durch g. Man erhält auf diese Weise 10 Größen g^{ik} ($g^{ik} = g^{ki}$), welche die Relationen

$$g_{i\alpha} g^{k\alpha} = \delta_i^k \tag{27}$$

erfüllen. (Es sei auch gleich die Beziehung

$$|g^{ik}| = \frac{1}{g} \tag{26a}$$

angemerkt.) Wir behaupten, daß sie kontravariante Tensorkomponenten 2. Ranges sind. Beweis: Aus den kontravarianten Komponenten a^k eines Vektors erhält man durch Multiplikation mit g_{ik} und Verjüngung kovariante Komponenten:

$$a_i = g_{ik} a^k. \tag{28}$$

Da die Umkehrung dieses Gleichungssystems

$$a^i = g^{ik} a_k \tag{28a}$$

lautet und die Komponenten a_k ganz beliebig sein können, folgt nach dem früher erwähnten Satz der Tensorcharakter der g^{ik}.

Wir bezeichnen die Größen a_i und a^i als kovariante und kontravariante Komponenten *desselben* Vektors. Analog definiert man an Tensoren höheren Ranges das Herauf- und Heruntersetzen der Indizes und betrachtet die betreffenden Größensysteme als zum *gleichen* Tensor gehörig, z. B.

$$a_{ik} = g_{ir} g_{ks} a^{rs} = g_{ir} a^r{}_k, \quad a^{ik} = g^{ir} g^{ks} a_{rs} = g^{ir} a_r{}^k. \tag{28b}$$

Durch das Herauf- und Heruntersetzen von Indizes wird die Richtigkeit einer Relation zwischen Tensoren nicht gestört, nur muß beim Verjüngen stets über korrespondierende Indizes der oberen und der unteren Reihe summiert werden, z. B.

$$\begin{aligned} J &= a_i b^i = a^i b_i, \\ c_i &= a_{ik} b^k = a_i{}^k b_k, \quad c^i = a^{ik} b_k = a^i{}_k b^k. \end{aligned} \tag{29}$$

Hiermit sind die Regeln der Tensoralgebra erschöpft. Die Tensoranalysis, d. h. die Vorschriften, wie man durch *Differentiation* von Tensoren nach den Koordinaten neue Tensoren ableitet, folgt für die affine Gruppe sofort aus der Tensoralgebra durch die Bemerkung, daß sich die Operation $\frac{\partial}{\partial x^k}$ formal in jeder Hinsicht wie die kovarianten Komponenten eines Vektors verhält. Die naturgemäße Ordnung und geometrische Deutung dieser Operationen kann erst bei der Besprechung des Tensorkalküls der allgemeinen Transformationsgruppe gegeben werden.

10. Die geometrische Bedeutung der kontra- und kovarianten Komponenten eines Vektors.[58a]) Den Vektor können wir geometrisch darstellen als Strecke und nennen ihn deshalb auch Linientensor. Seine kontravarianten Komponenten sind dann durch deren Parallelprojektionen auf die Koordinatenachsen gegeben. Wenn wir den Anfangspunkt des Vektors in den Koordinatenursprung legen, so sind sie zugleich identisch mit den Koordinaten des Endpunktes, und diese transformieren sich in der Tat beim Übergang zu einem neuen Koordinatensystem nach der vorigen Nr. genau so, wie es von den kontravarianten Komponenten eines Vektors definitionsgemäß verlangt wird. Analog wie im R_3 läßt sich ferner die Summe zweier Vektoren als Diagonale des Parallelogramms darstellen.

Wir müssen nun Entfernungen und Winkel einführen und gehen zu diesem Zweck von einem Cartesischen (orthogonalen) System (X_1, X_2, X_3, X_4) aus. In diesem ist das Längenquadrat eines Vektors $\mathfrak{x}$ mit den Komponenten X_i gegeben durch

(30) $$\mathfrak{x}^2 = \sum_i X_i^2 \text{ [59]}),$$

und zwei Vektoren heißen aufeinander senkrecht stehend, wenn

(31) $$(\mathfrak{x}\mathfrak{y}) = \sum_i X_i Y_i$$

verschwindet. Im allgemeinen heißt $(\mathfrak{x}\mathfrak{y})$ das skalare Produkt der Vektoren $\mathfrak{x}, \mathfrak{y}$. Die Invarianz dieser Definition gegenüber orthogonalen Transformationen folgt aus der Invarianz von (30) mittels der Relation

$$(\lambda\mathfrak{x} + \mu\mathfrak{y})^2 = \lambda^2\mathfrak{x}^2 + 2\lambda\mu(\mathfrak{x}\mathfrak{y}) + \mu^2\mathfrak{y}^2.$$

Da diese Form in λ und μ definit ist[59]), folgt auch noch

$$(\mathfrak{x}\mathfrak{y})^2 - \mathfrak{x}^2\mathfrak{y}^2 \leqq 0,$$

(worin überdies das Gleichheitszeichen nur gilt, wenn $\mathfrak{x}$ und $\mathfrak{y}$ parallel sind: $\mathfrak{x} = a\mathfrak{y}$). Wir können also durch

(32) $$\cos(\mathfrak{x}, \mathfrak{y}) = \frac{(\mathfrak{x}\mathfrak{y})}{\sqrt{\mathfrak{x}^2 \cdot \mathfrak{y}^2}}$$

den von zwei Richtungen eingeschlossenen Winkel definieren. Die geometrische Bedeutung des skalaren Produktes ist dieselbe wie im gewöhnlichen Raum: es ist gleich dem Produkt aus der Orthogonalprojektion des Vektors $\mathfrak{x}$ auf die Richtung von $\mathfrak{y}$ und der Länge von $\mathfrak{y}$.

58a) In den Darlegungen dieser Nr. schließen wir uns an *G. Hessenberg* an [Math. Ann. 78 (1917), p. 187].

59) Wir nehmen hier an, daß in (30) alle Quadrate das positive Zeichen haben und die Koordinaten reell sind. Auf die abweichenden Verhältnisse in der wirklichen Raum-Zeitwelt kommen wir in Nr. 22 zurück.

Man erkennt das sofort, wenn man das orthogonale Koordinatensystem speziell so wählt, daß eine Koordinatenachse die Richtung von $\mathfrak{y}$ hat, was immer möglich ist.

Um nun auch die Ausdrücke für Länge und skalares Produkt in einem beliebigen schiefwinkligen Koordinatensystem zu finden, charakterisieren wir zunächst ein solches System durch seine vier Achsenvektoren $\mathfrak{e}_k$ $k = 1, 2, 3, 4$, deren kontravariante Komponenten in diesem System

$$\begin{aligned} \mathfrak{e}_1 &= (1, 0, 0, 0) \\ \mathfrak{e}_2 &= (0, 1, 0, 0) \\ \mathfrak{e}_3 &= (0, 0, 1, 0) \\ \mathfrak{e}_4 &= (0, 0, 0, 1) \end{aligned} \tag{33}$$

lauten. Ihre Längen sind im allgemeinen von 1 verschieden. Es wird also zwar die Länge eines Vektors selbst mit einem für alle Koordinatensysteme gleichen Maßstab gemessen, die Projektionen auf die Achsen dagegen mit Maßstäben, die sogar für die Achsen desselben Koordinatensystems im allgemeinen verschieden sind. Es kann dann jeder Vektor $\mathfrak{x}$ in der Form geschrieben werden

$$\mathfrak{x} = x^k \mathfrak{e}_k. \tag{34}$$

Für Entfernung und skalares Produkt folgt daraus sofort

$$\mathfrak{x}^2 = (x^i \mathfrak{e}_i) \cdot (x^k \mathfrak{e}_k) = (\mathfrak{e}_i \mathfrak{e}_k) x^i x^k = g_{ik} x^i x^k, \tag{35}$$

$$(\mathfrak{x}\mathfrak{y}) = (x^i \mathfrak{e}_i)(y^k \mathfrak{e}_k) = (\mathfrak{e}_i \mathfrak{e}_k) x^i y^k = g_{ik} x^i y^k \tag{36}$$

mit

$$g_{ik} = (\mathfrak{e}_i \mathfrak{e}_k). \tag{37}$$

Wir haben also zugleich die geometrische Bedeutung der Größen g_{ik} ermittelt.

Nun führen wir das zum Vektorquadrupel $\mathfrak{e}_k$ reziproke Vektorquadrupel $\mathfrak{e}_k^*$ ein. Es ist definiert durch die Relationen

$$(\mathfrak{e}_i \mathfrak{e}_k^*) = \delta_i^k, \tag{38}$$

d. h. die Vektoren $\mathfrak{e}_i^*$ stehen auf den von je drei Vektoren $\mathfrak{e}_i$ gebildeten Räumen senkrecht, und ihre Längen sind außerdem geeignet normiert. Bezeichnen wir nun mit x_i die Parallelprojektionen von $\mathfrak{x}$ auf die reziproken Achsen gemessen mit den zugehörigen Einheitsmaßstäben, so gilt

$$\mathfrak{x} = x_k \mathfrak{e}_k^*. \tag{39}$$

Um den Zusammenhang zwischen den x_i und den x^i zu finden, multiplizieren wir nun die Gleichung

$$x_k \mathfrak{e}_k^* = x^k \mathfrak{e}_k \tag{39a}$$

skalar mit $\mathfrak{e}_i$. Mit Rücksicht auf (37) und (38) erhalten wir.

$$x_i = g_{ik} x^k, \tag{40}$$

das heißt: *Die Parallelprojektionen des Vektors $\mathfrak{x}$ auf die reziproken Achsen, gemessen mit den reziproken Einheitsmaßstäben sind seine kovarianten Komponenten.*[60]) Multiplizieren wir andererseits (39a) skalar mit $\mathfrak{e}_i^*$, so folgt

$$x^i = (\mathfrak{e}_i^* \mathfrak{e}_k^*) x_k,$$

also wegen $x^i = g^{ik} x_k$:

$$g^{ik} = (\mathfrak{e}_i^* \mathfrak{e}_k^*). \tag{41}$$

Indem man die Ausdrücke (34) und (39) für $\mathfrak{x}$ einerseits einzeln quadriert, andererseits miteinander multipliziert, erhält man noch

$$\mathfrak{x}^2 = g_{ik} x^i x^k = g^{ik} x_i x_k = x_i x^i \tag{35a}$$

und ebenso ergibt sich für das skalare Produkt aus

$$\mathfrak{x} = x^k \mathfrak{e}_k = x_k \mathfrak{e}_k^*, \qquad \mathfrak{y} = y^k \mathfrak{e}_k = y_k \mathfrak{e}_k^*:$$

$$(\mathfrak{x}\mathfrak{y}) = g_{ik} x^i y^k = g^{ik} x_i y_k = x_i y^i = x^i y_i. \tag{36a}$$

Es bleibt noch zu untersuchen, wie sich die Achsenvektoren $\mathfrak{e}_i$ bei einer Koordinatentransformation verhalten. Sind $\mathfrak{e}_i'$ die Achsenvektoren des neuen (gestrichenen) Koordinatensystems, dann gilt für einen beliebigen Vektor $\mathfrak{x}$

$$\mathfrak{x} = x'^i \mathfrak{e}_i' = x^k \mathfrak{e}_k.$$

Mit Rücksicht auf (22) und (23) folgt daraus

$$\mathfrak{e}_i' = \bar{\alpha}_i{}^k \mathfrak{e}_k \tag{42}$$

und

$$\mathfrak{e}_k = \alpha_k{}^i \mathfrak{e}_i'. \tag{43}$$

Die $\bar{\alpha}_i{}^k$ sind also die Komponenten der neuen Achsenvektoren im alten System, die $\alpha_k{}^i$ die der alten Achsenvektoren im neuen System. Man bestätigt überdies die aus (25) folgenden Transformationsformeln für den Fundamentaltensor g_{ik} auf Grund von (37) und (42).

---

60) Bei *Ricci* und *Levi-Civita* sowie bei *Lang*, l. c. Anm. 56), werden die kovarianten Vektorkomponenten als *Orthogonalprojektionen* auf die ursprünglichen Achsen gedeutet. Dann muß aber noch ein Faktor hinzugefügt werden, der die Einfachheit und Symmetrie der Formeln stört. Aus (39) folgt nämlich durch skalare Multiplikation mit $\mathfrak{e}_i : x_i = (\mathfrak{e}_i \mathfrak{x})$. Die Orthogonalprojektion von $\mathfrak{x}$ auf $\mathfrak{e}_i$ ist also gleich

$$\frac{x_i}{|\mathfrak{e}_i|} = \frac{x_i}{\sqrt{(\mathfrak{e}_i \mathfrak{e}_i)}} = \frac{x_i}{\sqrt{g_{ii}}} \quad \text{zufolge von (37).}$$

(Über i ist hierin *nicht* zu summieren.) Es sei noch bemerkt, daß im Cartesischen System, in dem die g_{ik} die Werte δ_i^k annehmen, der Unterschied zwischen kontra- und kovarianten Komponenten verschwindet und auch die Achsenvektoren $\mathfrak{e}_i$ dieses Koordinatensystems mit ihrem reziproken Vektorquadrupel identisch werden.

11. Flächen- und Raumtensoren. Vierdimensionales Volumen. Nach der Strecke ist das nächsthöhere geometrische Gebilde die Fläche, dementsprechend folgt auf den Linientensor der Flächentensor. Zu diesem gelangt man auf folgendem Weg. Zwei Vektoren $\mathfrak{x}$, $\mathfrak{y}$ spannen ein zweidimensionales Parallelepiped auf. Dessen achsenparallele Projektionen auf die sechs zweidimensionalen Koordinatenebenen, gemessen in den sechs Parallelepipeden der Achsenvektoren $\mathfrak{e}_i$, sind gegeben durch

$$\xi^{ik} = x^i y^k - x^k y^i. \tag{44}$$

Sie bilden also die kontravarianten Komponenten eines Tensors 2. Ranges, und zwar eines schiefsymmetrischen: es bestehen die Relationen

$$\xi^{ik} = -\xi^{ki}. \tag{45}$$

Läßt man die reziproken Achsen und die aus den $\mathfrak{e}_i^*$ gebildeten Einheitsflächen an die Stelle der oben verwendeten treten, so erhält man die kovarianten Komponenten

$$\xi_{ik} = x_i y_k - x_k y_i. \tag{44a}$$

Man nennt nun jeden schiefsymmetrischen Tensor 2. Ranges, d. h. jeden Tensor 2. Ranges, dessen Komponenten die Relationen (45) erfüllen, einen Flächentensor. Zwar läßt sich nicht jeder solche Tensor in der Form (44) darstellen, — denn die ξ^{ik} dieser speziellen Form erfüllen die Identität

$$\xi^{12}\xi^{34} + \xi^{13}\xi^{42} + \xi^{14}\xi^{23} = 0 \tag{46}$$

— wohl aber als die Summe zweier einfacher Flächentensoren der Form (44). Die Invariante

$$J = \tfrac{1}{2}\xi_{ik}\xi^{ik} \tag{47}$$

stellt den *Inhalt* des Parallelogramms dar. Sind allgemeiner ξ_{ik} und η_{ik} zwei Flächentensoren der speziellen Form (44), so gibt die Invariante

$$J = \tfrac{1}{2}\xi_{ik}\eta^{ik} \tag{48}$$

das Produkt aus der Orthogonalprojektion des Parallelepipedes ξ_{ik} auf η_{ik} und der Größe von η_{ik} an. Die analogen Invarianten für allgemeine Flächentensoren sind die Summe von Produkten derartiger Flächengrößen.[60a)] Über die invariantentheoretische Bedeutung der linken Seite von (46) beim allgemeinen Flächentensor siehe Nr. **12**.

60a) Wir möchten in diesem Zusammenhang auf die *Plücker*schen Linienkoordinaten hinweisen. Sind $x_1 \dots x_4$ und $y_1 \dots y_4$ die homogenen Koordinaten zweier Punkte einer Geraden des dreidimensionalen Raumes (so daß $\frac{x_1}{x_4} \dots \frac{x_3}{x_4}$ und $\frac{y_1}{y_4} \dots \frac{y_3}{y_4}$ deren gewöhnliche Koordinaten sind), so läßt sich die Gerade

Der Raumtensor wird dargestellt durch ein dreidimensionales Raumstück, welches von drei Vektoren $\mathfrak{x}, \mathfrak{y}, \mathfrak{z}$ aufgespannt wird. Seine Komponenten sind gegeben durch die Determinanten

$$\xi^{ikl} = \begin{vmatrix} \xi^i & \eta^i & \zeta^i \\ \xi^k & \eta^k & \zeta^k \\ \xi^l & \eta^l & \zeta^l \end{vmatrix}, \quad \xi_{ikl} = \begin{vmatrix} \xi_i & \eta_i & \zeta_i \\ \xi_k & \eta_k & \zeta_k \\ \xi_l & \eta_l & \zeta_l \end{vmatrix}. \tag{49}$$

Sie erfüllen die Symmetriebedingungen, daß sie beim Vertauschen zweier Indizes das Vorzeichen wechseln. Die Zahl der unabhängigen Komponenten ist 4. Zum Unterschied vom Flächentensor ist (49) schon der allgemeinste Raumtensor, d. h. jeder Tensor 3. Ranges, dessen Komponenten die erwähnten Symmetriebedingungen erfüllen, läßt sich in der Form (49) darstellen.

Vier Vektoren $\mathfrak{x}^{(1)}, \mathfrak{x}^{(2)}, \mathfrak{x}^{(3)}, \mathfrak{x}^{(4)}$ spannen ein vierdimensionales Volumelement auf. Im cartesischen System ist dessen Größe einfach gleich der Determinante der 4×4 Komponenten der Vektoren $\mathfrak{x}$. Nach (34) und (39) drückt sich diese durch die Komponenten im schiefwinkligen System wie folgt aus:

$$S = |\overset{(i)}{x}{}^k| \cdot |\mathfrak{e}_i| = |\overset{(i)}{x}_k| \cdot |\mathfrak{e}_i^*|, \tag{50}$$

wie man durch Anwendung des Multiplikationssatzes der Determinanten findet. $|\mathfrak{e}_i|$ und $|\mathfrak{e}_i^*|$ bedeuten darin die Determinanten der 4×4 Komponenten der Vektoren $\mathfrak{e}_i$ bzw. $\mathfrak{e}_i^*$ im cartesischen System. Man erhält ihren Wert durch Quadrieren und nochmalige Anwendung des

---

definieren durch die sechs Größen $p_{ik} = x_i y_k - x_k y_i$, deren *Verhältnisse* von der speziellen Wahl der zwei Punkte auf der Geraden unabhängig sind. Diese Größen p_{ik} genügen der Relation (46). Die formale Analogie zum Flächentensor in der vierdimensionalen Welt ist eine vollkommene.

Ist ferner ξ_{ik} zunächst ein spezieller Flächentensor vom Typus (44a), so wird durch $dx^i = \xi^{ik} x_k$ einem jeden Vektor x^i eine infinitesimale Verschiebung zugeordnet. Da dx^i in der Ebene des Flächentensors ξ^{ik} liegt und auf x_k senkrecht steht, hat man es mit einer infinitesimalen Drehung des R_4 vom Betrag und Umlaufssinn von ξ_{ik} zu tun. Ist ξ_{ik} ein Flächentensor von allgemeiner Art, so entsteht die betreffende Verschiebung durch Addition zweier zueinander orthogonaler Drehungen und kann als *Schraubung* bezeichnet werden. *Minkowski* selbst (III, l. c. Anm. 54) hebt die Analogie des Flächentensors zur Kraftschraube hervor. Die entsprechende Analogie im dreidimensionalen Raum findet eine weitgehende Anwendung auf die Mechanik in der Schraubentheorie von *Sir Robert Ball* (A Treatise on the Theory of Screws, Cambridge 1900). Vgl. auch den zugehörigen Aufsatz von *F. Klein,* Ztschr. Math. Phys. 47 (1902), p. 237 und Math. Ann. 62 (1906), p. 419.

Es sei auch bemerkt, daß die selbständige Bedeutung der Flächentensoren gegenüber den Vektoren in mehrdimensionalen Mannigfaltigkeiten schon von *H. Graßmann,* l. c. Anm. 56), erkannt und näher ausgeführt wurde.

Multiplikationssatzes der Determinanten mit Rücksicht auf (37), (41) und (26a) zu

$$|\mathfrak{e}_i|^2 = |(\mathfrak{e}_i \mathfrak{e}_k)| = |g_{ik}| = g; \qquad |\mathfrak{e}_i^*|^2 = |(\mathfrak{e}_i^* \mathfrak{e}_k^*)| = |g^{ik}| = \frac{1}{g}.$$

Also ergibt sich endlich für das *invariante* Volumen:

$$\Sigma = |\overset{(i)}{x}{}^k| \cdot \sqrt{g} = |\overset{(i)}{x}_k| \cdot \frac{1}{\sqrt{g}}. \tag{51}$$

Da sich das vierfache Integral

$$\int dx^1\, dx^2\, dx^3\, dx^4,$$

welches wir der Kürze wegen einfach $\int dx$ schreiben wollen, beim Übergang zu einem neuen Koordinatensystem wie die Determinante $|\overset{(i)}{x}{}^k|$ transformiert, ist das Volumen eines beliebigen Gebietes nach (51) gegeben durch

$$\Sigma = \int \sqrt{g}\, dx. \tag{52}$$

Ist das Integral

$$\int \mathfrak{W}\, dx$$

eine Invariante, so nennen wir mit *Weyl*[61]) $\mathfrak{W}$ eine skalare Dichte. Eine solche entsteht aus einem gewöhnlichen Skalar durch Multiplikation mit $\sqrt{g}$.

Analoges gilt von der Vektordichte mit den Komponenten $\mathfrak{w}^i$, die durch die Bedingung definiert ist, daß die (über ein unendlich kleines Gebiet erstreckten) Integrale

$$\int \mathfrak{w}^i\, dx$$

einen Vektor bilden. Allgemein sprechen wir in einem analogen Sinn von einer Tensordichte. Man erhält sie ebenfalls aus gewöhnlichen Tensoren durch Multiplikation mit $\sqrt{g}$.

Bei der in Nr. **9** besprochenen Systematik der Tensoren wurde auf die Symmetriebeziehungen der Komponenten keine Rücksicht genommen. Wir haben jedoch gesehen, daß z. B. die schiefsymmetrischen von den symmetrischen Tensoren 2. Ranges in geometrischer Hinsicht vollständig verschieden sind. Bei der Tensoranalysis wird diese Verschiedenheit von neuem hervortreten (s. Nr. **19** u. **20**). Es empfiehlt sich infolgedessen nach dem Vorgang von *Weyl*[62]) und in Anlehnung an die Terminologie in *Graßmanns* Ausdehnungslehre neben der früher verwendeten auch eine neue Systematik der Tensoren einzuführen. Man bilde wie in (44) und (49) die Größenreihe $\xi^i, \xi^{ik}, \xi^{ikl}, \ldots$ Die Tensoren 1. Stufe (Linientensoren) 1., 2., 3., ... Ranges entstehen dann aus den linearen, quadratischen, kubischen, ... Formen der *einen*

61) *H. Weyl,* Ztschr. f. Math. 2 (1918), p. 384; Raum — Zeit — Materie, 3. Aufl., Berlin 1920, p. 92 ff.

62) *H. Weyl,* Raum — Zeit — Materie, 1. Aufl., Berlin 1918, p. 45—51.

Verschiebung ξ^i $\quad a_i\xi^i, \quad a_{ik}\xi^i\xi^k, \quad a_{ikl}\xi^i\xi^k\xi^l, \ldots$

Ebenso bei den Tensoren 2. Stufe (Flächentensoren):

$$b_{ik}\xi^{ik}, \quad b_{iklm}\xi^{ik}\xi^{lm}, \ldots$$

Damit die Koeffizienten durch die Formen eindeutig bestimmt sind, müssen sie gewissen Normierungsbedingungen genügen. Die $a_{ik}, a_{ikl} \ldots$ z. B. müssen bei Vertauschung zweier beliebiger Indizes unverändert bleiben, die b_{ik} müssen schiefsymmetrisch sein, endlich muß für die Komponenten b_{iklm} des Flächentensors 2. Ranges gelten:

(53a) $$b_{iklm} = -b_{kilm} = -b_{ikml} = b_{lmik},$$

(53b) $$b_{iklm} + b_{ilmk} + b_{imkl} = 0,$$

letzteres folgt aus den Relationen (46). Ein derartiger Flächentensor 2. Ranges ist der Krümmungstensor (s. Nr. **16**). Die Zahl der unabhängigen Komponenten eines solchen Tensors reduziert sich im n-dimensionalen Raum auf Grund von (53a) und (53b) auf $\frac{n^2(n^2-1)}{12}$. Die hier dargelegte Systematik umfaßt bei weitem nicht alle Größen, die unter die in Nr. **9** formulierte Definition des Tensors fallen. Doch spielen nur diejenigen Tensoren, die sich ihr einordnen lassen, in den physikalischen Anwendungen eine Rolle.

12. Duale Ergänzung zu Flächen- und Raumtensoren. In einer vierdimensionalen Mannigfaltigkeit kann jedem Flächenstück

(54) $$\xi^{ik} = x^i y^k - x^k y^i$$

ein normales zugeordnet werden von der Eigenschaft, daß alle Geraden des letzteren auf allen Geraden des ersteren senkrecht stehen. Wir nennen es zu ξ^{ik} dual, wenn es außerdem dieselbe Größe hat. Es ist zunächst bestimmt durch

$$\xi^{*ik} = x^{*i}y^{*k} - x^{*k}y^{*i},$$

worin die Vektoren x^{*i}, y^{*i} auf x^i, y^i normal sind:

$$x_i^* x^i = 0, \quad x_i^* y^i = 0, \quad y_i^* x^i = 0, \quad y_i^* y^i = 0.$$

Eine einfache Rechnung zeigt dann, daß die Komponenten ξ^{*ik} aus den Komponenten von ξ_{ik} einfach durch eine gerade Permutation hervorgehen, wobei aber noch ein Faktor $\sqrt{g}$ bzw. $\frac{1}{\sqrt{g}}$ hinzuzufügen ist:

(54a) $$\begin{aligned} \xi^{*14} &= \frac{1}{\sqrt{g}}\xi_{23}, & \xi^{*24} &= \frac{1}{\sqrt{g}}\xi_{31}, & \xi^{*34} &= \frac{1}{\sqrt{g}}\xi_{12}, \\ \xi^{*23} &= \frac{1}{\sqrt{g}}\xi_{14}, & \xi^{*31} &= \frac{1}{\sqrt{g}}\xi_{24}, & \xi^{*12} &= \frac{1}{\sqrt{g}}\xi_{34}. \end{aligned}$$

Analog durch Vertauschung von ξ^{ik} und ξ^{*ik}:

(54b) $$\begin{aligned} \xi_{14}^* &= \sqrt{g}\,\xi^{23}, & \xi_{24}^* &= \sqrt{g}\,\xi^{31}, & \xi_{34}^* &= \sqrt{g}\,\xi^{12}, \\ \xi_{23}^* &= \sqrt{g}\,\xi^{14}, & \xi_{31}^* &= \sqrt{g}\,\xi^{24}, & \xi_{12}^* &= \sqrt{g}\,\xi^{34}. \end{aligned}$$

Durch die gleichen Relationen ordnet man dem Flächentensor ξ^{ik} auch dann den dualen zu, wenn dieser nicht von der speziellen Form (44) ist. Durch skalare Multiplikation des Flächentensors ξ_{ik} mit seinem dualen Tensor ξ^{*ik} nach (48) erhält man eine Invariante von besonders einfachem Bau:

$$J = \frac{1}{2}\xi_{ik}\xi^{*ik} = \frac{1}{\sqrt{g}}(\xi_{12}\xi_{34} + \xi_{13}\xi_{42} + \xi_{14}\xi_{23}). \tag{46a}$$

In genau entsprechender Weise läßt sich einem Raumtensor ξ^{ikl} ein dualer Vektor ξ^{*i} zuordnen. Es ist dies diejenige Strecke, die auf allen Geraden des Raumstückes senkrecht steht und deren Länge gleich ist dem Voluminhalt desselben. Es ergibt sich wieder für irgendeine gerade Permutation $iklm$:

$$\xi^{*m} = \frac{1}{\sqrt{g}}\xi_{ikl}, \qquad \xi_m{}^* = \sqrt{g}\,\xi^{ikl}. \tag{55}$$

13. Übergang zur allgemeinen Geometrie Riemanns. Wir gehen nun dazu über, die Invariantentheorie der Gruppe aller Punkttransformationen zu besprechen. Hierzu ist erforderlich, zunächst auf die Maßbestimmung und die Sätze der allgemeinen Riemannschen Geometrie einzugehen. Die älteren Geometrien von *Bolyai* und *Lobatschewsky,* welche das Euklidische Parallelenaxiom aufgegeben haben, behalten alle das Axiom der freien Beweglichkeit starrer Punktsysteme (Kongruenzaxiom) bei und gelangen deshalb bloß zu den speziellen Fällen der Räume konstanter Krümmung. Auch von der projektiven Geometrie ausgehend kommt man zu keiner allgemeineren Metrik. Die Möglichkeit einer solchen wurde zuerst von *Riemann*[63]) ins Auge gefaßt. Die Modifikation des Begriffes vom starren Körper in der speziellen und allgemeinen Relativitätstheorie hat es mit sich gebracht, daß man heute die so lange als evident angesehenen Kongruenzaxiome aufgeben und demnach die allgemeine Riemannsche Geometrie den Betrachtungen über Raum und Zeit zugrunde legen muß.

Wir nehmen an, daß sich eine gewisse endliche Umgebung eines jeden Punktes der Mannigfaltigkeit, die wir betrachten wollen (wir wollen der Kürze wegen bisweilen einfach von „Raum" sprechen) eineindeutig und stetig durch Koordinaten $x^1, x^2, \ldots x^n$ kennzeichnen läßt. Von der *ganzen* Mannigfaltigkeit braucht dies keineswegs vor-

63) *B. Riemann,* Über die Hypothesen, welche der Geometrie zugrunde liegen. Habilitationsvortrag, gehalten im Jahr 1854. Aus dem Nachlaß *Riemanns* herausgegeben von *Dedekind* in den Gött. Nachr. 13 (1868), p. 133. [*Riemanns* Ges. Werke, p. 254.] Neuerdings separat als Broschüre erschienen, herausgegeben von *H. Weyl,* Berlin 1920.

ausgesetzt zu werden. Die Zahl n der Dimensionen der Mannigfaltigkeit lassen wir zunächst beliebig. Der Grundbegriff der Metrik ist dann die Länge s einer gegebenen Kurve

$$x^k = x^k(t), \qquad (k = 1, 2, \ldots n)$$

wo t einen beliebigen Parameter bedeutet. Erst nachdem sie irgendwie physikalisch definiert ist, können die Ergebnisse der mathematischen Untersuchung auf die in der Wirklichkeit vorhandene Mannigfaltigkeit angewendet werden. Im R_3 müssen wir uns jedenfalls den starren Maßstab durch einen beliebig biegsamen Maßfaden ersetzt denken.

Es handelt sich nun darum, über die Funktion $s(t)$ plausible Annahmen zu machen. Indem solche Annahmen bloß über den Differentialquotienten $\frac{ds}{dt}$ gemacht werden, kennzeichnet sich die Riemannsche Geometrie als Nahegeometrie, im Gegensatz zur Euklidischen Ferngeometrie. Als erstes Axiom stellen wir folgendes auf.

Axiom I. *Der Differentialquotient* $\frac{ds}{dt}$ *in einem bestimmten Kurvenpunkt soll bloß abhängen von den Differentialquotienten* $\frac{dx^k}{dt}$ *in diesem Punkt, nicht von den höheren Differentialquotienten und vom sonstigen Verlauf der Kurve.*

Da die Bogenlänge s von der Wahl des Parameters t unabhängig ist, folgt daraus, daß $\frac{ds}{dt}$ eine homogene Funktion ersten Grades der Größen $\frac{dx^k}{dt}$ sein muß. Als Abstand zweier Punkte wird man die Bogenlänge der kürzesten sie verbindenden Linie bezeichnen. Eine solche Linie heißt auf einer zweiten senkrecht stehend, wenn die Distanz von irgendeinem Punkt P der Linie 1 vom Schnittpunkt S beider Linien kleiner ist als die Distanz von P von irgendeinem anderen Punkte Q der Linie 2. Gemäß dem Axiom I. kommt es dabei auf die Lage des Punktes P auf der Linie 1 nicht an, sondern nur auf die Differentialquotienten $\left(\frac{dx_k}{dt}\right)_1$ und $\left(\frac{dx_k}{dt'}\right)_2$ in S. Man kann daher auch sagen, die Richtung 1 ist orthogonal zur Richtung 2. Im allgemeinen wird daraus nicht folgen, daß auch 2 orthogonal auf 1 ist. Wir wollen jedoch die Art der Funktion $\frac{ds}{dt}$ durch ein zweites Axiom festlegen:

Axiom II. $\frac{ds}{dt}$ *soll die Quadratwurzel aus einer quadratischen Form der* $\frac{dx_k}{dt}$ *sein:*

$$\frac{ds}{dt} = \sqrt{g_{ik}\frac{dx^i}{dt}\frac{dx^k}{dt}},$$

wofür wir kürzer schreiben können:

$$ds^2 = g_{ik}\,dx^i\,dx^k. \tag{19}$$

Dies ist die in Nr. 8 angeschriebene Gleichung. Das Axiom II. kann als *Pythagoreischer* Lehrsatz für unendlich benachbarte Punkte bezeichnet werden. Gerade diese Einschränkung seines Gültigkeitsbereiches charakterisiert den Übergang von der Fern- zur Nahegeometrie. Infolge des Axioms II. ist die Orthogonalität zweier Richtungen eine reziproke Beziehung. Umgekehrt, wenn dies immer eine reziproke Beziehung ist, muß das Linienelement von der Form (19) sein.[64]) Man kann deshalb das Axiom II. auch durch das folgende ersetzen:

Axiom II'. *Wenn die Richtung* 1 *in* P *orthogonal ist auf der Richtung* 2, *so ist auch* 2 *orthogonal auf* 1.

Legt man das Axiom II zugrunde, so kommt man für $n = 2$ auf die *Gauß*sche Geometrie auf beliebig gekrümmten Flächen zurück. Sowie man sich jede derartige Fläche in einem euklidischen R_3 denken kann, kann auch jeder Riemannsche Raum R_n in einem euklidischen $R_{\frac{n(n+1)}{2}}$ eingebettet werden $\left(\frac{n(n+1)}{2}\right.$ entspricht dabei der Zahl der Komponenten g_{ik}). Doch lassen sich alle für die Relativitätstheorie wichtigen geometrischen Sätze auch herleiten, ohne daß von dieser Möglichkeit Gebrauch gemacht wird. Der Winkel (1, 2) zwischen zwei Richtungen dx^i und δx^i in einem Punkt P kann genau so definiert werden wie im euklidischen Raum, nur müßten die geraden Strecken durch unendlich kleine kürzeste Linien ersetzt werden. Man findet analog zu (32)

$$\cos(1,2) = \frac{g_{ik}\, dx^i\, \delta x^k}{\sqrt{g_{ik}\, dx^i\, dx^k} \cdot \sqrt{g_{ik}\, \delta x^i\, \delta x^k}}. \tag{56}$$

Durch Bestimmung des Linienelementes in $\frac{n(n+1)}{2}$ unabhängigen Richtungen (d. h. in $\frac{n(n+1)}{2}$ Richtungen, für welche die $\frac{n(n+1)}{2}$ reihige Determinante der zugehörigen Größen $dx^i dx^k$ nicht verschwindet) können die g_{ik} in jedem Punkt ermittelt werden.

Bei einer beliebigen Punkttransformation

$$x'^i = x'^i(x^1 \ldots x^n) \qquad (i = 1, 2, \ldots n) \tag{57}$$

transformieren sich die Differentiale dx^k homogen linear

$$dx'^i = \alpha_k^i\, dx^k, \tag{58}$$

$$\alpha_k^i = \frac{\partial x'^i}{\partial x^k}, \tag{59}$$

mit den entsprechenden inversen Relationen,

64) *D. Hilbert*, Grundlagen der Physik, 2. Mitt., Gött. Nachr. 1917, p. 53; *W. Blaschke*, Leipz. Ber., math.-phys. Kl. 68 (1916), p. 50.

(60) $$dx^k = \bar{\alpha}_i^k dx'^i,$$

(61) $$\bar{\alpha}_i^k = \frac{\partial x^k}{\partial x'^i}$$

genau wie in (22) die Koordinaten. Dies ist der Zusammenhang der allgemeinen Transformationsgruppe mit der affinen Gruppe. Wesentlich ist jedoch der Umstand, daß die α_k^i nicht beliebige Funktionen der Koordinaten sein können, sondern den Integrabilitätsbedingungen

(62) $$\frac{\partial \alpha_k^i}{\partial x^l} = \frac{\partial \alpha_l^i}{\partial x^k},$$

die man auch durch die inversen Bedingungen

(63) $$\frac{\partial \bar{\alpha}_i^k}{\partial x'^l} = \frac{\partial \bar{\alpha}_l^k}{\partial x'^i}$$

ersetzen kann, genügen müssen. An einem bestimmten Punkt P_0 können die α_i^k jedoch beliebige Werte annehmen. Solange es sich also um Relationen zwischen Tensoren in einem und demselben Punkt, also nicht um Differentiation und Integration eines Tensorfeldes handelt, können alle Tensoroperationen der affinen Gruppe unmittelbar übertragen werden. Man kann diesen Sachverhalt auch so ausdrücken: In der Tensoralgebra ist der Riemannsche Raum in dem ins Auge gefaßten Punkt P_0 ersetzbar durch den „Tangentialraum", den man erhält, indem man den g_{ik} überall dieselben konstanten Werte $g_{ik}(P_0)$ erteilt, welche sie im Riemannschen Raume bloß im Punkt P_0 annehmen. Die Form ds^2 ist ihrer Bedeutung nach invariant, die g_{ik} bilden die kovarianten Komponenten eines Tensors zweiten Ranges. Auch die Regeln für den Übergang zu den kontravarianten Komponenten g^{ik} und für die Bildung des Volumelementes $d\Sigma$ können aus der Tensoralgebra übernommen werden.

14. Begriff der Parallelverschiebung eines Vektors. Für die geometrische Begründung des Tensorkalküls im Riemannschen Raum hat sich der Begriff der Parallelverschiebung eines Vektors immer mehr als fundamental erwiesen. Zuerst aufgestellt von *Levi-Civita* [65]) auf Grund des Einlagerns des Riemannschen Raumes R_n in einen euklidischen Raum $R_{\frac{n(n+1)}{2}}$ (vgl. vorige Nr.), wurde er hernach von *Weyl* [66]) direkt hergeleitet. Später hat ihn *Weyl* auch für Mannigfaltigkeiten, in denen das Linienelement noch gar nicht definiert ist, axiomatisch festgelegt (vgl. Abschn. V).[67])

65) *T. Levi-Civita,* Notione di parallelismo etc., Rend. Pal. 42 (1917), p. 173.

66) *H. Weyl,* Raum — Zeit — Materie, 1. Aufl., Berlin 1918, p. 97—101.

67) *H. Weyl,* Math. Ztschr. 2 (1918), p. 384; Raum — Zeit — Materie, 3. Aufl., Berlin 1920, p. 100—102.

Wir betrachten wieder die Kurve

$$x^k = x^k(t)$$

und in jedem Punkt P derselben die Gesamtheit aller von ihm ausgehenden Vektoren. Es handelt sich dann darum, von allen Abbildungen

$$\xi^i = f^i(\overset{0}{\xi}{}^k, t)$$

der Vektorgesamtheit von $P_0(t_0)$ auf die Vektorgesamtheit von $P(t)$ eine spezielle Gruppe in invarianter Weise herauszuheben und als Parallelverschiebungen oder Translationen zu kennzeichnen. Es ist nun nicht möglich einfach zu postulieren, daß zwei parallele Vektoren in Punkten von endlichem Abstand dieselben Komponenten haben sollen. Denn wenn das in *einem* Koordinatensystem der Fall ist, wird es in einem anderen im allgemeinen nicht zutreffen. Die betreffende Eigenschaft der Translationen muß vielmehr so formuliert werden:

1. Es gibt in jedem Punkt P ein solches Koordinatensystem, daß die Änderung der Komponenten eines Vektors bei *infinitesimaler* Translation längs aller von P ausgehenden Kurven verschwindet, d. h. daß in P

$$\frac{d\xi^i}{dt} = 0$$

ist.

Indem das Wegtransformieren der infinitesimalen Änderung der Vektorkomponenten für alle von P ausgehenden Kurven gleichzeitig verlangt wird, werden erst die Parallelverschiebungen längs verschiedenen Kurven miteinander verknüpft. Eine einfache Betrachtung zeigt, daß die Änderung $\frac{d\xi^i}{dt}$ der Vektorkomponenten infolge der Forderung 1 in einem beliebigen Koordinatensystem

$$\frac{d\xi^i}{dt} = -\Gamma^i_{rs}\frac{dx^s}{dt}\xi^r \tag{64}$$

beträgt, wo die Γ^i_{rs} bloß von den Koordinaten, nicht von den $\frac{dx^s}{dt}$ abhängen. Sie erfüllen die Symmetriebedingung

$$\Gamma^i_{rs} = \Gamma^i_{sr}. \tag{65}$$

Umgekehrt zeigt man, daß die Forderung 1 erfüllt ist, wenn (64) und (65) zu Recht bestehen. Gegenüber linearen Koordinatentransformationen verhalten sich die Γ^i_{rs} wie die Komponenten eines Tensors, nicht aber gegenüber der allgemeinen Transformationsgruppe. Letzteres ergibt sich schon daraus, daß die Γ^i_{rs} immer zum Verschwinden gebracht werden können, während die Komponenten eines Tensors in jedem Koordinatensystem sämtlich verschwinden, wenn es in *einem* System der Fall ist, da sie sich homogen linear transformieren.

Wir definieren gleich noch die Größenreihe $\Gamma_{i,rs}$ durch

(66) $$\Gamma_{i,rs} = g_{ik}\Gamma^k_{rs}, \qquad \Gamma^i_{rs} = g^{ik}\Gamma_{k,rs}.$$

Die Definition der Parallelverschiebung wird vervollständigt durch die zweite Forderung.

2. Die Translation ist eine kongruente Abbildung, das heißt sie läßt die Länge der Vektoren unverändert:

(67) $$\frac{d}{dt}(g_{ik}\xi^i\xi^k) = \frac{d}{dt}(\xi_i\xi^i) = 0.$$

Dadurch werden die geodätischen Komponenten mit dem metrischen Fundamentaltensor verknüpft. Daß auch die Winkel bei der Parallelverschiebung unverändert bleiben, ist eine einfache Folge der Forderung 2. Da die Relationen (64) und (67) bei beliebigen ξ^i gelten müssen, ergibt sich sofort

(68) $$\frac{\partial g_{ir}}{\partial x^s} = \Gamma_{i,rs} + \Gamma_{r,is},$$

(69) $$\frac{1}{2}\left(\frac{\partial g_{ir}}{\partial x^s} + \frac{\partial g_{is}}{\partial x^r} - \frac{\partial g_{rs}}{\partial x^i}\right) = \Gamma_{i,rs}.$$

Die Größen Γ^i_{rs} folgen dann aus (66). *Christoffel*, in dessen Arbeit[68]) die durch (69) und (66) definierten Größen zum erstenmal in der Literatur gedruckt vorkommen, schrieb $\begin{bmatrix} r\,s \\ i \end{bmatrix}$ und $\begin{Bmatrix} r\,s \\ i \end{Bmatrix}$ an Stelle von $\Gamma_{i\,rs}$ und Γ^i_{rs}. Sie werden auch vielfach *Christoffel*sche Dreiindizessymbole genannt. *Weyl*[69]) bezeichnet sie als Komponenten des affinen Zusammenhangs, da die infinitesimale Translation gemäß (64) eine affine Abbildung der Vektoren ist. Hier sollen sie einfach die *geodätischen Komponenten* des betreffenden Bezugssystems genannt werden. Ein Koordinatensystem, in welchem sie im Punkt P verschwinden, heißt selbst in P geodätisch.

Aus der Invarianz von $\xi_i\eta^i$ bei beliebigem η^i ergibt sich ferner mit Rücksicht auf (64) die Transformationsformel für die kovarianten Komponenten ξ_i zu:

(70) $$\frac{d\xi_i}{dt} = \Gamma^r_{is}\frac{dx^s}{dt}\xi_r = \Gamma_{r,is}\frac{dx^s}{dt}\xi^r;$$

endlich folgt aus

$$\frac{d}{dt}(g^{ik}\xi_i\xi_k) = 0$$

die Identität

(71) $$\frac{\partial g^{ik}}{\partial x^s} + g^{ir}\Gamma^k_{rs} + g^{kr}\Gamma^i_{rs} = 0.$$

68) *E. B. Christoffel*, Crelles J. 70 (1869), p. 46. Vgl. auch *R. Lipschitz*, Crelles J. 70 (1869), p. 71. Die betreffenden Entwicklungen von *Riemann* wurden 1861 in einer Pariser Preisarbeit niedergelegt und erst 1876 in der ersten Ausgabe von *Riemanns* gesammelten Werken veröffentlicht (vgl. Ges. Werke, 1. Aufl., p. 370).

69) *H. Weyl*, Raum—Zeit—Materie, 3. Aufl., Berlin 1920, p. 101.

Wir merken noch die aus (26) und (27) durch Differentiation folgenden Gleichungen an:

(72) $$dg^{ik} = -g^{ir}g^{ks}dg_{rs}, \qquad dg_{ik} = -g_{ir}g_{ks}dg^{rs},$$

(72a) $$\frac{\partial g^{ik}}{\partial x^l} = -g^{ir}g^{ks}\frac{\partial g_{rs}}{\partial x^l}, \qquad \frac{\partial g_{ik}}{\partial x^l} = -g_{ir}g_{ks}\frac{\partial g^{rs}}{\partial x^l},$$

und

(73) $$dg = gg^{ik}dg_{ik} = -gg_{ik}dg^{ik},$$

(73a) $$\frac{\partial g}{\partial x^l} = gg^{ik}\frac{\partial g_{ik}}{\partial x^l} = -gg_{ik}\frac{\partial g^{ik}}{\partial x^l}.$$

Aus (69) erhält man noch durch Verjüngung

(74) $$\Gamma^r_{ir} = g^{rs}\Gamma_{r,is} = \frac{1}{2}g^{rs}\frac{\partial g_{rs}}{\partial x^i} = \frac{1}{\sqrt{g}}\frac{\partial\sqrt{g}}{\partial x^i} = \frac{\partial\log\sqrt{g}}{\partial x^i}$$

und sodann aus (71):

(75) $$\frac{1}{\sqrt{g}}\frac{\partial\sqrt{g}g^{ik}}{\partial x^k} + g^{rs}\Gamma^i_{rs} = 0.$$

15. Geodätische Linien. Die Richtung der Kurve $x^k = x^k(t)$ in irgendeinem ihrer Punkte P ist charakterisiert durch den Vektor u^i

(76) $$u^i = \frac{dx^i}{ds}, \qquad (s = \text{Bogenlänge})$$

der die Richtung der Tangente an die Kurve in P und die Länge 1 hat. In der Tat ist

(77) $$u_i u^i = g_{ik}\frac{dx^i}{ds}\frac{dx^k}{ds} = 1.$$

Die geodätische Linie ist nun eine Kurve, die *ihre Richtung stets beibehält.*[70]) Dies soll besagen: Konstruiert man in irgendeinem Punkt P_0 der geodätischen Linie den zugehörigen Richtungsvektor u^i, so erhält man die Richtungsvektoren in den anderen Punkten durch Parallelverschieben von u^i längs der geodätischen Linie. Nach (64) und (70) drückt sich das analytisch aus durch die einander völlig äquivalenten Relationen

(78) $$\frac{du_i}{ds} = \Gamma_{r,is}u^r u^s = \frac{1}{2}\frac{\partial g_{rs}}{\partial x^i}u^r u^s$$

und

(79) $$\frac{du^i}{ds} = -\Gamma^i_{rs}u^r u^s;$$

letztere kann man auch schreiben:

(80) $$\frac{d^2x^i}{ds^2} + \Gamma^i_{rs}\frac{dx^r}{ds}\frac{dx^s}{ds} = 0.$$

---

70) *H. Weyl,* Raum — Zeit — Materie, 1. Aufl., Berlin 1918, p. 102.

Dies sind die Differentialgleichungen der geodätischen Linie. Aus (80) folgt rückwärts wegen der Invarianz der Länge eines Vektors bei der Parallelverschiebung

$$g_{ik}\frac{dx^i}{ds}\frac{dx^k}{ds} = \text{const.}, \tag{77a}$$

d. h. (80) gilt *nur* für einen solchen Kurvenparameter s, der bis auf einen konstanten Faktor gleich der Bogenlänge ist.

Die geodätischen Linien können auch durch ein Variationsprinzip charakterisiert werden. Sie sind nämlich zugleich die in Nr. **13** erwähnten *kürzesten* Linien, oder genauer gesagt die „Extremalen"[70a]), für welche die Variation der Kurvenlänge verschwindet (letztere braucht nicht notwendig ein Minimum zu sein). Seien A und B die festen Anfangs- und Endpunkte, s die Bogenlänge, λ ein beliebiger Parameter; dann ist also zu zeigen, daß für die geodätischen Linien

$$\delta\int\limits_A^B ds = \delta\int\limits_A^B \sqrt{g_{ik}\frac{dx^i}{d\lambda}\frac{dx^k}{d\lambda}}\, d\lambda = 0 \tag{81}$$

wird. Die g_{ik} sind dabei gegebene Funktionen der Koordinaten x^i, variiert werden die Funktionen $x^k = x^k(\lambda)$.

An der Relation (81) wollen wir nun eine aus der Mechanik bekannte Umformung[70b]) vornehmen. Zu diesem Zwecke wählen wir den Parameter λ speziell so, daß er auf der Extremalen mit der Bogenlänge s zusammenfällt und stets denselben Wertebereich durchläuft. In den resultierenden Differentialgleichungen kann dann λ durch s ersetzt werden. Setzen wir nun

$$L = \frac{1}{2} g_{ik}\frac{dx^i}{d\lambda}\frac{dx^k}{d\lambda}, \tag{82}$$

so wird

$$\delta\int\limits_A^B ds = \int\limits_A^B \frac{\delta L\, d\lambda}{\sqrt{g_{ik}\frac{dx^i}{d\lambda}\frac{dx^k}{d\lambda}}},$$

und da die Wurzel für die Extremale gleich 1 wird, kann statt (81) einfach geschrieben werden

$$\int\limits_A^B \delta L\, d\lambda = \delta\int\limits_A^B L\, d\lambda = 0. \tag{83}$$

70a) Vgl. *A. Kneser*, Art. II 8 dieser Encykl., p. 597 u. 600.

70b) Es handelt sich dort um den Übergang von der *Jacobi*schen Form des Prinzips der kleinsten Wirkung zum *Hamilton*schen Prinzip. Vgl. *A. Voß*, Art. IV 1 dieser Encykl., p. 96.

Damit ist die vollständige Analogie mit dem *Hamilton*schen Prinzip der Mechanik hergestellt, wenn L als *Lagrange*sche Funktion aufgefaßt wird. Schreiben wir also für den Moment noch $\dot{x}^i$ statt $\frac{dx^i}{d\lambda} = \frac{dx^i}{ds}$, so lauten die aus (83) resultierenden Differentialgleichungen

$$\frac{d}{ds}\frac{\partial L}{\partial \dot{x}^i} - \frac{\partial L}{\partial x^i} = 0. \tag{84}$$ [70c)]

Da nach (20) $\frac{\partial L}{\partial \dot{x}^i} = g_{ik}\frac{dx^k}{ds}$ ist, ergibt dies in der Tat

$$\frac{d}{ds}\left(g_{ik}\frac{dx^k}{ds}\right) = \frac{1}{2}\frac{\partial g_{rs}}{\partial x^i}\frac{dx^r}{ds}\frac{dx^s}{ds},$$

was mit (78) übereinstimmt. (In einer Mannigfaltigkeit, in welcher die Form ds^2 nicht definit ist, versagt die hier gegebene Ableitung für diejenigen Kurven, auf denen durchweg $ds = 0$ ist. Über die Ausnahmsstellung dieser „Nulllinien" vgl. Nr. 22.)

16. Raumkrümmung. Der Begriff der Raumkrümmung wurde zuerst von *Riemann*[71)] aufgestellt, und zwar als eine Verallgemeinerung des *Gauß*schen Flächenkrümmungsmaßes für n-dimensionale Mannigfaltigkeiten (siehe darüber Nr. 17). Seine zugehörigen analytischen Entwicklungen blieben aber bis zur Publikation der Pariser Preisarbeit[72)] unbekannt; hier finden sie sich sowohl nach der Eliminationsmethode, als auch nach der Variationsmethode fertig ausgeführt. Vorher waren jedoch *Christoffel*[73)] und *Lipschitz*[74)] bereits zu den gleichen Ergebnissen gelangt, indem sie die Bedingung dafür aufstellten, daß eine vorgegebene quadratische Form

$$g_{ik}\,dx^i dx^k \qquad (g_{ik} \text{ Funktionen der } x)$$

in die Form

$$\sum_i (dx^i)^2$$

transformiert werden kann. Dies ist seinerseits wieder ein spezieller Fall des gleichfalls von *Christoffel* in Angriff genommenen Äquivalenz-

70c) Während in der gewöhnlichen Mechanik die *Lagrange*schen Gleichungen entstehen, wenn man für die Raumkoordinaten alle möglichen Punkttransformationen zuläßt, zeigt das Obige, daß dieselbe Form erhalten bleibt, wenn auch die Zeit beliebig mittransformiert wird; die unabhängige Variable ist jetzt natürlich nicht t, sondern s. Vgl. *T. Levi-Civita*, l'enseignement mathém. 21 (1920), p. 5.

71) *B. Riemann*, Habilitationsvortrag l. c. Anm. 63).

72) l. c. Anm. 68).

73) *E. B. Christoffel*, Crelles J. l. c. Anm. 68).

74) *R. Lipschitz*, Crelles J. 70 (1869), p. 71; 71 (1870), p. 244 u. 288 und 72 (1870), p. 1, ferner ebenda 82 (1877), p. 316. Letztere Arbeit ist bereits nach der Veröffentlichung von *Riemanns* Preisarbeit erschienen.

problems der quadratischen Differentialformen, der Frage, wann zwei Formen

$$g_{ik}\,dx^i\,dx^k \quad \text{und} \quad g'_{ik}\,dx'^i\,dx'^k$$

ineinander transformiert werden können. Dieses allgemeine Äquivalenzproblem ist jedoch bisher für die Physik nicht von Bedeutung geworden. Auf einem zwar rein formalen, aber verglichen mit *Christoffels* weitläufigen Rechnungen sehr kurzen Weg haben *Ricci* und *Levi-Civita*[75]), deren Darstellung sich *Einstein*[76]) angeschlossen hat, den Krümmungstensor abgeleitet. Endlich fanden *Hessenberg*[77]) und *Levi-Civita*[78]) im Anschluß an den Begriff der Parallelverschiebung eines Vektors eine anschauliche geometrische Deutung für denselben.

Es war in Nr. **14** immer nur die Rede von der Parallelverschiebung eines Vektors längs einer gegebenen Kurve, niemals von der Parallelverschiebung vom Punkt P nach P' schlechtweg. Diese ist in der Tat bloß bei euklidischer Geometrie vom Zwischenweg unabhängig. Verschiebt man dagegen im allgemeinen Fall einen Vektor ξ^i längs einer geschlossenen Kurve parallel, so erhält man am Ende einen vom Ausgangsvektor ξ^i verschiedenen Vektor ξ^{*i}. Durch Benützung dieses Sachverhaltes kann man den Krümmungstensor definieren. Es sei nämlich eine zweiparametrige Kurvenschar

$$x^k = x^k(u, v)$$

gegeben. Nun verschieben wir den beliebigen Vektor ξ^h vom Punkt $P_{00}(u, v)$ über $P_{10}(u + \Delta u, v)$, $P_{11}(u + \Delta u,\ v + \Delta v)$ $P_{01}(u, v + \Delta v)$ wieder zurück nach $P_{00}(u, v)$, abwechselnd auf Kurven mit konstantem v und Kurven mit konstantem u. Die Differenz $\xi^{*h} - \xi^h = \Delta\xi^h$ muß offensichtlich von der Ordnung $\Delta u\,\Delta v$ sein, da sie Null wird, sobald *eine* der Größen Δu oder Δv verschwindet. Der $\lim\limits_{\substack{\Delta u \to 0 \\ \Delta v \to 0}} \dfrac{\Delta\xi^h}{\Delta u\,\Delta v}$, auf den es hier allein ankommt, kann mit Hilfe von (94) ohne weiteres ermittelt werden und ergibt sich zu

$$\lim \frac{\Delta\xi^h}{\Delta u\,\Delta v} = R^h_{ijk}\,\xi^i\,\frac{dx^j}{du}\,\frac{dx^k}{dv}, \tag{85}$$

worin

$$R^h_{ijk} = \frac{\partial \Gamma^h_{ij}}{\partial x^k} - \frac{\partial \Gamma^h_{ik}}{\partial x^j} + \Gamma^h_{k\alpha}\,\Gamma^\alpha_{ij} - \Gamma^h_{j\alpha}\,\Gamma \quad . \tag{86}$$

75) *G. Ricci* und *T. Levi-Civita*, Math. Ann. l. c. Anm. 56).

76) *A. Einstein*, Ann. d. Phys. l. c. Anm. 56).

77) *G. Hessenberg*, Math. Ann. 78 (1917), p. 187, l. c. Anm. 58a).

78) *T. Levi-Civita*, Rend. Pal., l. c. Anm. 65). Vgl. auch die Darstellung von *Weyl* in der 1. und 3. Aufl. von Raum — Zeit — Materie.

Wegen des Vektorcharakters der linken Seite von (85) — es ist zu beachten, daß in $\Delta\xi^h$ die Differenz von zwei Vektoren *im selben Punkt* gebildet wird — folgt, daß auch die rechte Seite Vektorcharakter hat. Demnach sind die Größen R^h_{ijk} die Komponenten eines Tensors. Es ist der Krümmungstensor, der nach seinen Entdeckern auch der *Riemann-Christoffel*sche Tensor heißt. Der Sinn der Formel (85) wird noch etwas anschaulicher, wenn man von den Differentialquotienten zu den Differentialen übergeht. Schreibt man dx^j für $\frac{dx^j}{du}du$ und δx^k für $\frac{dx^k}{dv}dv$, und führt unter Ausnutzung der Antisymmetrie von R^h_{ijk} in j und k den Flächenvektor

$$d\sigma^{jk} = dx^j\delta x^k - dx^k\delta x^j$$

ein, so nimmt sie die Gestalt an

(87) $$\Delta\xi^h = \tfrac{1}{2}R^h_{ijk}\xi^i d\sigma^{jk}$$ [78a)]

Durch die gleiche Überlegung, die zu (86) führt, erhält man für die Änderung der *kovarianten* Komponenten bei der Parallelverschiebung längs des genannten geschlossenen Weges aus (70):

(88) $$\Delta\xi_h = \tfrac{1}{2}R_{hijk}\xi^i d\sigma^{jk}$$

mit

(89) $$\begin{aligned} R_{hijk} &= \frac{\partial\Gamma_{i,hk}}{\partial x^j} - \frac{\partial\Gamma_{i,hj}}{\partial x^k} + g^{\alpha\beta}(\Gamma_{\alpha,hj}\Gamma_{\beta,ik} - \Gamma_{\alpha,hk}\Gamma_{\beta,ij}) \\ &= \frac{1}{2}\left(\frac{\partial^2 g_{hj}}{\partial x^i\partial x^k} + \frac{\partial^2 g_{ik}}{\partial x^h\partial x^j} - \frac{\partial^2 g_{hk}}{\partial x^i\partial x^j} - \frac{\partial^2 g_{ij}}{\partial x^h\partial x^k}\right) \\ &\quad + g^{\alpha\beta}(\Gamma_{\alpha,hj}\Gamma_{\beta,ik} - \Gamma_{\alpha,hk}\Gamma_{\beta,ij}). \end{aligned}$$

Es ist ferner leicht zu zeigen, daß

$$\Delta\xi_h = g_{h\alpha}\Delta\xi^\alpha$$

ist; infolgedessen sind auch R_{hijk} die zu R^h_{ijk} kovarianten Komponenten:

(91) $$R_{hijk} = g_{h\alpha}R^\alpha_{ijk}.$$

Aus (89) folgt, daß die R_{hijk} die Symmetriebedingrngen

(92) $$R_{hijk} = -R_{hikj} = -R_{ihjk} = R_{jkhi},\quad R_{hijk} + R_{hjki} + R_{hkij} = 0$$

erfüllen, nach Nr. **14** ist also der Krümmungstensor als Flächentensor 2. Ranges anzusprechen. Das Bestehen der Relationen (92) kann auch, wie *Hessenberg*[79]) gezeigt hat, direkt aus der Definition (87) des Krüm-

78a) Bei einer zweidimensionalen Mannigfaltigkeit führt das hier besprochene Verfahren zum bekannten Zusammenhang des *Gauß*schen Krümmungsmaßes mit dem Exzeß bzw. Defekt der Winkelsumme eines geodätischen Dreieckes, den bereits *Gauß* dargelegt hat.

79) *G. Hessenberg*, l. c. Anm. 77).

mungstensors gefolgert werden. Da *Riemann* an Stelle von $R_{hijk}(hijk)$ schreibt, werden diese Größen manchmal auch Vierindizessymbole genannt. Im euklidischen Raum verschwinden sie, denn sie verschwinden zunächst sicher in *den* Koordinatensystemen, in welchen die g_{ik} konstant sind, und aus ihrem Tensorcharakter folgt dann, daß sie in *jedem* Koordinatensystem verschwinden. Dieses Verschwinden ist also eine notwendige Bedingung dafür, daß die Form $g_{ik}dx^i dx^k$ in die Form $\sum(dx'^i)^2$ transformiert werden kann.

Aus dem Flächentensor 2. Ranges R^h_{ijk} erhält man durch Verjüngung einen Linientensor 2. Ranges R_{ik}:

(93) $$R_{ik} = R^\alpha_{i\alpha k} = g^{\alpha\beta} R_{\alpha i\beta k} = g^{\alpha\beta} R_{i\alpha k\beta}.$$

Die Symmetrie desselben folgt aus

$$g^{\alpha\beta} R_{\alpha i\beta k} = g^{\alpha\beta} R_{\beta k\alpha i} = g^{\alpha\beta} R_{\alpha k\beta i}.$$

Seine Komponenten sind nach (86) gegeben durch:

(94) $$R_{ik} = \frac{\partial \Gamma^\alpha_{i\alpha}}{\partial x^k} - \frac{\partial \Gamma^\alpha_{ik}}{\partial x^\alpha} + \Gamma^\beta_{i\alpha} \Gamma^\alpha_{k\beta} - \Gamma^\alpha_{ik} \Gamma^\beta_{\alpha\beta}.$$

Durch abermalige Verjüngung ergibt sich aus ihm die Krümmungsinvariante

(95) $$R = g^{ik} R_{ik}.$$ [79a)]

Es möge noch bemerkt werden, daß bei *Herglotz*[80)] und in den neueren Arbeiten von *Weyl*[81)] die Krümmungstensoren definitionsgemäß das entgegengesetzte Vorzeichen haben wie hier und bei den anderen Autoren.

17. Riemanns Normalkoordinaten und ihre Anwendungen. Für viele Zwecke erweist sich die Einführung des folgenden, von *Riemann* in seinem Habilitationsvortrag erwähnten Koordinatensystems als nützlich. Es sei ein beliebiges Koordinatensystem x^i gegeben. Man ziehe nun von irgendeinem Punkt P_0 aus alle geodätischen Linien. Ihre Richtungen sind charackterisiert durch die Tangentialvektoren in P_0 mit den Komponenten $\left(\frac{dx^k}{ds}\right)_0$. In einer gewissen Umgebung von P_0 wird es nur *eine* geodätische Linie geben, welche durch einen gegebenen Punkt P und durch P_0 geht. Ist s die geodätische Bogenlänge PP_0, so kann also der Punkt P in eineindeutiger Weise charakterisiert werden durch die Werte

(96) $$y^k = \left(\frac{dx^k}{ds}\right)_0 \cdot s.$$

79a) Sie tritt zuerst bei *R. Lipschitz*, Crelles J. 72 (1870), l. c. Anm. 74) auf.

80) Vgl. nächste Nr. Anm. 82).

81) *H. Weyl*, l. c. Anm. 67).

Diese y^k sind die *Riemann*schen Normalkoordinaten. Offensichtlich tangiert das Koordinatensystem der y das Koordinatensystem der x in P_0, so daß dort die g_{ik} und überhaupt die Komponenten eines beliebigen Tensors in beiden Systemen übereinstimmen. Wir kennzeichnen sie durch eine übergeschriebene 0, z. B. $\overset{0}{g}_{ik}$. Einer beliebigen Transformation des x-Systems entspricht eine affine Transformation des y-Systems. Wir lassen nun das x-System ganz außer Betracht und fragen nach der Gestalt des Linienelementes im Normalsystem. Zunächst müssen in P_0 nach (80) die Γ^i_{rs} verschwinden, da *alle* von P_0 ausgehenden geodätischen Linien lineare Gleichungen haben.

$$\overset{0}{\Gamma}{}^i_{rs} = 0, \tag{97}$$

d. h. das Normalsystem ist in P^0 geodätisch. Im beliebigen Punkt P sind nicht die Gleichungen *aller* von ihm ausgehenden geodätischen Linien linear, sondern bloß die der *einen* geodätischen Linie, welche auch durch P_0 geht. Dies wird ausgedrückt durch

$$\Gamma^i_{rs}(y) \cdot y^r y^s = 0, \tag{98}$$

worin $\Gamma^i_{rs}(y)$ die Werte der geodätischen Komponenten im Punkt mit den Koordinaten y bedeuten. Diese Gleichung muß für alle y gelten. Sind umgekehrt die Relationen (97) und (98) für ein vorgegebenes Koordinatensystem erfüllt, so ist dieses ein Normalsystem. Man kann beweisen[81a]), daß infolge dieser Relationen das Linienelement ds^2 die Form haben muß:

$$ds^2 = \overset{0}{g}_{ik} dy^i dy^k + \sum_{(hi)(jk)} p_{hijk}(y)(y^h dy^i - y^i dy^h)(y^j dy^k - y^k dy^j). \tag{99}$$

In der Summe muß man die Indexpaare (hi) und (jk) unabhängig voneinander alle $\binom{n}{2}$ möglichen Kombinationen durchlaufen lassen. Aus (99) kann auch rückwärts auf (97) und (98) geschlossen werden, so daß diese Form des Linienelementes die notwendige und hinreichende Bedingung dafür bildet, daß das Koordinatensystem der y^k ein Normalsystem ist. Die p_{hijk} sind reguläre Funktionen der y und verhalten sich gegenüber linearen Transformationen der y wie die Komponenten eines Flächentensors 2. Ranges, können auch stets so bestimmt werden[81b]), daß sie dessen Symmetriebedingungen erfüllen (vgl. Nr. **11**). Der Krümmungstensor im Nullpunkt hängt in überaus einfacher Weise mit den Werten der p_{hijk} daselbst zusammen: Es ist

$$\overset{0}{R}_{hijk} = 3\overset{0}{p}_{hijk}. \tag{100}$$

81a) Vgl. dazu die Erläuterungen von *H. Weber* in *Riemanns* Ges. Werken, 2. Aufl., p. 405 sowie *F. Schur*, Math. Ann. 27 (1886), p. 537.

81b) *H. Vermeil*, Math. Ann. 79 (1918), p. 289.

Die R_{hijk} messen also in dieser Darstellung direkt die Abweichung der Geometrie von der euklidischen. *Riemann* bemerkt weiter, daß für den Fall einer zweidimensionalen Mannigfaltigkeit — ihr Linienelement sei gegeben durch

$$ds^2 = \gamma_{11} du^2 + 2\gamma_{12} du dv + \gamma_{22} dv^2 —$$

die einzige unabhängige Komponente R_{1212} des Krümmungstensors gemäß der Formel

$$K = -\frac{R_{1212}}{\gamma_{11}\gamma_{22} - \gamma_{12}^2} \tag{101}$$

das *Gauß*sche Krümmungsmaß K der Fläche bestimmt. Dies wird durch direkten Vergleich von (89) mit den *Gauß*schen Formeln für K gezeigt. Sind u, v speziell Normalkoordinaten der Fläche, so daß das Linienelement die Form

$$ds^2 = \mathring{\gamma}_{11} du^2 + 2\mathring{\gamma}_{12} du dv + \mathring{\gamma}_{22} dv^2 + \pi(u, v)(u dv - v du)^2 \tag{102}$$

annimmt, so kann das *Gauß*sche Krümmungsmaß in P_0 wegen (100), (101) auch geschrieben werden

$$\mathring{K} = -\frac{3\mathring{\pi}}{\mathring{\gamma}_{11}\mathring{\gamma}_{22} - \mathring{\gamma}_{12}^2}. \tag{103}$$

Das Vorzeichen von K ist historisch begründet durch das Verhältnis der Fläche zum euklidischen R_3, in dem sie eingebettet ist, und hat nichts zu tun mit den Maßverhältnissen der Fläche selbst. Es schiene im Hinblick auf die Entwicklung (99) des Linienelementes natürlicher das Vorzeichen entgegengesetzt zu wählen, z. B. die Krümmung der Kugel negativ zu nennen.

Mit Hilfe der Normalkoordinaten kann nun der Begriff der Krümmung des R_n auf den der Flächenkrümmung zurückgeführt werden. Auf diese Weise ist *Riemann* überhaupt zuerst zu jenem Begriff gelangt. Es seien zunächst zwei Richtungen gegeben, welche durch die Vektoren ξ^i und η^i charakterisiert seien. Die Länge dieser Vektoren ist gleichgültig. Sie bestimmen das lineare Richtungsbüschel

$$\xi^i u + \eta^i v$$

und die Flächenrichtung

$$\xi^{ik} = \xi^i \eta^k - \xi^k \eta^i.$$

Längs jeder Richtung des Büschels konstruieren wir die von P^0 ausgehende geodätische Linie. Die Gesamtheit dieser geodätischen Linien bildet eine Fläche, auf deren Krümmungsmaß es uns ankommt. Das Linienelement der Fläche ergibt sich, indem man in (99) die Substitutionen macht:

$$y^i = \xi^i u + \eta^i v.$$

Es wird von der Form (102), worin die Größen $\mathring{\gamma}_{ik}$ und π die Werte annehmen:

$$\mathring{\gamma}_{11} = \mathring{g}_{ik}\xi^i\xi^k = \xi_i\xi^i, \quad \mathring{\gamma}_{12} = \tfrac{1}{2}\mathring{g}_{ik}(\xi^i\eta^k + \xi^k\eta^i) = \xi_i\eta^i, \quad \mathring{\gamma}_{22} = \mathring{g}_{ik}\eta^i\eta^k = \eta_i\eta^i,$$

$$\pi = \sum_{(hi)(jk)} p_{hijk}\xi^{hi}\xi^{jk}.$$

Für das Krümmungsmaß erhält man daraus mit Rücksicht auf (100) und (103) sofort

$$(104) \qquad -K = \frac{\sum\limits_{(hi)(jk)} R_{hijk}\xi^{hi}\xi^{jk}}{\frac{1}{2}\xi_{ik}\xi^{ik}} = \frac{\sum\limits_{(hi)(jk)} R_{hijk}\xi^{hi}\xi^{jk}}{\sum\limits_{(hi)(jk)}(g_{hj}g_{ik} - g_{hk}g_{ij})\xi^{hi}\xi^{jk}}.$$

(Der Index 0 ist fortgelassen worden.)

Mit den Normalkoordinaten hat dieses Resultat nichts mehr zu tun, es wird einfach jeder Flächenrichtung (die *Größe* von ξ^{ik} hebt sich offensichtlich weg) ein invariantes *Gauß*sches Krümmungsmaß zugeordnet, welches nach *Riemann* das Krümmungsmaß des Raumes R_n in der betreffenden Flächenrichtung heißt (nachdem man ihm noch das entgegengesetzte Vorzeichen gegeben hat). Dabei tritt auch klar zutage, daß die Größen R_{hijk} die Komponenten eines Flächentensors 2. Ranges bilden.

Im Anschluß an die von *Riemann* herrührende Formel (104) hat *Herglotz*[82]) gezeigt, wie man auch den verjüngten Krümmungstensor und die Krümmungsinvariante geometrisch interpretieren kann. Seine Ergebnisse sind diese: Es seien n orthogonale Richtungen gegeben, welche $\binom{n}{2}$ Flächenrichtungen bestimmen. Ist $K(rs)$ die Raumkrümmung in der durch den r^{ten} und s^{ten} Vektor bestimmten Flächenrichtung, so wird zunächst die Krümmungsinvariante R gleich der doppelten Summe:

$$(105) \qquad R = 2\sum_{(rs)} K(rs),$$

die über alle Indexkombinationen (rs) zu erstrecken ist. Sie ist unabhängig von der Wahl der n Richtungen $1, 2, \ldots n$ und kann als die mittlere Krümmung des R_n in dem betreffenden Punkt bezeichnet werden. Ist durch den Vektor ξ^i eine weitere Richtung 0 bestimmt, so bestimmt die Summe

$$(106) \qquad \sum_{(0r)} K(0r)\sin^2(0, r) = \frac{R_{ik}\xi^i\xi^k}{\xi_i\xi^i},$$

welche sich gleichfalls von der Wahl der n Ausgangsrichtungen als

82) *G. Herglotz*, Zur *Einstein*schen Gravitationstheorie, Leipzig Ber., math.-phys. Kl., 68 (1916), p. 199. Die Deutung der Krümmungsinvariante findet sich schon vor *Herglotz* bei *H. A. Lorentz*, Amst. Versl. 24 (1916), p. 1389.

unabhängig erweist, den verjüngten Krümmungstensor. Hiermit ist auch der geometrische Beweis für den Tensorcharakter von R_{ik} und die Invarianz von R, die beide früher bloß arithmetisch begründet wurden, nachgeliefert. Läßt man insbesondere eine der n orthogonalen Ausgangsrichtungen, etwa 1, mit der Richtung 0 zusammenfallen, so wird

$$(107)\qquad \frac{R_{ik}\xi^i\xi^k}{\xi_i\xi^i} = \sum_{r=2}^{n} K(1r).$$

Aus (105) und (107) folgt endlich für das mittlere Krümmungsmaß des auf der Richtung 1, welche durch den Vektor ξ^i charakterisiert ist, senkrecht stehenden R_{n-1} der Ausdruck

$$(108)\qquad \sum_{\substack{(rs)\\ r\neq 1,\, s\neq 1}} K(rs) = \frac{1}{2}R - \frac{R_{ik}\xi^i\xi^k}{\xi_i\xi^i} = -\frac{G_{ik}\xi^i\xi^k}{\xi_i\xi^i},$$

worin

$$(109)\qquad G_{ik} = R_{ik} - \tfrac{1}{2}g_{ik}R$$

gesetzt ist. Dieser Tensor spielt in der allgemeinen Relativitätstheorie eine wichtige Rolle.

Es möge hier noch ein einfaches Theorem von *Vermeil*[83]) erwähnt werden, welches auf der Entwicklung (99) des Linienelementes beruht. Das Volumen V_n einer Kugel mit dem Radius r im euklidischen R_n hat den einfachen Wert

$$V_n = C_n r^n,$$

wo C_n ein Zahlenfaktor ist, auf dessen Wert es hier nicht ankommt. In einem beliebigen *Riemann*schen Raum wird V_n eine komplizierte Funktion von r. Denkt man sie sich in eine Potenzreihe nach r entwickelt und behält nur das auf $C_n r^n$ nächstfolgende Glied bei, so ergibt sich

$$(110)\qquad V_n = C_n r^n\left\{1 + \frac{R}{6}\,\frac{r^2}{n+2} + \cdots\right\},$$

wo R die Krümmungsinvariante im Kugelmittelpunkt ist. Durch Differentiieren erhält man daraus die Formel für die Oberfläche O_n der Kugel:

$$(111)\qquad O_n = nC_n r^{n-1}\left\{1 + \frac{R}{6}\,\frac{r^2}{n} + \cdots\right\}.$$

Man kann diese Relationen zu einer neuen geometrischen Definition der Krümmungsinvariante benutzen:

$$(112)\qquad R = \lim_{r\to 0}\left(\frac{V_n}{C_n r^n} - 1\right)\frac{6(n+2)}{r^2} = \lim_{r\to 0}\left(\frac{O_n}{nC_n r^{n-1}} - 1\right)\frac{6n}{r^2}.$$

---

83) *H. Vermeil,* Notiz über das mittlere Krümmungsmaß einer n-fach ausgedehnten *Riemann*schen Mannigfaltigkeit. Gött. Nachr., math.-phys. Kl., 1917, p. 334.

Die Einführung der Normalkoordinaten führt die Frage nach den Invarianten gegenüber beliebigen Transformationen auf die Frage nach den Invarianten bei linearen Transformationen zurück.[84]) So kann bewiesen werden, daß R (abgesehen von einem belanglosen, konstanten Faktor) die einzige Invariante ist, welche bloß die g_{ik} selbst sowie deren erste und zweite Differentialquotienten enthält und in den letzteren linear ist.[84a]) Und alle Linientensoren zweiten Ranges, welche diese Eigenschaften haben, sind in der Form

$$c_1 R_{ik} + c_2 R g_{ik} + c_3 g_{ik} \qquad (c_1, c_2, c_3 \text{ Konstante}) \tag{113}$$

enthalten.[84a])

18. Die Spezialfälle der euklidischen Geometrie und der konstanten Krümmung. Daß im euklidischen Raum der Krümmungstensor R_{hijk} verschwindet, ist ohne weiteres einzusehen (vgl. Nr. **16**). Doch hat bereits *Riemann* in seinem Habilitationsvortrag darauf hingewiesen, daß sich dieser Satz umkehren läßt: Verschwindet der Krümmungstensor, so ist der Raum euklidisch, d. h. es kann dann stets ein Koordinatensystem gefunden werden, in welchem die g_{ik} Konstante sind. Einen allerdings sehr umständlichen Beweis für diese Behauptung hat zuerst *Lipschitz*[85]) gegeben. Am durchsichtigsten und anschaulichsten ist der Gedankengang, den *Weyl*[86]) angedeutet hat. Im allgemeinen Fall ist das Ergebnis der Parallelverschiebung eines Vektors wesentlich abhängig von dem Weg, auf welchem sie erfolgt. Dies wird nur dann nicht zutreffen, wenn sich die Vektorkomponenten nicht bloß als Funktionen von s, sondern auch als Funktionen der Koordinaten x^k so bestimmen lassen, daß überall und für alle Kurvenrichtungen (64) befriedigt ist. Das heißt aber, die ξ^i müssen die Differentialgleichungen

$$\frac{\partial \xi^i}{\partial x^s} = - \Gamma^i_{rs} \xi^r \tag{114}$$

befriedigen. Stellt man nun ihre Integrabilitätsbedingungen auf, so zeigt sich, daß sie gleichlautend werden mit $R_{hijk} = 0$. Verschwindet also der Krümmungstensor, so läßt sich das Gleichungssystem (114) stets lösen, die Richtungsübertragung ist vom Zwischenweg unabhängig, man kann auch sagen, sie ist integrabel. Jetzt braucht man nur noch

---

84) Vgl. die allgemeinen Angaben bei *E. Noether*, Invarianten beliebiger Differentialausdrücke, Gött. Nachr., math.-phys. Kl., 1918, p. 37 und die Ausführungen bei *H. Vermeil*, l. c. Anm. 81b).

84a) Vgl. *H. Vermeil*, l. c. Anm. 83) und *H. Weyl*, Raum — Zeit — Materie, 4. Aufl. 1921, Anhang.

85) *R. Lipschitz*, Crelles J. 70 (1869), p. 71, l. c. Anm. 74).

86) *H. Weyl*, Raum — Zeit — Materie, 1. Aufl., Berlin 1918, p. 111.

statt des gegebenen Koordinatensystems K mit den Achsenvektoren $\mathfrak{e}_k$ ein neues Koordinatensystem K' mit den Achsenvektoren $\mathfrak{e}_i'$ von folgender Eigenschaft einzuführen. Die $\mathfrak{e}_i'$ im beliebigen Punkt P_1 sollen zu den $\mathfrak{e}_i'$ im beliebigen zweiten Punkt P_2 parallel sein. Ihre Komponenten $\bar{\alpha}_i^k$ im System K (vgl. Nr. **10**) müssen deshalb nach (114) die Gleichungen

$$\frac{\partial \bar{\alpha}_i^k}{\partial x^s} = -\Gamma^k_{rs}\bar{\alpha}_i^r \tag{115}$$

befriedigen. Eine solche Koordinatenwahl wird dadurch möglich, daß zufolge von (115) die Integrabilitätsbedingungen (63) von selbst erfüllt sind. In der Tat ist

$$\frac{\partial \bar{\alpha}_i^k}{\partial x'^l} = \frac{\partial \alpha_i^k}{\partial x^s}\bar{\alpha}_l^s = -\Gamma^k_{rs}\bar{\alpha}_i^r\bar{\alpha}_l^s$$

in i und l symmetrisch. Es gibt nun in jedem Punkt n Vektoren, nämlich die n Achsenvektoren $\mathfrak{e}_i'$, deren Komponenten in K' bei jeder infinitesimalen Translation konstant bleiben. Da ein beliebiger Vektor $\mathfrak{x}$ sich aus den $\mathfrak{e}_i'$ linear zusammensetzen läßt und die infinitesimale Translation nach Nr. **14** affin ist, werden auch die Komponenten von $\mathfrak{x}$ in K' bei derselben nicht geändert. Das ist aber nur möglich, wenn die geodätischen Komponenten von K' überall verschwinden, d. h. die g'_{ik} Konstante sind. Man bestätigt dies auch leicht durch direkte Berechnung von $\frac{\partial g'_{ik}}{\partial x'^l}$. Hiermit ist der Beweis vollendet.

Eine umfassendere Klasse von *Riemann*schen Räumen sind diejenigen, deren Krümmungsmaß sowohl von der Flächenrichtung als auch vom Ort unabhängig ist, welche also nach (104) charakterisiert sind durch die Relation

$$R_{hijk} + \alpha(g_{hj}g_{ik} - g_{hk}g_{ij}) = 0, \tag{116}$$

wo α eine (positive oder negative) Konstante bedeutet. Durch Verjüngung folgt daraus noch

$$R_{ik} + (n-1)\alpha g_{ik} = 0 \tag{117}$$

und

$$R = -n(n-1)\alpha. \tag{118}$$

Für spätere Anwendungen merken wir auch noch den Ausdruck für den durch (109) definierten Tensor G_{ik} an:

$$G_{ik} = \frac{(n-1)(n-2)}{2}\alpha g_{ik}. \tag{119}$$

Für $\alpha = 0$ kommt man auf den Fall verschwindender Krümmung zurück.

Ein Beispiel für einen Raum konstanter Krümmung ist eine n-dimensionale Kugel, die wir uns in einem euklidischen R_{n+1} eingebettet denken können. Wenn man bloß auf ihre inneren Maßverhältnisse achtet, spricht man besser von einem sphärischen Raum R_n. Wir haben dann

$$ds^2 = \sum_i (dx^i)^2 + (dx^{n+1})^2 \tag{120}$$

$$\sum_i (x^i)^2 + (x^{n+1})^2 = a^2. \tag{121}$$

Die Indizes in den Summen laufen immer von 1 bis n. Führen wir zunächst als Koordinaten auf der Kugel die x^i (in $1, \ldots n$) ein, was der Parallelprojektion auf die Äquatorebene $x^{n+1} = 0$ entspricht, so ergibt sich durch Elimination von x^{n+1} aus (120) mittels (121):

$$ds^2 = \sum_i (dx^i)^2 + \frac{(x^i dx^i)^2}{a^2 - r^2} \qquad \left(r^2 = \sum_i (x^i)^2\right). \tag{122}$$

Der Äquator $x^{n+1} = 0$ ist eine singuläre Linie des Koordinatensystems, und zu jedem Wertesystem für die Koordinaten gehören *zwei* Punkte des sphärischen Raumes R_n. Man kann auch die Kugelpunkte vom Zentrum aus auf die Ebene $x^{n+1} = -a$ projizieren, was der Koordinatentransformation

$$x^i = \frac{r}{r'} x'^i \left(r'^2 = \sum_i (x'^i)^2\right), \quad \frac{r}{r'} = \frac{|x^{n+1}|}{a} = \frac{a}{\sqrt{a^2 + r'^2}} \tag{123}$$

entspricht. Lassen wir im Endresultat die Akzente wieder fort, so nimmt das Linienelement die Gestalt an:

$$ds^2 = \frac{a^2}{(a^2 + r^2)^2} \left\{(a^2 + r^2) \sum_i (dx^i)^2 - (x^i dx^i)^2\right\}. \tag{124}$$

Das Koordinatensystem umfaßt überhaupt nur die eine Halbkugel, der Äquator rückt ins Unendliche ($r = \infty$).

Ebenso erhält man durch stereographische Projektion:

$$x^i = \frac{r}{r'} x'^i, \quad \frac{r}{r'} = \frac{a - x^{n+1}}{2a} = \frac{1}{1 + \frac{r'^2}{4a^2}}, \tag{125}$$

$$ds^2 = \frac{\sum_i (dx^i)^2}{\left(1 + \frac{r^2}{4a^2}\right)^2}, \tag{126}$$

wobei im Endresultat die Akzente gleichfalls weggelassen wurden. Singulär wird dieses Koordinatensystem bloß im Pol $x^{n+1} = a$, dort wird nämlich $r = \infty$.

Eine vierte Form des Linienelementes erhält man durch Einführung der Normalkoordinaten, was durch die Substitution von

$$x^i = \frac{r}{\varrho} y^i \left(\varrho = \sum_i (y^i)^2\right), \quad \frac{r}{\varrho} = \frac{a}{\varrho} \sin\frac{\varrho}{a}, \quad x^{n+1} = a \cos\frac{\varrho}{a} \tag{127}$$

in (122) bewirkt wird. Es ergibt sich

$$(128)\qquad ds^2 = \frac{a^2}{\varrho^2}\sin^2\frac{\varrho}{a}\sum(dx^i)^2 + \frac{1}{\varrho^2}\left(1 - \frac{a^2}{\varrho^2}\sin^2\frac{\varrho}{a}\right)(y^i dy^i)^2.$$

Wegen

$$(129)\qquad \sum_{(ik)}(y^i dy^k - y^k dy^i)^2 = \varrho^2\sum(dy^i)^2 - (y^i dy^i)^2$$

(in der Summe der linken Seite ist jede Kombination (ik) bloß einmal zu zählen) kann dies auch geschrieben werden

$$(128\text{a})\qquad ds^2 = \sum(dy^i)^2 - \frac{1}{\varrho^2}\left(1 - \frac{a^2}{\varrho^2}\sin^2\frac{\varrho}{a}\right)\sum_{(ik)}(y^i dy^k - y^k dy^i)^2.$$

Die y^i sind also in der Tat Normalkoordinaten. Man kann diese Ausdrücke auch auf dem Umweg über Polarkoordinaten ableiten. Dem Ursprung des Systems der y^i entspricht der Pol $x^{n+1} = a$; bei $\varrho = a\pi$ wird es singulär, weil allen Werten von y^i, welche die Bedingung $\varrho = a\pi$ erfüllen, derselbe Punkt nämlich der Pol $x^{n+1} = -a$ entspricht. Man erhält bereits alle Kugelpunkte, wenn man ϱ an die beschränkende Bedingung $\varrho \leqq a\pi$ knüpft.

Aus (128a) folgt zunächst mit Rücksicht auf (99) und (100), daß im Punkt $y^i = 0$ das Krümmungsmaß des Raumes von der Flächenrichtung unabhängig ist, daß also dort eine Relation von der Form (116) gilt. Der Koeffizient α nimmt wegen

$$\frac{1}{\varrho^2}\left(1 - \frac{a^2}{\varrho^2}\sin^2\frac{\varrho}{a}\right)_{\varrho=0} = \frac{1}{3a^2}$$

nach (100) den Wert an:

$$(130)\qquad \alpha = \frac{1}{a^2}.$$

Daß die Relationen (116) mit demselben Wert von α in allen Punkten des sphärischen Raumes gelten, folgt aus der Existenz einer Bewegungsgruppe $G_{\frac{n(n+1)}{2}}$, welche gestattet, einen vorgegebenen Punkt und ein zugehöriges „n-Bein" gleichzeitig in irgendeinen anderen Punkt und ein anderes n-Bein überzuführen und zwar, was wesentlich ist, in der Weise, daß die Längen aller Kurven bei der Bewegung unverändert bleiben. Bezeichnen wir nämlich mit S den Übergang (135) vom System $x^1, \ldots x^{n+1}$ des euklidischen R_{n+1} zum Normalkoordinatensystem im sphärischen R_n mit T die $\frac{n(n+1)}{2}$ parametrige Gruppe der orthogonalen Transformationen des erstgenannten Systems, so ist

$$G_{\frac{n(n+1)}{2}} = S^{-1}TS$$

die gesuchte Bewegungsgruppe. Sie zeigt, daß das Linienelement in allen Normalkoordinatensystemen dieselbe Form hat, wo auch immer im sphärischen Raum R_n ihr Nullpunkt liegen mag. Daraus folgt sogleich die Allgemeingültigkeit der Relationen (116) und (130) im sphärischen Raum. Man kann das natürlich auch durch direkte Rechnung bestätigen.

Die Konstanz des Krümmungsmaßes ist offenbar immer dann vorhanden, wenn der R_n folgende Eigenschaft hat: In einer gewissen (endlichen) Umgebung eines jeden Punktes des R_n läßt sich ein Koordinatensystem so bestimmen, daß das Linienelement dort eine der vier äquivalenten Formen (120), (122), (124) und (128) annimmt; α braucht nicht notwendig positiv zu sein. Ist α negativ, so hat man in den betreffenden Formeln überall a^2 durch $-a^2$ zu ersetzen, und es gilt dann

$$\alpha = -\frac{1}{a^2}. \tag{130a}$$

Riemann hat nun in seinem Habilitationsvortrag darauf hingewiesen, und *Lipschitz*[88]) hat zuerst bewiesen, daß auch umgekehrt aus der Gültigkeit von (116) immer die genannte Eigenschaft des R_n folgt. *Vermeil*[89]) gab mittels Potenzreihenansatzes für das Linienelement in den Normalkoordinaten einen einfacheren Beweis des allgemeinen Satzes, daß bei gegebenem Krümmungstensor auch schon die Form des Linienelementes in Normalkoordinaten eindeutig bestimmt ist. Dies wurde gleichfalls schon von *Riemann* angedeutet. In der Physik hat dieser Umkehrsatz bisher keine Anwendung gefunden.

Für kosmologische Fragen (vgl. Abschn. IV) von Bedeutung ist jedoch folgender Umstand. Durch die Form des Linienelementes sind die Zusammenhangsverhältnisse des R_n im Großen keineswegs eindeutig bestimmt. Dies ist derjenige Punkt, wo die projektive Auffassung die differentialgeometrische zu ergänzen hat. Erstere gestattet für die Räume *konstanter Krümmung* ohne weiteres die Frage nach dem Zusammenhang des *ganzen* Raumes zu beantworten. So ergeben sich, wie zuerst *Klein*[90]) gezeigt hat, für die Räume mit konstanter *positiver* Krümmung zwei Möglichkeiten. Entweder entsprechen im Koordinatensystem der Darstellung (122) jedem Wertesystem der Koordinaten zwei oder nur ein Raumpunkt. Im ersteren Fall heißt der Raum sphärisch, im zweiten in Anlehnung an die projektive Auffassung elliptisch. Beide Arten von Räumen sind, obwohl unbegrenzt,

88) *R. Lipschitz,* Crelles J. l. c. Anm. 74).

89) *H. Vermeil,* Math. Ann. 79 (1918), p. 289, l. c. Anm. 81b).

90) *F. Klein,* Math. Ann. 4 (1871), p. 573; 6 (1872), p. 112 und insbesondere Math. Ann. 37 (1890), p. 544, wo das Problem in seiner ganzen Allgemeinheit gelöst wird. Ferner Programm zum Eintritt in die philosophische Fakultät in Erlangen 1872, wiederabgedruckt in den Math. Ann. 43 (1893), p. 63.

dennoch endlich im *Riemann*schen Sinn. Das Gesamtvolumen des elliptischen Raumes ist offenbar halb so groß wie das Gesamtvolumen des sphärischen Raumes gleicher Krümmung. Gleiches gilt vom Verhältnis der gesamten Längen der (geschlossenen) geodätischen Linien in beiden Räumen. Bei den Räumen mit konstanter *negativer* Krümmung ist die Zahl der Möglichkeiten viel größer. Besonders bemerkenswert ist die *Clifford*sche Fläche, welche die Möglichkeit einer *endlichen* Mannigfaltigkeit mit der *Krümmung Null* zeigt. Die ganze Frage nach den Zusammenhangsverhältnissen der Mannigfaltigkeiten konstanter Krümmung im Großen wurde von *Killing* als Problem der *Clifford-Klein*schen Raumformen bezeichnet.

19. Die Integralsätze von Gauß und Stokes im vierdimensionalen Riemannschen Raum. Die Komplikation der Tensoranalysis der allgemeinen Transformationsgruppe gegenüber der der affinen Gruppe rührt daher, daß es jetzt nicht mehr gestattet ist, die Komponenten von zwei Tensoren, welche an verschiedene Punkte geknüpft sind, einfach zu addieren. Um aus Tensoren durch Differentiation neue Tensoren abzuleiten, muß man deshalb im allgemeinen den in Nr. **14** entwickelten Begriff der Parallelverschiebung zu Hilfe nehmen. Die betreffenden Regeln wurden zuerst rein formal von *Christoffel*[91]) abgeleitet und später von *Ricci* und *Levi-Civita*[56a]) in ein System gebracht. Vereinfachungen und geometrische Interpretationen brachten die Arbeiten von *Weyl*[92]), *Hessenberg*[93]) und *Lang*[56a]).

Bei gewissen Operationen, die zunächst betrachtet werden sollen und sich auf Tensoren ersten Ranges im Sinne der Nr. **11** beziehen, gehen jedoch die geodätischen Komponenten in das Schlußresultat nicht ein. Es ist deshalb eine naturgemäße Forderung, bei ihrer Herleitung den Begriff der Parallelverschiebung nicht zu benützen. Zunächst kann aus einem Skalar φ durch Differentiation ein Vektor grad φ abgeleitet werden, wie unmittelbar aus der Invarianz von

$$d\varphi = \frac{\partial \varphi}{\partial x^i} dx^i$$

folgt. Dabei ist zu beachten, daß die $\frac{\partial \varphi}{\partial x^i}$ *kovariante* Komponente sind:

$$\text{grad}_i \varphi = \frac{\partial \varphi}{\partial x^i}. \tag{131}$$

Um weitere Relationen zu finden, müssen wir die Integralsätze von

91) l. c. Anm. 68).

56a) l. c. Anm. 56).

92) *H. Weyl*, Raum — Zeit — Materie, 1. Aufl. 1918, p. 103—107.

93) l. c. Anm. 77).

Gauß und *Stokes* auf unseren Fall anwenden, wobei wir uns aber auf vierdimensionale Mannigfaltigkeiten beschränken wollen. Die betreffende Verallgemeinerung des *Gauß*schen und *Stokes*schen Satzes für Räume beliebiger Dimension findet sich in allgemeinster Weise bei *Poincaré*[93a]) und *Goursat*[93b]). Für den Fall der speziellen Relativitätstheorie (euklidische Geometrie und orthogonale Koordinaten) wurden die Formeln auch von *Sommerfeld*[55a]) entwickelt.

Es seien

(132) $$f^i,\ F^{ik},\ A^{ikl}$$

die Komponenten eines Linien-, Flächen- und Raumtensors,

(133) $$ds^i,\ d\sigma^{ik},\ dS^{ikl},\ d\Sigma$$

die eines Kurven-, Flächen, Raum- und Weltelementes, mit den absoluten Beträgen

(133a) $$ds,\ d\sigma,\ dS,\ |d\Sigma|.$$

Die Komponenten (133) drücken sich durch die Koordinaten so aus: Die ds^i sind direkt gleich den Koordinatendifferentialen

(134a) $$ds^i = dx^i;$$

sind ferner dx^i, δx^i resp. dx^i, δx^i, $\mathfrak{d} x^i$ die Komponenten zweier bzw. dreier Linienelemente in unabhängigen Richtungen auf dem Flächen- bzw. Raumelement, so ist

(134b) $$d\sigma^{ik} = \begin{vmatrix} dx^i, & \delta x^i \\ dx^k, & \delta x^k \end{vmatrix}$$

(134c) $$dS^{ikl} = \begin{vmatrix} dx^i, & \delta x^i, & \mathfrak{d} x^i \\ dx^k, & \delta x^k, & \mathfrak{d} x^k \\ dx^l, & \delta x^l, & \mathfrak{d} x^l \end{vmatrix}.$$

Setzt man diese Ausdrücke in irgendein Flächen- bzw. Raumintegral $\int \varphi(x)\, d\sigma^{ik}$ bzw. $\int \varphi(x)\, dS^{ikl}$ ein, so entspricht dies derjenigen Schreibweise der mehrfachen Integrale, die *Klein*[94]) gelegentlich eingeführt und die *Graßmann*sche genannt hat. Sie ist die naturgemäße, da sie sofort das Verhalten mehrfacher Integrale bei Koordinatentransformationen abzulesen gestattet, und *Klein*[94]) zieht sie deshalb der gewöhnlichen Schreibweise vor. Jedoch hat die letztere den Vorzug

---

93a) *H. Poincaré*, Acta Math. 9 (1887), p. 321.

93b) *E. Goursat*, Liouvilles J. (6) 4 (1908), p. 331.

55a) *A. Sommerfeld*, l. c. Anm. 55). Die Divergenz des Flächentensors wird dort in anderer Weise hergeleitet, als es hier geschieht.

94) *F. Klein*, Über die Integralform der Erhaltungssätze usw., Gött. Nachr., math.-phys. Kl., 1918, p. 394.

größerer Einfachheit, obzwar sie wieder den Nachteil mit sich bringt, das Verhalten des Integranden gegenüber Koordinatentransformationen nicht unmittelbar in Evidenz zu setzen. Man gelangt zu ihr, wenn man die unabhängigen Richtungen d, δ (d, δ, $\mathfrak{d}$) bei den einzelnen Komponenten des Flächen (Raum-)elementes parallel den zugehörigen Koordinaten annimmt. Dann wird nämlich

$$d\sigma^{ik} = dx^i \delta x^k, \; dS^{ikl} = dx^i \delta x^k \mathfrak{d} x^l,$$

wofür man noch einfacher schreibt

$$d\sigma^{ik} = dx^i dx^k, \; dS^{ikl} = dx^i dx^k dx^l. \tag{135}$$

Es ist aber wohl zu beachten, daß sich diese Ausdrücke bei Koordinatentransformationen wie die Komponenten eines Flächen- bzw. Raumtensors verhalten.

Wir können nun aus den Tensoren (132) und (133) zweierlei Arten von Invarianten bilden.

1. Die Orthogonalprojektionen von f, F, A auf $ds, d\sigma, dS$ multipliziert mit dem Betrag der letzteren Tensoren:

$$f_s ds = f_i dx^i \tag{136a}$$

$$F_\sigma d\sigma = F_{ik} d\sigma^{ik} \tag{136b}$$

$$A_S dS = A_{ikl} dS^{ikl}. \tag{136c}$$

2. Die Orthogonalprojektion des Vektors f auf die Normalrichtung zu dS, des Flächentensors F auf die zu $d\sigma$ normale Flächenrichtung, des Raumtensors A auf die zu s normale Raumrichtung, immer multipliziert mit dem Betrag der letzteren Tensoren. Man findet den Wert dieser Ausdrücke mit Hilfe der dualen Ergänzungen zu $ds, d\sigma, dS$ (nach Nr. **12** (54b), (55) zu:

$$f_n dS = f^i dS_i^* = \sum_{(iklm)} \sqrt{g} f^i dS^{klm} = \sum_{(iklm)} \mathfrak{f}^i dS^{klm} \tag{137a}$$

$$F_N d\sigma = F^{ik} d\sigma_{ik}^* = \sum_{(iklm)} \sqrt{g} F^{ik} d\sigma^{lm} = \sum_{(iklm)} \mathfrak{F}^{ik} d\sigma^{lm} \tag{137b}$$

$$A_n ds = A^{ikl} ds_{ikl}^* = \sum_{(iklm)} \sqrt{g} A^{ikl} ds^m = \sum_{(iklm)} \mathfrak{A}^{ikl} ds^m. \tag{137c}$$

Die Summen $\sum\limits_{(iklm)}$ sind darin über gerade Permutationen zu erstrecken, und $\mathfrak{f}, \mathfrak{F}, \mathfrak{A}$ sind die zu f, F, A gehörigen Tensordichten (Nr. **11**).

Die Verallgemeinerung der Integralsätze von *Gauß* und *Stokes* läßt sich nun so formulieren. Wir integrieren (136a) über eine geschlossene Kurve, (136b) und (137b) über eine geschlossene Fläche und (137a) über ein geschlossenes Raumstück. [Die analogen Sätze für (136c) und (137c) lassen wir beiseite, da sie in der Physik bisher keine Anwendung gefunden haben.] Diese Integrale lassen sich in Integrale über das von ihnen eingeschlossene Flächen-, Raum- bzw. Weltgebiet verwandeln:

$$\int f_s ds = \int \mathrm{Rot}_N f \cdot d\sigma = \int \mathrm{Rot}_{ik} f \cdot d\sigma^{ik} \tag{138a}$$

$$\int F_\sigma d\sigma = \int \mathrm{Rot}_n F \cdot dS = \int \mathrm{Rot}_{ikl} F \cdot dS^{ikl} \tag{138b}$$

$$\int f_n dS = \int \mathrm{Div} f \cdot d\Sigma = \int \mathfrak{Div} f dx \tag{139a}$$

$$\int F_N d\sigma = \int \mathrm{Div}_n F \cdot dS = \int \sum_{(iklm)} \mathfrak{Div}^i F \cdot dS^{klm} \tag{139b}$$

Dabei ist gesetzt:

$$\mathrm{Rot}_{ik} f = \frac{\partial f_k}{\partial x^i} - \frac{\partial f_i}{\partial x^k} \tag{140a}$$

$$\mathrm{Rot}_{ikl} F = \frac{\partial F_{ik}}{\partial x^l} + \frac{\partial F_{li}}{\partial x^k} + \frac{\partial F_{kl}}{\partial x^i} \tag{140b}$$

und

$$\mathfrak{Div} f = \frac{\partial \mathfrak{f}^k}{\partial x^i} \qquad \left(\mathrm{Div} f = \frac{1}{\sqrt{g}} \frac{\partial \sqrt{g} f^i}{\partial x^i}\right) \tag{141a}$$

$$\mathfrak{Div}^i F = \frac{\partial \mathfrak{F}^{ik}}{\partial x^k} \qquad \left(\mathrm{Div}^i F = \frac{1}{\sqrt{g}} \frac{\partial \sqrt{g} F^{ik}}{\partial x^k}\right). \tag{141b}$$

Das Wichtige dabei ist, daß die Invarianz der Ausgangsintegrale auch die Invarianz der Endintegrale nach sich zieht. Diese kann aber nur dann vorhanden sein, wenn schon der Integrand an jeder Stelle invariant ist, da das Integrationsgebiet beliebig klein gewählt werden kann. Daraus folgt nun weiter, daß $\mathrm{Rot}_{ik} f$ und $\mathrm{Rot}_{ikl} F$ die kovarianten Komponenten eines Flächen- bzw. Raumtensors, $\mathfrak{Div}\, F$ eine skalare Dichte und $\mathfrak{Div}^i F$ die kontravarianten Komponenten einer Vektordichte sind. Diese Eigenschaften der Operationen Rot und $\mathfrak{Div}$ können in die Regel zusammengefaßt werden:

1. Die Operation Rot erhöht die Stufe des Tensors (vgl. Nr. **11**), die Operation $\mathfrak{Div}$ erniedrigt sie.

2. Bei der Operation Rot werden die kovarianten Komponenten des Tensors, bei der Operation $\mathfrak{Div}$ die kontravarianten Komponenten der Tensordichte differenziert. Wir fügen noch hinzu:

3. Die Operationen Rot und $\mathfrak{Div}$ entsprechen einander dual. Es folgt dies aus den Relationen (137). In der Tat ist z. B.

$$\mathrm{Rot}_{ikl} F = \mathfrak{Div}^m F^*, \tag{142}$$

wie man leicht nachrechnet.

Wie in der gewöhnlichen Vektorrechnung können die Operationen Grad, Rot, $\mathfrak{Div}$ miteinander kombiniert werden. Es ergibt sich

$$\mathrm{Rot\,Grad}\,\varphi = \mathfrak{Div}\,\mathfrak{Div}\,F = \mathrm{Rot\,Rot}\,f = 0. \tag{143}$$

Wendet man hintereinander die Operation Div und Grad auf einen Skalar φ an, so gelangt man zur Verallgemeinerung der *Laplace*schen Operation Δ. Man bezeichnet sie nach einem Vorschlag von *Cauchy* mit $\Box$. In die Invariantentheorie n-dimensionaler Mannigfaltigkeiten wurde sie bereits von *Beltrami*[94a]) eingeführt; ihre erste Anwendung im Fall der speziellen Relativitätstheorie kommt bei *Poincaré* vor. Es ist dabei zu beachten, daß man nach der Grad-Bildung zufolge (141a) zu den kontravarianten Komponenten der Vektordichte übergehen muß:

$$\Box\varphi = \text{Div Grad}\,\varphi = \frac{1}{\sqrt{g}}\frac{\partial}{\partial x^k}\left(\sqrt{g}\, g^{ik}\frac{\partial \varphi}{\partial x^i}\right). \tag{144}$$

Für konstante g_{ik} wird daraus

$$\Box\varphi = g^{ik}\frac{\partial^2\varphi}{\partial x^i \partial x^k}. \tag{144a}$$

In diesem Spezialfall kann man auch mittels der Operation $\Box$ aus einem Vektor f_i einen neuen Vektor ableiten. Es gilt dann nämlich wie in der gewöhnlichen Vektorrechnung

$$\text{Div}_i \,\text{Rot}\, f = \text{Grad}_i \,\text{Div}\, f - \Box f_i. \tag{145}$$

Diese Relation läßt jedoch für nicht konstante g_{ik} keine Verallgemeinerung zu.

Es sei noch bemerkt, daß sich hier die in Nr. 11 aus geometrischen Gründen eingeführte Systematik der Tensoren auch rechnerisch aufs beste bewährt. Die Tensoren 1. Ranges sind vor denen höheren Ranges analytisch dadurch ausgezeichnet, daß sich aus ihnen ohne Zuhilfenahme der geodätischen Komponenten des Bezugssystems durch Differentiation neue Tensoren bilden lassen.

20. Herleitung von invarianten Differentialoperationen mit Benutzung der geodätischen Komponenten. Wir kommen nun zur zweiten Gruppe von Differentialoperationen, bei welcher der Begriff der Parallelverschiebung eine wesentliche Rolle spielt. Für die physikalischen Anwendungen sind nur zwei von diesen Operationen von Bedeutung, nämlich diejenigen, welche den Operationen

$$a_{ik} = \frac{\partial a_i}{\partial x^k}$$

und

$$t_i = \frac{\partial t_i^k}{\partial x^k} \quad \text{(Div des Tensors zweiten Ranges)}$$

der affinen Gruppe entsprechen. Um ihren Ausdruck in der allgemeinen Transformationsgruppe zu finden, machen wir folgende Konstruktion. Es sei zunächst in jedem Punkt der Kurve $x^k = x^k(t)$ ein

94a) *E. Beltrami*, Sulla teorica generale dei parametri differenziale, Memorie Acc. di Bologna (2) 8 (1869), p. 549.

Vektor mit den Komponenten a^i gegeben. Ist P ein beliebig herausgegriffener Kurvenpunkt, so konstruieren wir durch Parallelverschiebung des Vektors $a^i(P)$ längs der Kurve eine zweite Vektorgesamtheit $\bar{a}^i(P')$, P' beliebig, wobei also in P $\bar{a}^i$ und a^i übereinstimmt:

$$\bar{a}^i(P) \equiv a^i(P).$$

Nunmehr kann durch

$$A^i = \lim_{P' \to P} \frac{a^i(P') - \bar{a}^i(P')}{\Delta t}$$

in invarianter Weise ein Vektor definiert werden, da im Zähler die Differenz zweier Vektoren *im selben Punkt* gebildet ist. Aus (64) und (70) folgt sofort

(146 a) $$A^i = \frac{d a^i}{dt} + \Gamma^i_{rk} a^r \frac{dx^k}{dt}$$ und

(146 b) $$A_i = \frac{d a_i}{dt} - \Gamma^r_{ik} a_r \frac{dx^k}{dt} \cdot$$

Wird an Stelle von t die Bogenlänge s und an Stelle von a^i der Tangentialvektor $u^i = \frac{dx^i}{ds}$ gesetzt, so erhält man auf diese Weise den Vektor der „Beschleunigung", dessen Komponenten B^i mit den linken Seiten von (80) übereinstimmen:

(147) $$B^i = \frac{d^2 x^i}{ds^2} + \Gamma^i_{rs} \frac{dx^r}{ds} \frac{dx^s}{ds} \cdot$$

Ist a^i nicht nur längs einer Kurve, sondern als Vektorfeld gegeben, so ist $\frac{d a^i}{dt} = \frac{\partial a}{\partial x^k} \frac{dx^k}{dt}$, und durch (146) wird jeder Richtung $\frac{dx^k}{dt}$ ein Vektor

$$A_i = a_{ik} \frac{dx^k}{dt}, \quad A^i = a^i_k \frac{dx^k}{dt}$$

zugeordnet. Daraus folgt, daß

(148 a) $$a^i_k = \frac{\partial a^i}{\partial x^k} + \Gamma^i_{rk} a^r$$

(148 b) $$a_{ik} = \frac{\partial a^i}{\partial x^k} - \Gamma^r_{ik} a_r$$

die Komponenten eines Tensors bilden. Er ist die gesuchte Verallgemeinerung des Tensors $\frac{\partial a_i}{\partial x^k}$ der affinen Gruppe.

Ein Vektorfeld a^i, für welches der zugehörige Tensor a_{ik} in einem Punkt P verschwindet, heißt in diesem Punkt *stationär*. Nach Nr. **16** und **18** gibt es im euklidischen Raum und nur in diesem Vektorfelder, die in allen Punkten eines endlichen Gebietes stationär sind.

Da das Größensystem a_{ik} weder symmetrisch noch schiefsymmetrisch ist, haben wir es hier nicht mit einem Tensor im geometrischen Sinne der Nr. **11**, sondern bloß mit einem Tensor im weiteren Sinne der Nr. 9 zu tun. Wir können a_{ik} spalten in einen schiefsymmetrischen Teil

$$\frac{1}{2}\left(\frac{\partial a_i}{\partial x^k} - \frac{\partial a_k}{\partial x^i}\right)$$

und einen symmetrischen Teil

$$\hat{a}_{ik} = \frac{1}{2}\left(\frac{\partial a_i}{\partial x^k} + \frac{\partial a_k}{\partial x^i}\right) - \Gamma_{i\,k}^{r} a_r. \tag{148c}$$

Mit Hilfe der stationären Vektorfelder können wir nun nach dem Vorgang von *Weyl*[95]) die Divergenz eines Tensors 2. Ranges T^{ik} ableiten. Es sei ξ^i ein in P stationäres Vektorfeld, so daß in diesem Punkt

$$\frac{\partial \xi^i}{\partial x^k} = -\Gamma_{r\,k}^{i}\xi^r$$

und

$$\frac{\partial \xi_i}{\partial x^k} = \Gamma_{i\,k}^{r}\xi_r$$

ist. Dann bilden wir nach (141a) die Divergenz des Vektors

$$f^i = T^{ik}\xi_k = T_k^{\,i}\xi^k.$$

Setzen wir die angeschriebenen Werte für die Ableitungen der ξ_i ein, so kommt

$$\mathfrak{Div}\, f = \frac{\partial \mathfrak{f}^i}{\partial x^i} = \mathfrak{Div}\,{}_i\mathfrak{T}\cdot\xi^i = \mathfrak{Div}\,{}^i\mathfrak{T}\cdot\xi_i \tag{149}$$

mit

$$\mathfrak{Div}\,{}_i\mathfrak{T} = \frac{\partial \mathfrak{T}_i^k}{\partial x^k} - \mathfrak{T}_r^{\,s}\Gamma_{i\,s}^{r} = \frac{\partial \mathfrak{T}_i^k}{\partial x^k} - \frac{1}{2}\frac{\partial g_{rs}}{\partial x^i}\mathfrak{T}^{rs}. \tag{150a}$$

$$\mathfrak{Div}\,{}^i\mathfrak{T} = \frac{\partial \mathfrak{T}^{ik}}{\partial x^k} + \mathfrak{T}^{rs}\Gamma_{r\,s}^{i}. \tag{150b}$$

$\mathfrak{T}$ ist dabei die zu T gehörige Tensordichte, und aus der Invarianz von (149) folgt, daß (150a) und (150b) die ko- bzw. kontravarianten Komponenten einer Vektordichte bilden.

Im euklidischen Raum kann die Divergenz eines Tensors zweiten Ranges auch noch anders interpretiert werden. Sind r^i und s^i zwei Einheitsvektoren, so möge $T_{(rs)} = T_{ik}r^i s^k$ die Komponente des Tensors nach diesen zwei Richtungen heißen. Ist r^i in P beliebig vorgegeben, so kann man im euklidischen Raum dieser Richtung in jedem Punkt P' eine parallele Richtung $\bar{r}^i$ in eindeutiger und invarianter Weise zuordnen. Das Vektorfeld $\bar{r}^i$ ist offenbar überall stationär und kann in (149) für ξ^i genommen werden, so daß gilt

$$\mathfrak{Div}\,(\mathfrak{T}\bar{r}) = \mathfrak{Div}_{\bar{r}}\cdot\mathfrak{T}.$$

Setzt man nun in (139a) $\mathfrak{f} = (\mathfrak{T}\bar{r})$, so folgt sofort

$$\int T_{(\bar{r}n)}\,dS = \int \mathfrak{Div}_{\bar{r}}\mathfrak{T}\,dx = \int \mathfrak{Div}_{\bar{r}}\mathfrak{T}\,d\Sigma, \tag{151}$$

$$\mathfrak{Div}_{\bar{r}}\,\mathfrak{T} = \lim_{S\to 0}\frac{\int T_{(\bar{r}s)}\,dS}{\int d\Sigma}, \tag{151a}$$

95) *H. Weyl*, Raum — Zeit — Materie, 3. Aufl., 1920, p. 104.

eine Formel, die von *Lang*[96]) abgeleitet wurde. Man kann für vorliegenden Zweck jeden nichteuklidischen Raum durch einen euklidischen Tangentialraum ersetzen, da die zweiten Differentialquotienten der g_{ik} in das Schlußresultat (150) nicht eingehen und die ersten Ableitungen der g_{ik} durch geeignete Wahl der Koordinaten in beiden Räumen immer zur Übereinstimmung gebracht werden können. Deswegen kann das Ergebnis des Grenzüberganges in (151a), der Vektorcharakter von $\mathfrak{Div}_i \mathfrak{T}$, allgemeine Gültigkeit beanspruchen, obwohl das Integral der rechten Seite nur im euklidischen Raume einen Sinn hat.

Der Vollständigkeit halber sei hier noch die folgende allgemeine Formel angeführt, die in der Physik jedoch keine weitere Rolle spielt. Aus dem Tensor $a^{ikl\cdots}{}_{rst\cdots}$ folgt durch Differentiation der Tensor höheren Ranges

$$(152)\quad \begin{cases} a^{ikl\cdots}{}_{p,rst\cdots} = \dfrac{\partial a^{ikl\cdots}{}_{rst\cdots}}{\partial x^p} + \Gamma^{i}_{\varrho p} a^{\varrho kl\cdots}{}_{rst\cdots} + \Gamma^{k}_{\varrho p} a^{i\varrho l\cdots}{}_{rst\cdots} + \\ \qquad + \cdots - \Gamma_{p}{}^{\varrho}{}_{r} a^{ikl\cdots}{}_{\varrho st\cdots} - \Gamma_{p}{}^{\varrho}{}_{s} a^{ikl\cdots}{}_{r\varrho t\cdots} - \cdots \end{cases}$$

Die durch (152) dargestellte Operation, die sich schon bei *Christoffel* findet, nennen *Ricci* und *Levi-Civita* kovariante Differentiation.

Man hat sie früher wie folgt benutzt, um die Divergenz des Tensors 2. Ranges abzuleiten. Man bildete zuerst gemäß (152) den Tensor T_l^{ik} durch Differentiation von T^{ik} und verjüngte dann:

$$\mathrm{Div}^i T = T_k^{ik}.$$

Es möge noch erwähnt werden, wie *Ricci* und *Levi-Civita*[56b]) zu dem Ausdruck für den Krümmungstensor gelangt sind. Man gehe aus vom beliebigen Vektor a_i und bilde zuerst nach (148b) a_{ik}, dann nach (152) $a_{ik,l}$. Auf der rechten Seite stehen dann sowohl Glieder, welche nur die a_i selbst, als auch Glieder, welche die ersten und zweiten Ableitungen der a_i enthalten. Letztere heben sich aber fort, wenn man die Differenz $a_{ik,l} - a_{il,k}$ bildet, und es bleibt einfach stehen

$$a_{ik,l} - a_{il,k} = R^h{}_{ikl} a_h.$$

Damit ist dann der Tensorcharakter des Größensystems $R^h{}_{ikl}$ bewiesen. Diese Methode verschafft aber keine Einsicht in seine natürliche geometrische Bedeutung.

21. Affintensoren und freie Vektoren. Obwohl die allgemeine Relativitätstheorie es nur mit Gleichungen zu tun hat, die gegenüber beliebigen Transformationen der Koordinaten kovariant sind, spielen dennoch in ihr auch Größensysteme eine Rolle, die sich nur gegenüber

96) *Lang,* Diss. München, l. c. Anm. 56).

56b) *Ricci* und *T. Levi-Civita,* l. c. Anm. 56), vgl. auch die Darstellung bei *Einstein,* Ann. d. Phys. 49, l. c. Anm. 56).

linearen (affinen) Koordinatentransformationen wie Tensoren verhalten. Wir nennen sie *Affintensoren.* Solche Affintensoren sind z. B. die geodätischen Komponenten. Insbesondere kommen aber auch Affintensoren U_i^k vor, deren zugehörige Tensordichten $\mathfrak{U}_i^k = U_i^k \sqrt{g}$ *in jedem Bezugssystem* den Gleichungen

$$\frac{\partial \mathfrak{U}_i^k}{\partial x^k} = 0 \tag{153}$$

genügen. Es ist klar, daß sich die U_i^k bei allgemeinen Koordinatentransformationen nicht linear-homogen transformieren können. Man kann jedoch aus den U_i^k durch Integration ein Größensystem J_k ableiten, das sich gegenüber einer viel allgemeineren Gruppe von Transformationen als der affinen wie ein Vektor verhält.

Um dies zu zeigen, stellen wir zuerst eine vorbereitende Hilfsbetrachtung an. Es sei ein Vierervektor s^k mit der zugehörigen Vektordichte $\mathfrak{s}^k$ gegeben, dessen Div überall verschwindet.

$$\frac{\partial \mathfrak{s}^k}{\partial x^k} = 0. \tag{154}$$

Es habe ferner $\mathfrak{s}^k$ nur innerhalb einer „Weltröhre" von Null verschiedene Werte oder nehme jedenfalls nach außen so rasch ab, daß die über außerhalb der Weltröhre gelegene Gebiete erstreckten Integrale, die im folgenden vorkommen, verschwinden, wenn man das Integrationsgebiet hinreichend weit entfernt. Wir betrachten ferner nur solche Koordinatensysteme, in denen die Räume konstanter Zeit $x^4 = \text{const.}$ die Weltröhre nur in einfach zusammenhängenden Bereichen schneiden. Nun benutzen wir den Umstand, daß nach (139a) und (154), das Integral $\int s_n dS$ stets verschwindet, wenn es über ein geschlossenes Raumstück integriert wird. Als Integrationsgebiet wählen wir zuerst zwei Querschnitte $x^4 = \text{const.}$, die wir uns durch außerhalb der Weltröhre gelegene Raumteile verbunden denken. Dann folgt mit Rücksicht auf (137a), daß das Integral

$$J = \int \mathfrak{s}^4 dx^1 dx^2 dx^3 \tag{155}$$

für beide Querschnitte den gleichen Wert hat, d. h. von x^4 unabhängig ist. Nun führen wir ein zweites Koordinatensystem K' ein, das innerhalb der Weltröhre nur der Bedingung zu genügen hat, daß die Räume $x'^4 = \text{const.}$ die Weltröhre in einfach-zusammenhängenden Bereichen schneidet, außerhalb der Weltröhre aber konstante g_{ik} haben soll. Indem wir nun als Integrationsgebiet einen Querschnitt $x^4 = \text{const.}$ und einen Querschnitt $x'^4 = \text{const.}$ nehmen, die wir immer so wählen können, daß sie sich gegenseitig nicht schneiden, ergibt sich

$$\int \mathfrak{s}^4 dx^1 dx^2 dx^3 = \int \mathfrak{s}'^4 dx'^1 dx'^2 dx'^3,$$

d. h. das Integral J ist gegenüber allen hier zugelassenen Koordinatentransformationen invariant.

Auf diesen Fall kann man nun den des Integrals über die Komponenten eines Affintensors zurückführen. Man multipliziere diesen Affintensor mit einem Vektor p^k, dessen Komponenten innerhalb der Weltröhre konstant sind,

$$U^k = U_i^k p^i.$$

U^k verhält sich gegenüber allen linearen Transformationen wie ein Vektor. In allen Koordinatensystemen K', die aus dem ursprünglichen System K durch eine solche Transformation hervorgehen, sind die Komponenten p'^i ebenfalls innerhalb der Weltröhre konstant, und es gilt deshalb in ihnen auch die Gleichung

$$\frac{\partial \mathfrak{U}^k}{\partial x^k} = 0.$$

Nach (155) ist deshalb das Integral

$$J = \int \mathfrak{U}^4 dx^1 dx^2 dx^3$$

gegenüber linearen Transformationen invariant und hat auch für jeden Querschnitt denselben Wert. Da aber

$$J = J_k p^k,$$

worin

$$J_k = \int \mathfrak{U}_k^4 dx^1 dx^2 dx^3 \tag{156}$$

und der Vektor p^k ganz beliebig war, haben die Größen J_k Vektorcharakter gegenüber linearen Transformationen.[97])

Wir zeigen nun nach dem Vorgang von *Einstein*[98]), daß sie diesen Vektorcharakter auch behalten, wenn man vom Koordinatensystem K zu irgendeinem Koordinatensystem K' übergeht, welches außerhalb der Weltröhre mit K übereinstimmt. Zu diesem Zweck brauchen wir nur ein Koordinatensystem zu konstruieren, welches auf *einem* Querschnitt $x''^4 = c_1$ mit K, auf einem anderen Querschnitt $x''^4 = c_2$ mit K' übereinstimmt. Da schon bewiesen ist, daß für zwei verschiedene Querschnitte $x^4 = \text{const.}$ desselben Koordinatensystems die J_k die gleichen Werte haben, ist hiermit auch gezeigt, daß die J_k in K und K' dieselben Werte haben. *Sie sind von der Koordinatenwahl innerhalb der Weltröhre überhaupt nicht abhängig.* Es ist interessant, daß man ausgehend von dem Affintensor $\mathfrak{U}_i^k$, der sich nur

97) Es wurde dies zuerst bewiesen von *F. Klein*, Über die Integralform der Erhaltungssätze usw., Gött. Nachr., math.-phys. Kl, 1918, p. 394, wo die freien Vektoren ausführlich behandelt werden. Die hier gegebene Ableitung rührt von *H. Weyl* her, Raum — Zeit — Materie, 3. Aufl 1920, p. 234.

98) *A. Einstein*, Berl. Ber. 1918, p. 448.

bei *linearen* Koordinatentransformationen kovariant verhält, durch Integration zu einem Größensystem J_k gelangt, das sich gegenüber einer *viel allgemeineren* Transformationsgruppe wie ein Vektor verhält. Der Vektor J_k unterscheidet sich von den gewöhnlichen Vektoren dadurch, daß er nicht an einen bestimmten Punkt gebunden ist. Wir nennen ihn im Anschluß an die Terminologie der Mechanik mit *Klein* einen *freien Vektor*.

22. Realitätsverhältnisse. Es wurde in diesem Abschnitt stets so gerechnet, als ob die Form ds^2 definit wäre. In der wirklichen Raum-Zeitwelt ist das jedoch keineswegs der Fall, vielmehr hat ds^2 in der Normalform drei positive und ein negatives Zeichen. Formal bleiben alle bisherigen Ergebnisse auch für diesen Fall bestehen, da man durch Einführung einer imaginären Koordinate den einen Fall auf den anderen zurückführen kann (vgl. Nr. 7). Geometrisch müssen die Formeln jedoch etwas anders gedeutet werden.

Bleibt man zunächst im Gültigkeitsbereich der speziellen Relativitätstheorie und führt als vierte Koordinate $x^4 = ct$ ein, so läßt sich bei gegebenem Anfangspunkt des Koordinatensystems die Welt in gegenüber Lorentz-Transformationen invarianter Weise in zwei Teile zerfällen, die charakterisiert sind durch

(A) $$x_1^2 + x_2^2 + x_3^2 - x_4^2 < 0 \quad \text{(Vor- und Nachkegel)}$$

und

(B) $$x_1^2 + x_2^2 + x_3^2 - x_4^2 > 0 \quad \text{(Zwischengebiet).}$$

Getrennt werden sie durch den Kegelmantel

(C) $$x_1^2 + x_2^2 + x_3^2 - x_4^2 = 0,$$

auf dem die Weltlinien der Lichtstrahlen verlaufen.

Läßt man den Anfangspunkt eines Vektors mit dem Ursprung O des Koordinatensystems zusammenfallen, so heißt der Vektor raumartig, falls sein Endpunkt in das Weltstück (B), zeitartig, falls er in das Weltstück (A), und ein Nullvektor (Vektor vom Betrag Null) falls er auf den Kegel (C) fällt. Die Lorentz-Transformation stellt sich wegen des veränderten Vorzeichens der vierten Dimension eigentlich nicht dar als Drehung des Koordinatensystems, sondern als Übergang von einem System konjugierter Durchmesser des Hyperboloids

$$x_1^2 + x_2^2 + x_3^2 - x_4^2 = 1$$

zu einem anderen. (Diese Interpretation der Lorentz-Transformation sowie auch die übrigen hier gebrauchten Bezeichnungen kommen zuerst bei *Minkowski* vor.) Durch eine einfache geometrische Betrachtung oder auch durch eine einfache Anwendung der Formel (I) für die Lorentz-Transformation kann gezeigt werden, daß durch geeignete Koordinatenwahl für die Punkte des Weltstückes (A) stets räumliche, für die Punkte des Weltstückes (B) stets zeitliche Koinzidenz (Gleichzeitigkeit) mit dem Ursprung erzielt werden kann. Und was im wesentlichen das gleiche ist: Durch geeignete Koordinatenwahl können stets die zeitliche Komponente eines raumartigen oder alle räumlichen Komponenten eines zeitartigen Vektors zum Verschwinden gebracht werden. Nach den Ergebnissen der Nr. 6 können überdies nur die Weltpunkte (A) mit dem Ursprung kausal verknüpft sein. Für die durch das Linienelement

$$ds^2 = (dx^1)^2 + (dx^2)^2 + (dx^3)^2 - (dx^4)^2$$

bestimmte Geometrie, die hier besprochen wurde, möge mit *Klein* und *Hilbert* der Terminus *pseudoeuklidisch* eingeführt werden.

Ganz analoge Unterschiede zwischen der Geometrie des positiv definiten und des indefiniten Linienelementes gelten im Fall der allgemeinen *Riemann*schen Geometrie. Man konstruiere alle vom Punkt P_0 ausgehenden geodätischen Linien, welche in P_0 den Bedingungen genügen:

(A) $$g_{ik}\frac{dx^i}{dt}\frac{dx^k}{dt} < 0$$

oder

(B) $$g_{ik}\frac{dx^i}{dt}\frac{dx^k}{dt} > 0$$

oder

(C) $$g_{ik}\frac{dx^i}{dt}\frac{dx^k}{dt} = 0$$

(t = Kurvenparameter). Sie füllen gewisse Weltstücke bzw. den diese trennenden Kegelmantel (C) stetig aus. Die entsprechenden Richtungen (Vektoren) in P_0 heißen wieder zeitartig, raumartig bzw. Nullrichtungen (Nullvektoren).

Diese Einteilung der Raum-Zeitwelt hat, wie *Hilbert*[99]) betont hat, eine Einschränkung der zulässigen Punkttransformationen zur Folge. Es müssen nämlich in zulässigen Koordinatensystemen die drei ersten Koordinatenachsen stets raumartige, die vierte stets zeitartige Richtung haben. Dies ist erfüllt, wenn erstens die aus ds^2 durch Nullsetzen von dx^4 entstehende quadratische Form positiv definit ist, wofür die Bedingungen lauten:

$$g_{11} > 0, \quad \begin{vmatrix} g_{11}, g_{12} \\ g_{21}, g_{22} \end{vmatrix} > 0, \quad \begin{vmatrix} g_{11} & g_{12} & g_{13} \\ g_{21} & g_{22} & g_{23} \\ g_{31} & g_{32} & g_{33} \end{vmatrix} > 0$$

99) *D. Hilbert,* Grundlagen d. Phys., 2. Mitt., Gött. Nachr., math.-phys. Kl., 1917, p 53.

und wenn zweitens gilt

$$g_{44} < 0.$$

Diese Ungleichungen dürfen durch zulässige Koordinatentransformationen nicht verletzt werden. Da die Determinante g der g_{ik} zufolge dieser Ungleichungen stets negativ ist, muß in den für den definiten Fall entwickelten Tensorformeln stets $\sqrt{g}$ durch $\sqrt{-g}$ ersetzt werden.[99a])

Nach (B) kann die Bogenlänge einer Weltlinie auch imaginär werden, und zwar ist dies immer der Fall bei der Weltlinie eines materiellen Körpers. Es ist deshalb in diesem Falle praktisch, statt der Bogenlänge s die *Eigenzeit* τ einzuführen, die bestimmt ist durch

$$s = ic\tau. \tag{157}$$

Sie gibt die Zeit an, die eine auf dieser Weltlinie bewegte Uhr anzeigt. Denn in einem Koordinatensystem, in welchem die Uhr momentan ruht, wird $d\tau = dt$. Auch führen wir statt

$$u^i = \frac{dx^i}{ds}$$

den Vektor

$$u^i = \frac{dx^i}{d\tau} \tag{158}$$

ein, für welchen

$$g_{ik}u^i u^k = u_i u^i = -c^2 \tag{159}$$

gilt.

Unter den geodätischen Linien spielen die geodätischen *Nullinien*, die auf dem Kegelmantel (C) liegen, eine Ausnahmerolle. Für sie gilt nämlich zwar das Variationsprinzip (83) und die Differentialgleichungen (80), aber nicht das Variationsprinzip (81). Denn erstens können die Koordinaten hier nicht als Funktionen der Bogenlänge dargestellt werden, weil diese verschwindet, so daß auch in (80) ein anderer Kurvenparameter, der nur bis auf eine willkürliche multiplikative Konstante bestimmt ist, stehen muß. Und zweitens kann wegen des Verschwindens der $\sqrt{g_{ik}\frac{dx^i}{d\lambda}\frac{dx^k}{d\lambda}}$, die bei der Ableitung von (83) aus (81) in den Nenner

99a) *Minkowski* (l. c. Anm. 55), Abh. II) und *Klein* (Phys. Ztschr., l. c. Anm. 56a) stellen an die zulässigen Punkttransformationen noch eine weitere einschränkende Bedingung: Es soll stets $\frac{\partial x'^4}{\partial x^4} > 0$, Vertauschung von Vergangenheit und Zukunft also ausgeschlossen sein, damit man es mit einer wirklich kontinuierlichen Gruppe zu tun hat. Es folgt jedoch aus der Kovarianz gegenüber dieser engeren Gruppe schon rein formal bereits die Kovarianz gegenüber der Umkehr der Zeit, sofern die Gleichungen nicht ganz künstliche Irrationalitäten enthalten (über diesen letzteren Punkt vgl. Abschn. V). Außerdem scheint die Kovarianz aller Naturgesetze gegenüber der Umkehr der Zeit nach unserer heutigen Auffassung auch aus physikalischen Gründen geboten. Wir werden deshalb die hier erwähnte Einschränkung nicht annehmen.

kommt, der Schluß von (81) auf (83) nicht mehr gezogen werden. Man muß die geodätischen Nullinien vielmehr so definieren: Die geodätischen Nullinien sind vor den anderen auf dem durch (C) bestimmten Kegel liegenden Kurven dadurch ausgezeichnet, daß ein Kurvenparameter λ existiert, für welchen die Differentialgleichungen

$$\frac{d^2 x^i}{d\lambda^2} + \Gamma^i_{rs} \frac{dx^r}{d\lambda} \frac{dx^s}{d\lambda} = 0$$

und somit auch das Variationsprinzip (83) befriedigt sind. Für die geodätischen Linien, welche keine Nullinien sind, bleiben dagegen die Entwicklungen der Nr. **15** bestehen.

Auch das Ergebnis von *Vermeil* betreffend den Zusammenhang des Volumens einer Kugel im *Riemann*schen Raum mit der Krümmungsinvariante (Nr. **17**) läßt sich nicht unmittelbar auf den indefiniten Fall übertragen, weil hier der Kugel das unendlich ausgedehnte Hyperboloid entspricht.

Schließlich sei noch erwähnt, daß gewöhnlich in der speziellen Relativitätstheorie die Normalform des Linienelementes definitionsgemäß mit drei positiven und einem negativen Vorzeichen angenommen wird, während in der allgemeinen Relativitätstheorie drei negative und ein positives Vorzeichen angenommen werden. *Hier soll einheitlich an der ersten Bezeichnungsart festgehalten werden.*

23. Infinitesimale Koordinatentransformation und Variationssätze. Ist eine Größe invariant gegenüber Koordinatentransformationen überhaupt, so ist sie insbesondere auch invariant gegenüber *infinitesimalen* Koordinatentransformationen. Der Nutzen, den die Betrachtung der letzteren gewährt, rührt daher, daß aus der Invarianz einer Größe ihnen gegenüber gewisse Differentialgleichungen hergeleitet werden können, denen die Größe genügen muß. Wir definieren nun eine solche infinitesimale Koordinatentransformation durch

(160) $$\bar{x}^i = x^i + \varepsilon \xi^i(x),$$

wo ε eine unendlich kleine Größe ist. Die ξ^i können in ganz beliebiger Weise von den Koordinaten abhängen. Alle Differenzen zwischen gestrichenen und ungestrichenen Funktionen hat man sich im folgenden nach Potenzen von ε entwickelt zu denken. Dabei kommt es uns schließlich allein auf das Glied erster Ordnung an, welches die Variation der betreffenden Funktion heißt. Um die Variation irgendeines Tensors beim Übergang vom ungestrichenen zum gestrichenen Koordinatensystem zu erhalten, hat man in die allgemeine Transformationsformel (25) die Werte

(161) $$\alpha_k{}^i = \frac{\partial \bar{x}^i}{\partial x^k} = \delta_k{}^i + \varepsilon \frac{\partial \xi^i}{\partial x^k}; \quad \bar{\alpha}_i{}^k = \frac{\partial x^k}{\partial \bar{x}^i} = \delta_k{}^i - \varepsilon \frac{\partial \xi^k}{\partial x^i}$$

einzusetzen. Letztere folgen aus $\frac{\partial \bar{x}^i}{\partial x^k}\frac{\partial x^k}{\partial \bar{x}^\alpha} = \delta_\alpha{}^i$ und sind natürlich nur bis auf Größen höherer Ordnung in ε richtig. Wir merken noch den Wert für die Transformationsdeterminante an:

$$\left|\frac{\partial \bar{x}^i}{\partial x^k}\right| = 1 + \varepsilon \frac{\partial \xi^i}{\partial x^i}, \quad \left|\frac{\partial x^k}{\partial \bar{x}^i}\right| = 1 - \varepsilon \frac{\partial \xi^i}{\partial x^i}. \tag{162}$$

Auf diese Weise erhält man für die Variation des Vektors

$$\delta a^i = \varepsilon \frac{\partial \xi^i}{\partial x^r} a^r, \quad \delta a_i = -\varepsilon \frac{\partial \xi^r}{\partial x^i} a_r \tag{163}$$

und für die des Tensors zweiten Ranges:

$$\begin{aligned} \delta a^{ik} &= \varepsilon\left(\frac{\partial \xi^i}{\partial x^r} a^{rk} + \frac{\partial \xi^k}{\partial x^r} a^{ir}\right), \\ \delta a_k{}^i &= \varepsilon\left(\frac{\partial \xi^i}{\partial x^r} a_k{}^r - \frac{\partial \xi^r}{\partial x^k} a_r{}^i\right), \\ \delta a_{ik} &= -\varepsilon\left(\frac{\partial \xi^r}{\partial x^i} a_{rk} + \frac{\partial \xi^r}{\partial x^k} a_{ir}\right). \end{aligned} \tag{164}$$

Entsprechende Formeln gelten insbesondere für die Variation von g_{ik}. Es sei noch angemerkt, daß aus (72) für ein beliebiges symmetrisches System t_{ik} von Zahlen

$$t_{ik}\delta g^{ik} = -t^{ik}\delta g_{ik} \tag{165}$$

folgt. (Hierin ist wie üblich $t^{ik} = g^{i\alpha}g^{k\beta}t_{\alpha\beta}$ gesetzt.) Ebenso folgt aus (73):

$$\delta\sqrt{g} = \tfrac{1}{2}\sqrt{-g}\,g^{ik}\delta g_{ik} = -\tfrac{1}{2}\sqrt{-g}\,g_{ik}\delta g^{ik}. \tag{73b}$$

In (163) und (164) handelt es sich immer um die Varation

$$\delta a^i = \bar{a}^i(\bar{x}) - a^i(x), \ldots \quad \delta a^{ik} = \bar{a}^{ik}(\bar{x}) - a^{ik}(x), \ldots \text{ usw.} \tag{166}$$

Wesentlich hiervon verschieden ist die Variation

$$\delta^* a^i = \bar{a}^i(x) - a^i(x), \ldots \quad \delta^* a^{ik} = \bar{a}^{ik}(x) - a^{ik}(x), \ldots \text{ usw.} \tag{167}$$

Sie hängt mit jener offenbar zusammen durch die symbolische Relation

$$\delta^* = \delta - \varepsilon \frac{\partial}{\partial x^r}\xi^r, \tag{168}$$

woraus sich unmittelbar die Ausdrücke $\delta^* a^i$, $\delta^* a_i$, usw. ergeben. Aus (164) und (167) folgt die wichtige Formel

$$\frac{1}{2}\int \mathfrak{T}^{ik}\delta^* g_{ik}\,dx = \varepsilon\int\left[-\mathfrak{T}_i{}^k\frac{\partial \xi^i}{\partial x^k} - \frac{1}{2}\frac{\partial g_{rs}}{\partial x^i}\mathfrak{T}^{rs}\xi^i\right]dx$$

oder nach (150a):

$$\frac{1}{2}\int \mathfrak{T}^{ik}\delta^* g_{ik}\,dx = \varepsilon\left[\int \mathfrak{Div}_i\mathfrak{T}\cdot\xi^i dx - \int\frac{\partial}{\partial x^k}(\mathfrak{T}_i{}^k\xi^i)\,dx\right]. \tag{169}$$

Schließlich betrachten wir noch die Variation des Integrals

$$J = \int \mathfrak{W}(x)\,dx.$$

Es ist

$$\delta J = \int\limits_{\bar{X}} \overline{\mathfrak{W}}(\bar{x})\, d\bar{x} - \int\limits_{X} \mathfrak{W}(x)\, dx = \int\limits_{X} \overline{\mathfrak{W}}(\bar{x}) \left| \frac{\partial \bar{x}^i}{\partial x^k} \right| dx - \int\limits_{X} \mathfrak{W}(x)\, dx,$$

also mit Rücksicht auf (162) und wegen $\overline{\mathfrak{W}}(\bar{x}) = \overline{\mathfrak{W}}(x) + \varepsilon \frac{\partial \mathfrak{W}}{\partial x^i} \xi^i$:

$$\delta \int \mathfrak{W}\, dx = \int \delta^* \mathfrak{W}\, dx + \varepsilon \int \frac{\partial (\mathfrak{W} \xi^i)}{\partial x^i}\, dx. \tag{170}$$

Hierin ist $\delta^* \mathfrak{W} = \overline{\mathfrak{W}}(x) - \mathfrak{W}(x)$. Wenn ξ^i an der Grenze des Integrationsgebietes verschwindet, liefert der zweite Term der rechten Seite von (170) keinen Beitrag zu $\delta \int \mathfrak{W}\, dx$, da er nach (139a) in ein Integral über die Grenze verwandelt werden kann. *Ist nun J eine Invariante, also $\mathfrak{W}$ eine skalare Dichte, so muß die Variation* (170) *für beliebige ξ^i verschwinden.* Indem man zuerst den allgemeinen Ausdruck für $\delta \mathfrak{W}$ bei irgendeiner Variation der Feldtensoren, aus denen sich $\mathfrak{W}$ aufbaut, aufstellt und dann die letztere Variation speziell nach (164) durch eine infinitesimale Änderung des Koordinatensystems erzeugt, erhält man aus (170) gewisse Identitäten. Dabei kann in gewissen Fällen noch ξ^i als an der Grenze des Integrationsgebietes verschwindend angenommen werden, was die Rechnungen vereinfacht. Dies wird durch die folgenden Beispiele erläutert, die mit Rücksicht auf die späteren physikalischen Anwendungen durchgerechnet werden.

a) Aus dem Vektor φ_i werde durch Rot der Flächentensor

$$F_{ik} = \frac{\partial \varphi_k}{\partial x^i} - \frac{\partial \varphi_i}{\partial x^k} \tag{171}$$

und aus diesem die Invariante

$$L = \tfrac{1}{2} F_{ik} F^{ik} \tag{172}$$

abgeleitet. Ist $\mathfrak{L}$ die zu L gehörige skalare Dichte

$$\mathfrak{L} = L \sqrt{-g},$$

so kann aus der Integralinvariante

$$\int \mathfrak{L}\, dx$$

eine für die ponderomotorische Kraft der Elektrodynamik wichtige Transformation abgeleitet werden. Wir beschränken uns dabei auf solche Variationen der Felder und Koordinaten, die an der Grenze des Integrationsgebietes verschwinden. Zunächst seien φ_i und g_{ik} als unabhängige Variable betrachtet. Bei einer Variation derselben (von der genannten Art) wird zunächst nach einfacher Rechnung mit Rücksicht auf (165):

$$\delta \mathfrak{L} = \mathfrak{F}^{ik} \delta F_{ik} - \mathfrak{S}^{ik} \delta g_{ik},$$

wo zur Abkürzung gesetzt ist:

(173) $$S_{ik} = \frac{1}{\sqrt{-g}} \mathfrak{S}_{ik} = F_{ri} F_{sk} g^{rs} - \tfrac{1}{4} F_{rs} F^{rs} g_{ik}.$$

Durch partielle Integration folgt dann:

(174) $$\delta \int \mathfrak{L}\, dx = \int (2 \mathfrak{f}^i \delta \varphi_i - \mathfrak{S}^{ik} \delta g_{ik})\, dx,$$

mit

(175) $$\mathfrak{f}^i = \frac{\partial \mathfrak{F}^{ik}}{\partial x^k},$$

woraus noch folgt:

(175a) $$\frac{\partial \mathfrak{f}^i}{\partial x^i} = 0.$$

Nun erzeugen wir speziell die Variationen $\delta \varphi_i$ und δg_{ik} durch eine infinitesimale Koordinatentransformation, was infolge des Verschwindens derselben an der Gebietsgrenze nach (170) erzielt wird, wenn man in (174) für $\delta \varphi_i$ und δg_{ik}, $\delta^* \varphi_i$ und $\delta^* g_{ik}$ substituiert. Mit Rücksicht auf (163), (168) erhält man zunächst:

$$\mathfrak{f}^i \delta^* \varphi_i = -\varepsilon \left(\mathfrak{f}^k \frac{\partial \varphi_k}{\partial x^i} \xi^i + \mathfrak{f}^k \varphi_i \frac{\partial \xi^i}{\partial x^k} \right)$$

und nach partieller Integration wegen (169) und (175a):

$$0 = \int (2 \mathfrak{f}^i \delta^* \varphi_i - \mathfrak{S}^{ik} \delta^* g_{ik}) = -2\varepsilon \int (F_{ik} \mathfrak{f}^k + \mathfrak{Div}_i \mathfrak{S}) \xi^i dx.$$

Da der letzte Ausdruck für beliebige ξ^i verschwinden muß, folgt

$$F_{ik} \mathfrak{f}^k = -\mathfrak{Div}_i \mathfrak{S}$$

oder ausgeschrieben

(176) $$F_{ik} \mathfrak{f}^k = -\left(\frac{\partial \mathfrak{S}_i^k}{\partial x^k} - \frac{1}{2} \frac{\partial g_{rs}}{\partial x^i} \mathfrak{S}^{rs} \right).$$

Diese Identität werden wir in Nr. **30** und **54** benützen.

b) Durch die Untersuchungen von *Lorentz*[100]), *Hilbert*[101]), *Einstein*[102]), *Weyl*[103]) und *Klein*[104]) über das *Hamilton*sche Prinzip in

100) *H. A. Lorentz,* Amst. Versl. 23 (1915), p. 1073; 24 (1916), p. 1389 u. 1759; 25 (1916), p. 468 u. 1380.

101) *D. Hilbert,* Grundlagen d. Physik, 1. Mitt., Gött. Nachr., math.-phys. Kl., 1915, p. 395.

102) *A. Einstein,* Berl. Ber. 1916, p. 1115 (auch abgedruckt in der Sammlung, *Lorentz, Einstein, Minkowski* „Das Relativitätsprinzip", 3. Aufl., Leipzig 1920).

103) *H. Weyl,* Ann. d. Phys. 54 (1917), p. 117; Raum—Zeit—Materie, 1. Aufl. 1918, 3. Aufl. 1920.

104) *F. Klein,* Zu *Hilberts* erster Note über die Grundlagen der Physik, Gött. Nachr., math.-phys. Kl., 1917, p. 469; Über die Differentialgesetze von Impuls und Energie in der *Einstein*schen Gravitationstheorie, ebenda 1918, p. 235. — Die von *Klein* gegenüber *Hilbert* erzielte Vereinfachung wird dadurch ermöglicht, daß er auch solche Variationen der Koordinaten benützt, die am Rand des Integrationsgebietes *nicht* verschwinden (wie es übrigens in der klassischen

der allgemeinen Relativitätstheorie, deren physikalische Bedeutung im Abschnitt IV besprochen werden soll, gewinnt die Variation der zur Krümmungsinvariante R gehörigen Integralinvariante

$$\int \mathfrak{R}\, dx$$

ein besonderes Interesse.

Man zerlegt zunächst diese Invariante $\int \mathfrak{R}\, dx$ in ein Volumintegral, welches nur die *ersten* Ableitungen der g_{ik} enthält und ein Oberflächenintegral:

$$\int \mathfrak{R}\, dx = -\int \mathfrak{G}\, dx + \int_{\text{Oberfläche}} (\ldots), \tag{177}$$

worin

$$\mathfrak{G} = \sqrt{-g}\, G, \qquad G = g^{ik}(\Gamma^r_{is}\Gamma^s_{kr} - \Gamma^r_{ik}\Gamma^s_{rs}). \tag{178}$$

G ist offensichtlich nur gegenüber linearen Transformationen eine Invariante (Affinskalar). Das Integral $\int \mathfrak{G}\, dx$ ist aber nach (177) darüber hinausgehend invariant gegenüber allen Transformationen, welche sich nur auf das Innere des Integrationsgebietes erstrecken und die Randwerte der Koordinaten sowie der g_{ik} und ihrer Ableitungen unverändert lassen. Diese beiden Invarianzeigenschaften des $\int \mathfrak{G}\, dx$ werden nun dazu benutzt, um einige für die Theorie wichtige mathematische Identitäten nachzuweisen. Der Umstand, daß im Integrand des zu variierenden Integrals die zweiten Ableitungen der g_{ik} nun nicht mehr auftreten, wirkt dabei sehr vereinfachend, obzwar er für die Möglichkeit, das im folgenden eingeschlagene Verfahren anzuwenden, nicht grundsätzlich erforderlich ist.

Wir erhalten zunächst bei einer beliebigen Variation des g_{ik}-Feldes, wenn wir zur Abkürzung $g_\sigma^{ik} = \frac{\partial g^{ik}}{\partial x^\sigma}$ setzen:

$$-\int \delta \mathfrak{G}\, dx = -\int \left(\frac{\partial \mathfrak{G}}{\partial g^{ik}}\, \delta g^{ik} + \frac{\partial \mathfrak{G}}{\partial g^{ik}_\sigma}\, \delta g_\sigma^{ik}\right) dx$$

$$= \int \left(\frac{\partial}{\partial x^\sigma} \frac{\partial \mathfrak{G}}{\partial g^{ik}_\sigma} - \frac{\partial \mathfrak{G}}{\partial g^{ik}}\right) \delta g^{ik}\, dx - \int \frac{\partial}{\partial x^\sigma} \left(\frac{\partial \mathfrak{G}}{\partial g^{ik}_\sigma}\, \delta g^{ik}\right) dx.$$

Die Ausrechnung zeigt nun[105]), daß

$$\frac{\partial}{\partial x^\sigma} \frac{\partial \mathfrak{G}}{\partial g^{ik}_\sigma} - \frac{\partial \mathfrak{G}}{\partial g^{ik}} = \mathfrak{G}_{ik} = \sqrt{-g}\, G_{ik}$$

wird, wo G_{ik} der in (109) definierte Tensor ist. Also ergibt sich

$$-\int \delta \mathfrak{G}\, dx = \int \mathfrak{G}_{ik}\, \delta g^{ik}\, dx - \int \frac{\partial}{\partial x^\sigma} \left(\frac{\partial \mathfrak{G}}{\partial g^{ik}_\sigma}\, \delta g^{ik}\right) dx. \tag{179}$$

Mechanik seit *Lagrange* vielfach geschieht). Hierdurch werden manche Beziehungen übersichtlicher. Ein ähnliches, wenn auch nicht so systematisch durchgeführtes Rechenverfahren findet sich schon bei *Lorentz* (l. c. Anm. 100).

Da das letztere Integral offensichtlich als Oberflächenintegral geschrieben werden kann, gilt nach (177) auch

$$\delta\int \mathfrak{R}\,dx = \int \mathfrak{G}_{ik}\,\delta g^{ik}\,dx + \int_{\text{Oberfläche}} (\ldots). \tag{180}$$

Wir erzeugen jetzt speziell die Variation der g_{ik} durch eine Variation δ^* des Koordinatensystems. Dann ergibt sich aus (179) zufolge (169) und (170):

$$\delta^*\int \mathfrak{G}\,dx = 2\varepsilon\int \mathfrak{Div}_i\mathfrak{G}\cdot\xi^i\,dx + \varepsilon\int \frac{\partial}{\partial x^k}\left(\frac{\partial\mathfrak{G}}{\partial g^{rs}_k}\,\delta^* g^{rs} - 2\mathfrak{G}_i^k\xi^i + \mathfrak{G}\xi^k\right)dx. \tag{181}$$

Nun spezialisieren wir weiter die infinitesimale Koordinatentransformation so, daß sie $\int \mathfrak{G}\,dx$ invariant läßt.

1. *Die ξ^i sollen am Rand verschwinden.* Dann folgt:

$$\mathfrak{Div}_i\mathfrak{G} = \frac{\partial\mathfrak{G}_i^k}{\partial x^k} - \frac{1}{2}\frac{\partial g_{rs}}{\partial x^i}\mathfrak{G}^{rs} \equiv 0, \tag{182a}$$

$$\mathfrak{Div}^i\mathfrak{G} = \frac{\partial\mathfrak{G}^{ik}}{\partial x^k} + \mathfrak{G}^{rs}\Gamma^i_{rs} \equiv 0. \tag{182b}$$

Hätten wir bloß diese Identität ableiten wollen, so hätte sich die Rechnung sehr abkürzen lassen. *Herglotz*[82a]) hat darauf aufmerksam gemacht, daß sich als einfache Konsequenz dieser Identität ein interessanter Satz ergibt, der schon früher auf anderem Wege von *Schur*[105a]) bewiesen worden war. Ist analog zu (116)

$$R_{hijk} = -\alpha(g_{hi}g_{ik} - g_{ij}g_{hk}),$$

wobei aber α zunächst noch eine Funktion der Koordinaten sein kann, so folgt durch Substitution von (119) in (182a) für $n > 2$ sofort

$$\frac{\partial\alpha}{\partial x^i} = 0, \quad \alpha = \text{konst.}$$

Das heißt: *Ist das Krümmungsmaß eines Riemannschen Raumes R_n ($n > 2$) in jedem seiner Punkte von der Flächenrichtung unabhängig, so ist es auch vom Ort unabhängig.*

2. *Die ξ^i sollen konstant sein.* Wir könnten sogar die ξ^i allgemeiner als lineare Funktionen der Koordinaten ansetzen, jedoch sind die weiteren Identitäten, die daraus resultieren, für uns nicht von Wichtigkeit. Da nunmehr das erste Integral in (181) zufolge (182) fortgelassen werden kann, muß für konstante ξ^i das zweite Integral

105) Wegen ihrer Durchführung vgl. man *H. Weyl*, Raum — Zeit — Materie, 1. Aufl. 1918, p. 191, 3. Aufl. 1920, p. 205, 206, sowie auch *A. Palatini*, Rend. Pal. 43 (1919), p. 203.

82a) *G. Herglotz*, l. c. Anm. 82).

105a) *F. Schur*, Math. Ann. 27 (1886), p. 537.

ebenfalls identisch verschwinden. Dies ist aber nur möglich, wenn für diesen Fall der Integrand identisch verschwindet, da das Integrationsgebiet beliebig klein angenommen werden kann. Da nun nach (164), (168) bei konstanten ξ^i $\delta^* g^{rs} = - g_i^{rs} \xi^i$ zu setzen ist, nimmt der Integrand die Form an:

$$\xi^i \frac{\partial}{\partial x^k}\left(- \frac{\partial \mathfrak{G}}{\partial g_k^{rs}} g_i^{rs} - 2\mathfrak{G}_i^k + \mathfrak{G}\delta_i^k\right).$$

Setzen wir also noch

(183) $$\mathfrak{U}_i^k = \frac{1}{2}\left(\frac{\partial \mathfrak{G}}{\partial g_k^{rs}} g_i^{rs} - \mathfrak{G}\delta_i^k\right),$$

so folgt:

(184) $$\frac{\partial(\mathfrak{U}_i^k + \mathfrak{G}_i^k)}{\partial x^k} \equiv 0.$$

Die Auswertung des Ausdruckes (183) für $\mathfrak{U}_i^k$ aus dem Wert (178) von $\mathfrak{G}$ liefert

(185) $$\mathfrak{U}_i^k = \frac{1}{2}\left\{\Gamma^r_{\alpha r} \frac{\partial(g^{\alpha k}\sqrt{-g})}{\partial x^i} - \Gamma^k_{rs} \frac{\partial(g^{rs}\sqrt{-g})}{\partial x^i} - \mathfrak{G}\delta_i^k\right\},$$

wofür man im Fall $\sqrt{-g} = \text{const.}$ auch schreiben kann

(185a) $$\mathfrak{U}_i^k = \sqrt{-g}\, U_i^k, \quad U_i^k = \Gamma^k_{rs}\Gamma^r_{\alpha i} g^{\alpha s} - \tfrac{1}{2} G\delta_i^k.$$[106])

Wir haben es hier offenbar mit einem Affintensor zu tun, wie er in Nr. **21** betrachtet wurde. Über seine physikalische Bedeutung vgl. Abschnitt IV, Nr. **57** und **61**.

III. Weiterer Ausbau der speziellen Relativitätstheorie.

a) Kinematik.

24. Vierdimensionale Darstellung der Lorentz-Transformation. Die im Abschnitt I besprochenen kinematischen Folgerungen der Relativitätstheorie lassen sich viel übersichtlicher darstellen, wenn man die vierdimensionale Raum—Zeitwelt den Betrachtungen zugrunde legt. Man kann zwei verschiedene Darstellungen nebeneinander verwenden. Erstens die imaginäre:

$$x^1 = x, \quad x^2 = y, \quad x^3 = z, \quad x^4 = ict,$$

und zweitens die reelle

$$x^1 = x, \quad x^2 = y, \quad x^3 = z, \quad x^4 = ct.$$

Die erste ist die historisch ältere, schon von *Poincaré*[107]) verwendete, die zweite wird von *Minkowski* in seinem Vortrag „Raum und Zeit" benutzt. Die spezielle Lorentz-Transformation (I), bei der x^2 und x^3

106) Über die Durchführung der Rechnung vgl. *A. Einstein*, Ann. d. Phys. 49 (1916), p. 806, Gl. (50) im Fall $\sqrt{-g} = \text{konst.}$; *W. Pauli jr.*, Phys. Ztschr. 20 (1919), p. 25, im allgemeinen Fall.

107) *H. Poincaré*, Rend. Pal. l. c. Anm. 11), p. 168.

unverändert bleiben, ist in vollständiger Analogie zur Drehung des Koordinatensystems im R_3 gegeben durch die Formeln

$$(186)\qquad \begin{aligned} x'^1 &= x^1 \cos\varphi + x^4 \sin\varphi \\ x'^4 &= -x^1 \sin\varphi + x^4 \cos\varphi \end{aligned} \quad\Bigg|\quad \text{bzw.}\quad \begin{aligned} x'^1 &= x^1 \operatorname{ch}\psi - x^4 \operatorname{sh}\psi \\ x'^4 &= -x^1 \operatorname{sh}\psi + x^4 \operatorname{ch}\psi \\ (\varphi &= i\psi). \end{aligned}$$

Erstere finden sich zuerst explizite bei *Minkowski* II, Gl. (1); (er schreibt $i\psi$ an Stelle von φ). Da für $x'^1 = 0$, $x = vt$ sein muß, sind φ und ψ bestimmt durch

$$(187)\qquad \left\{ \begin{aligned} &\operatorname{tg}\varphi = i\beta, \quad \operatorname{th}\psi = \beta, \\ &\text{woraus folgt} \\ &\cos\varphi = \frac{1}{\sqrt{1-\beta^2}}, \qquad \operatorname{ch}\psi = \frac{1}{\sqrt{1-\beta^2}}, \\ &\sin\varphi = \frac{i\beta}{\sqrt{1-\beta^2}} \qquad \operatorname{sh}\psi = \frac{\beta}{\sqrt{1-\beta^2}}. \end{aligned} \right.$$

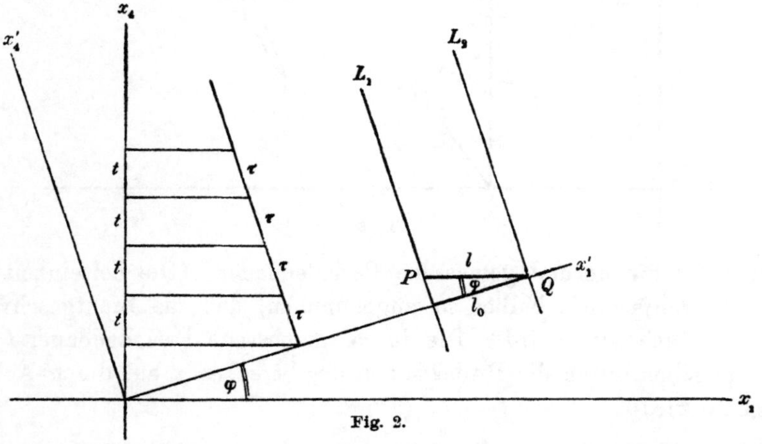

Fig. 2.

Im imaginären Koordinatensystem ist die spezielle Lorentz-Transformation eine Drehung, im reellen ein Übergang zu einem anderen Paar von konjugierten Durchmessern der invarianten Hyperbel

$$(x^1)^2 - (x^4)^2 = 1.$$

In jenem gibt es keinen Unterschied zwischen kovarianten und kontravarianten Komponenten eines Vektors. In diesem ist $a_4 = -a^4$, allgemein zieht bei einem beliebigen Tensor das Hinauf- oder Hinuntersetzen eines Index 4 einen Vorzeichenwechsel nach sich.

Die Lorentz-Kontraktion wird durch den rechten Teil der obenstehenden Figur 2, in der $x^1 = x$ als Abszisse und $x^4 = ict$ als Ordinate aufgetragen ist, unmittelbar in Evidenz gesetzt. Sie ist so gezeichnet, als ob x^4 reell wäre.

L_1 und L_2 sind die Weltlinien des im System K' ruhenden Stabes; ihr Abstand l_0 ist gleich seiner Ruhlänge. Im bewegten System K ist als Länge l des Stabes die auf einer zur x^1-Achse parallelen Geraden durch L_1 und L_2 abgeschnittene Strecke PQ auszusprechen. Offenbar ist

$$(188) \qquad l = \frac{l_0}{\cos\varphi},$$

was nach (187) mit (7) übereinstimmt.[108]) In analoger Weise veranschaulicht der linke Teil der Figur 2 die *Einstein*sche Zeitdilatation. Als Uhr, die im System K' ruhend angenommen werde, fungiere irgendein periodischer Vorgang. Die Weltpunkte des Ablaufs der Perioden liegen auf einer zur x'^4-Achse parallelen Geraden. Ihr Ab-

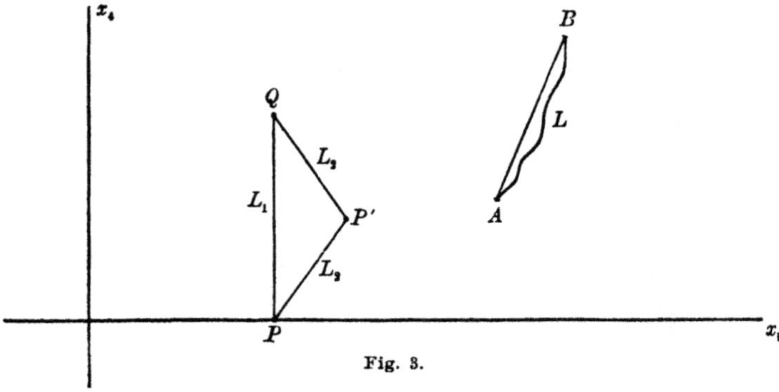

Fig. 3.

stand τ ist die normal gemessene Periodendauer. (Die Zeiteinheit ist hier der Einfachheit halber so angenommen, daß die Lichtgeschwindigkeit gleich eins wird.) Die in K gemessene Periodendauer t ist dann gegeben durch die Projektionen der Strecken τ auf die x^4-Achse. Folglich wird

$$(189) \qquad \tau = \frac{t}{\cos\varphi},$$

was infolge von (187) mit (8) identisch ist.

Eine einfache Verallgemeinerung dieser Betrachtung führt zu einer Veranschaulichung des Uhrenparadoxons (vgl. Nr. 5).[109]) In Figur 3 sind L_1 und L_2 die Weltlinien der Uhren U_1 und U_2, von denen in Nr. 5 die Rede war.

Die Zeit τ, welche die Uhr U_2 im Weltpunkt Q (der vom System K betrachtet mit P räumlich zusammenfällt) anzeigt, ist bis

108) Die analoge Figur für das reelle Koordinatensystem findet sich in *Minkowskis* Vortrag „Raum und Zeit".

109) Man vgl. hierzu Anm. 4) zu *Minkowskis* Vortrag „Raum und Zeit" in der Sammlung, Das Relativitätsprinzip, Leipzig 1913, sowie *M. v. Laue,* Phys. Ztschr. 13 (1912), p. 118.

auf den Faktor $\frac{1}{c}$ gleich der Länge s des gebrochenen Linienzuges L. Verallgemeinernd wird man für beliebig bewegte Uhren, wenn die Beschleunigung nicht allzu stark ist, annehmen dürfen, daß die Zeit τ, die sie anzeigen, gleich ist

$$\tau = \int \sqrt{1-\beta^2}\,dt = \frac{s}{ic}, \tag{157a}$$

wo s wieder die Länge der zugehörigen Weltlinie bedeutet. τ ist offenbar die durch (157) definierte *Eigenzeit* der betreffenden Uhr, das ist also die Zeit, wie sie von einem jeweils mit der Uhr mitbewegten Beobachter konstatiert wird. Von zwei Uhren, die vom Weltpunkt A zum Weltpunkt B bewegt werden, gibt also die gleichförmig bewegte die kleinste Zeit an (vgl. Fig. 3).

25. Das Additionstheorem der Geschwindigkeiten. Die Transformationsformeln der Geschwindigkeit beim Übergang zu einem bewegten Koordinatensystem K' lassen sich einfach und übersichtlich schreiben, wenn man statt des dreidimensionalen Vektors u den in (158), (159) definierten vierdimensionalen Vektor u^i einführt, dessen Komponenten in unserem Fall die Werte haben:

$$(u^1, u^2, u^3) = \frac{\mathfrak{u}}{\sqrt{1-\frac{u^2}{c^2}}}, \qquad u^4 = \frac{ic}{\sqrt{1-\frac{u^2}{c^2}}}. \tag{190}$$

Die Transformationsformeln beim Übergang zum System K' lauten dann nach (186) und (187):

$$\left\{\begin{aligned} u'^1 &= \frac{u^1 + i\frac{v}{c}u^4}{\sqrt{1-\frac{v^2}{c^2}}}, \\ u'^4 &= \frac{-i\frac{v}{c}u^1 + u^4}{\sqrt{1-\frac{v^2}{c^2}}}, \\ u'^2 &= u^2, \quad u'^3 = u^3, \end{aligned}\right. \tag{191}$$

aus denen man leicht die Formeln (10) bis (12) der Nr. 6 gewinnt, insbesondere ist (11a) identisch mit der Transformationsformel für u^4. Die entsprechenden Formeln für reelle Koordinaten ergeben sich aus der Vorschrift vom Anfang der Nr. 24.

Eine andere Deutung für die Zusammensetzung der Geschwindigkeiten, die zuerst *Sommerfeld*[110]) gegeben hat, folgt aus der Bemerkung, daß sich die Winkel φ_1, φ_2 bei zwei aufeinanderfolgenden Dre-

110) *A. Sommerfeld,* Phys. Ztschr. 10 (1909), p. 826.

hungen einfach addieren, wenn man zunächst das Additionstheorem zweier *gleichgerichteter* Geschwindigkeiten ins Auge faßt. Dieses ergibt sich dann aus (187) als eine Folge des Additionstheorems der Tangensfunktion:

$$\operatorname{tg}\varphi = \operatorname{tg}(\varphi_1 + \varphi_2) = \frac{\operatorname{tg}\varphi_1 + \operatorname{tg}\varphi_2}{1 - \operatorname{tg}\varphi_1 \operatorname{tg}\varphi_2}.$$

Analoge Deutungen lassen sich für den allgemeineren Fall der Zusammensetzung beliebig gegeneinander geneigter Geschwindigkeiten aufstellen, insbesondere läßt sich die Formel (11a), die den *Betrag* der resultierenden Geschwindigkeit angibt und die Ungültigkeit des kommutativen Gesetzes für die Geschwindigkeits*richtungen* durch die sphärische Geometrie auf einer Kugel vom Radius i veranschaulichen.[110]) *V. Varičak*[111]) weist auf die Analogie der Zusammensetzung der Geschwindigkeiten in der Relativitätstheorie mit der Streckenaddition in der *Bolyai-Lobatschefsky*schen Ebene hin.

26. Transformation der Beschleunigung. Hyperbelbewegung. Ähnlich wie bei der Geschwindigkeit führt man in der Relativitätstheorie statt des dreidimensionalen Vektors $\dot{\mathfrak{u}}$ den durch (147) definierten, jetzt für das Linienelement der speziellen Relativitätstheorie zu spezialisierenden vierdimensionalen Vektor B mit den Komponenten

$$(147\text{a}) \qquad B^i = \frac{du^i}{d\tau} = \frac{d^2x^i}{d\tau^2}$$

ein. In der speziellen Relativitätstheorie ist

$$u_i \frac{du^i}{d\tau} = u^i \frac{du_i}{d\tau},$$

so daß aus $u_i u^i = -c^2$ durch Differentiation folgt:

$$(192) \qquad u_i B^i = u_i \frac{du^i}{d\tau} = 0.$$

---

111) Auch die Lorentz-Transformation sowie die relativistischen Formeln für Dopplereffekt, Aberration und Reflexion am bewegten Spiegel werden von *Varičak* mit der *Bolyai-Lobatschefsky*schen Geometrie in formalen Zusammenhang gebracht. Man vgl. die Noten: *V. Varičak,* Phys. Ztschr. 11 (1910), p. 93, 287, 586; Belgrader Akademieber. 88 (1911); das zusammenfassende Referat im Jahresber. d. Deutsch. Math.-Ver. 21 (1912), p. 103; sowie Agramer Akademieber. (1914), p. 46; (1915), p. 86 und 101; (1916), p. 79; (1918), p. 1; (1919), p. 100.

Der in Rede stehende Zusammenhang mit der *Bolyai-Lobatschefsky*schen Geometrie läßt sich (was von *Varičak* nicht bemerkt wird) kurz so charakterisieren: Deutet man dx^1, dx^2, dx^3, dx^4 als homogene Koordinaten in einem projektiven dreidimensionalen Raum, so bedeutet die Invarianz der Gleichung $(dx^1)^2 + (dx^2)^2 + (dx^3)^2 - (dx^4)^2 = 0$ die Einführung einer *Cayley*schen Maßbestimmung und zwar unter Zugrundelegung eines *reellen* Kegelschnitts. Das weitere folgt auf Grund der bekannten Überlegungen von *Klein* [Math. Ann. 4 (1871), p. 112] von selbst.

Der Zusammenhang von B mit dem Vektor $\dot{\mathfrak{u}}$ des dreidimensionalen Raumes ist gegeben durch

$$(193)\quad \begin{cases} (B^1, B^2, B^3) = \dot{\mathfrak{u}}\,\frac{1}{(1-\beta^2)} + \mathfrak{u}\,\frac{(\mathfrak{u}\dot{\mathfrak{u}})}{c^2}\,\frac{1}{(1-\beta^2)^2}, \\ B^4 = i\,\frac{(\mathfrak{u}\dot{\mathfrak{u}})}{c}\,\frac{1}{(1-\beta^2)^2}. \end{cases}$$

Von besonderem Interesse sind die Transformationsformeln der Beschleunigung aus einem momentan mit der Materie mitbewegten System K' auf ein System K, relativ zu dem sich die Materie mit der Geschwindigkeit $\mathfrak{u}$ bewegt. Legen wir die x-Achse in die Geschwindigkeitsrichtung, so wird in diesem Fall

$$(B'^1, B'^2, B'^3) = \dot{\mathfrak{u}}', \quad B'^4 = 0,$$

$$B^1 = \frac{\dot{u}_x}{1-\beta^2} + \frac{\beta}{i} B^4, \quad B^2 = \frac{\dot{u}_y}{1-\beta^2}, \quad B^3 = \frac{\dot{u}_z}{1-\beta^2}.$$

Aus den Transformationsformeln für die Komponenten von B:

$$B^1 = \frac{B'^1}{\sqrt{1-\beta^2}}, \quad B^2 = B'^2, \quad B^3 = B'^3, \quad B_4 = \frac{i\beta B'^1}{\sqrt{1-\beta^2}},$$

die man aus den zu (186) inversen Relationen erhält, folgt dann weiter

$$(194)\quad \dot{u}_x = \dot{u}_x'(1-\beta^2)^{3/2}, \quad \dot{u}_y = \dot{u}_y'(1-\beta^2), \quad \dot{u}_z = \dot{u}_z'(1-\beta^2).$$

Diese Relationen finden sich schon in der ersten Arbeit *Einsteins*.[112])

Als gleichförmig beschleunigt wird man in der relativistischen Kinematik naturgemäß eine solche Bewegung bezeichnen, für die in dem jeweils mit der Materie bzw. dem Massenpunkt mitbewegten System K' die Beschleunigung stets denselben Wert b hat. Das System K' ist für jeden Augenblick ein anderes; für ein und dasselbe Galileische System K ist die Beschleunigung einer solchen Bewegung zeitlich nicht konstant. So liegen die Verhältnisse bei der *geradlinigen* gleichförmig beschleunigten Bewegung. Da der allgemeinere Fall auf diesen durch eine Lorentz-Transformation zurückgeführt werden kann, können wir uns auf ihn beschränken. Aus (194) gewinnt man dann leicht durch Integration

$$(x-x_0)^2 - c^2(t-t_0)^2 = \frac{c^4}{b^2} = \text{konst.} = a^2$$

und wenn man noch den Koordinaten- und Zeitanfangspunkt so wählt, daß für

$$t = 0, \quad \dot{x} = 0, \quad x = \frac{c^2}{b}$$

wird, nimmt die Gleichung der Bahn die Form an

$$(195\text{a})\quad x^2 - c^2 t^2 = \frac{c^4}{b^2} = \text{konst.} = a^2.$$

112) Eine sehr einfache, elementare Ableitung derselben findet sich bei *A. Sommerfeld*, Atombau und Spektrallinien, Braunschweig, 1. Aufl. 1919, p. 320 u. 321, 2. Aufl. 1920, p. 317 u. 318.

Die Geschwindigkeit wächst nicht unbegrenzt, sondern nähert sich asymptotisch der Lichtgeschwindigkeit. Die zugehörige Weltlinie ist eine Hyperbel, weshalb die gleichförmig beschleunigte Bewegung der Relativitätstheorie auch Hyperbelbewegung genannt wird, im Gegensatz zur „Parabelbewegung" der alten Mechanik. Im imaginären Koordinatensystem ist die Weltlinie ein Kreis mit dem Radius a:

(195 b) $$(x^1)^2 + (x^4)^2 = a^2.$$

Durch die imaginäre Bogenlänge s der Weltlinie drücken sich die Koordinaten x^1, x^4 so aus:

(196 a) $$x^1 = a \cos\frac{s}{a}, \qquad x^4 = a \sin\frac{s}{a},$$

bzw. im reellen Koordinatensystem

(196 b) $$x^1 = a \operatorname{ch}\frac{ct}{a}, \qquad x^4 = a \operatorname{sh}\frac{ct}{a}.$$

Daraus geht hervor, daß der Vektor B die Richtung des Radius und den Betrag $\frac{c^2}{a} = b$ hat. Da man in der x, ict-Ebene zu einer beliebigen Bahnkurve in jedem ihrer Punkte einen Krümmungskreis konstruieren kann, gibt es zu jeder Bewegung eines Massenpunktes in jedem Augenblick eine oskulierende Hyperbelbewegung.

Die Hyperbelbewegung ist zuerst von *Minkowski*[113]) als besonders einfache Bewegung erkannt und hernach von *Born*[114]) und *Sommerfeld*[115]) genauer diskutiert worden. Über ihre dynamische und elektrodynamische Bedeutung vgl. Nr. **37**, **32** γ).

b) Elektrodynamik.

27. Invarianz der Ladung. Viererstrom. In der *Lorentz*schen Elektronentheorie genügen Dichte ϱ und Geschwindigkeit $\mathfrak{u}$ einer elektrischen Ladung der Kontinuitätsgleichung

(A) $$\frac{\partial \varrho}{\partial t} + \operatorname{div} \varrho \mathfrak{u} = 0.$$ [115a])

Es liegt nahe, diese Gleichung als vierdimensionale Div zu schreiben:

(197) $$\frac{\partial s^i}{\partial x^i} = 0 \qquad (\operatorname{Div} s = 0),$$

worin die Größen s^i definiert sind durch

(198) $$(s^1, s^2, s^3) = \varrho \frac{\mathfrak{u}}{c}, \qquad s^4 = i\varrho$$

113) *H. Minkowski*, III, l. c. Anm. 54).
114) *M. Born*, Ann. d. Phys. 30 (1909), p. 1.
115) *A. Sommerfeld*, Ann. d. Phys. 33 (1910), p. 670, l. c. Anm. 55).
115a) *H. A. Lorentz*, Art. V 14 dieser Encykl. Nr. **2**, Gl. (II).

Wir müssen nun verlangen, daß (A) und somit auch (197) für jedes Galileische Bezugssystem gelten soll, und daraus kann man schließen, daß die s^i die Komponenten eines Vierervektors sind. Man nennt ihn den Viererstrom. Er findet sich im wesentlichen schon bei *Poincaré*. Zwar bleibt in den Transformationsformeln für die Größen s^i, die aus der Invarianz von (197) entnommen werden können, zunächst ein Faktor unbestimmt, der noch irgendwie von der in die Lorentz-Transformation eingehenden Geschwindigkeit abhängen könnte; man kann aber durch eine Betrachtung, die zu der in Nr. 5 beim Faktor $\varkappa$ der Transformationsformeln für die Koordinaten verwendeten völlig analog ist, zeigen, daß er gleich Eins sein muß. Der Vektorcharakter von s^i liefert außer den mehrfach erwähnten Transformationsformeln für die Geschwindigkeit folgende Transformationsformel für die Ladungsdichte:

(199) $$\varrho' = \frac{\varrho\left(1 - \frac{v}{c^2} u_x\right)}{\sqrt{1 - \frac{v^2}{c^2}}}.$$

Ihre physikalische Bedeutung erhellt, wenn man das Koordinatensystem K' speziell so wählt, daß die Ladungsdichte in K' ruht. Dann ist $u_x = u = v$ und indem wir für diesen Fall noch ϱ_0 statt ϱ' schreiben, ergibt sich

(199a) $$\varrho_0 = \varrho\sqrt{1 - \frac{u^2}{c^2}}, \qquad \varrho = \frac{\varrho_0}{\sqrt{1 - \frac{u^2}{c^2}}}.$$

Umgekehrt folgt (199) mit Rücksicht auf das Additionstheorem der Geschwindigkeiten aus (199a) zurück. Nun gilt aber wegen der Lorentz-Kontraktion für ein materielles Volumelement dV nach (7a):

$$dV = dV_0\sqrt{1 - \frac{u^2}{c^2}},$$

also wird

(200a) $$\varrho dV = \varrho_0 dV_0,$$

das heißt

(200b) $$de = de_0.$$

Die in einem bestimmten materiellen Volumelement enthaltene Ladung ist eine Invariante. Daß der Betrag der *Gesamt*ladung eines Teilchens sich nicht ändert, wenn man ihm eine Bewegung erteilt, folgt natürlich direkt aus (A) und kann erfahrungsgemäß als weitgehend gesichert bezeichnet werden, da sonst die elektrische Neutralität eines Atoms durch bloße Änderung der Bewegung der in ihm enthaltenen Elektronen aufgehoben werden könnte. Die Relation (200b) besagt darüber hinausgehend, daß die Ladung eines jeden materiellen Volumelementes invariant bleibt.

Sommerfeld[116]) geht umgekehrt aus von (200a) und schließt daraus in folgender Weise auf den Vektorcharakter von s. Das vom räumlichen Volumelement dV während der Zeit dt überstrichene vierdimensionale Volumen

$$dV \cdot dx^4 \qquad (x^4 = ict)$$

ist als solches eine Invariante. Das gleiche gilt nach Voraussetzung (200a) vom Produkt

$$i\varrho dV.$$

Der gleichfalls invariante Quotient $\frac{i\varrho}{dx^4}$ dieser Größen liefert aber mit den Vektorkomponenten $dx^1, \ldots dx^4$ multipliziert, das in (198) angegebene System der Größen s^i, welches folglich ebenfalls einen Vierervektor bildet.

Mit Hilfe des Vektors u^i läßt sich zufolge (190), (199a) s^i einfach schreiben:

$$s^i = \frac{1}{c}\varrho_0 u^i, \tag{201}$$

und die Kontinuitätsgleichung wird

$$\frac{\partial(\varrho_0 u^i)}{\partial x^i} = 0. \tag{197a}$$

Über den Beweis für den Vektorcharakter von s^i aus den *Maxwell*schen Gleichungen siehe die folgende Nummer, über die Deutung, welche der Erhaltungssatz (197) in der Theorie von *Weyl* erfährt, vgl. Abschn. V, Nr. **65** d).

28. Die Kovarianz der Grundgleichungen der Elektronentheorie. In Nr. **1** wurde bereits hervorgehoben, daß die Nichtkovarianz der *Lorentz*schen Grundgleichungen für das elektromagnetische Feld gegenüber der Galilei-Transformation einer der Hauptantriebe zur Begründung der Relativitätstheorie geworden ist. In seiner Arbeit von 1904[117]) war *Lorentz* sehr nahe daran, die Kovarianz dieser Gleichungen gegenüber der Gruppe der Relativitätstheorie zu beweisen. Vollständig erbracht wurde der Beweis von *Poincaré*[118]) und *Einstein*[119]) unabhängig voneinander. Die vierdimensionale Formulierung rührt von *Minkowski*[120]) her, der hierzu den Begriff des Flächentensors, wie wir heute sagen, zuerst aufgestellt hat.

Um die Feldgleichungen in vierdimensional-invarianter Weise darzustellen, wird man zuerst diejenigen vier Gleichungen zusammen-

116) *A. Sommerfeld*, Ann. d. Phys. 32 (1910), p. 752, l. c. Anm. 55).
117) *H. A. Lorentz*, l. c. Anm. 10).
118) *H. Poincaré*, l. c. Anm. 11).
119) *A. Einstein*, l. c. Anm. 12).
120) *H. Minkowski*, I, l. c. Anm. 54).

fassen, welche die Ladungsdichte nicht enthalten, das sind die Gleichungen

$$\text{(B)} \qquad \operatorname{rot}\mathfrak{E} + \frac{1}{c}\dot{\mathfrak{H}} = 0\,^{120a)}, \qquad \operatorname{div}\mathfrak{H} = 0.$$

Setzt man

$$\text{(202)} \quad \begin{cases} (F_{41}, F_{42}, F_{43}) = i\mathfrak{E}, \quad (F_{23}, F_{31}, F_{12}) = \mathfrak{H} \\ \text{bzw. im reellen System } (F_{ik} = -F_{ki}), \end{cases}$$

so kann man (B) schreiben

$$\text{(203)} \qquad \frac{\partial F_{ik}}{\partial x^l} + \frac{\partial F_{li}}{\partial x^k} + \frac{\partial F_{kl}}{\partial x^i} = 0 \qquad (\operatorname{Rot} F = 0)$$

[vgl. (140b)].

Aus der Invarianz von (203) gegenüber Lorentz-Transformationen folgt dann, daß das Größensystem F_{ik} einen Flächentensor bildet. Der in den Transformationsformeln zunächst unbestimmt bleibende Faktor wird wieder in der bereits mehrfach erwähnten Weise eliminiert. Führt man statt F_{ik} den durch (461) definierten dualen Tensor F^{*ik} ein:

$$\text{(202a)} \qquad (F^{*41}, F^{*42}, F^{*43}) = -\mathfrak{H}, \quad (F^{*23}, F^{*31}, F^{*12}) = -i\mathfrak{E},$$

so kann nach (142), (141b) das Gleichungssystem (203) auch geschrieben werden

$$\text{(203a)} \qquad \frac{\partial F^{*ik}}{\partial x^k} = 0 \qquad (\operatorname{Div} F^* = 0).$$

Es ist jedoch bekannt, daß im gewöhnlichen Raum $\mathfrak{E}$ ein polarer (eigentlicher), $\mathfrak{H}$ ein axialer Vektor (Flächentensor) ist und nicht umgekehrt. Wir halten deshalb den Flächentensor (202) für die *naturgemäße* Darstellung des elektromagnetischen Feldes, den zu ihm dualen Flächentensor (202a) für eine künstliche Bildung. Bei *Minkowski*[121]) finden sich beide Schreibweisen der Feldgleichungen. Die erstere, die in vielen Fällen, insbesondere in der allgemeinen Relativitätstheorie, übersichtlicher und bequemer ist, geriet jedoch später in Vergessenheit, insbesondere wird sie von *Sommerfeld*[122]) nicht erwähnt. Erst im Jahr 1916 hat *Einstein*[123]) wieder die Aufmerksamkeit auf sie gelenkt.

Aus dem Tensorcharakter von F_{ik} folgen die Transformationsformeln für die Feldstärken beim Übergang zu einem bewegten Bezugssystem. Es möge hier die Geschwindigkeit $\mathfrak{v}$ der Lorentz-Trans-

---

120a) *H. A. Lorentz*, Art. V 14 dieser Encykl. Gl. (IV), (V).

121) *H. Minkowski*, I, l. c. Anm. 54).

122) *A. Sommerfeld*, l. c. Anm. 55).

123) *A. Einstein*, Eine neue formale Deutung der *Maxwell*schen Gleichungen, Berl. Ber. (1916), p. 184.

formation beliebig gegen die x-Achse des Koordinatensystems orientiert sein. Dann ergibt sich

$$(204)\qquad \begin{cases} \mathfrak{E}_{\parallel}' = \mathfrak{E}, \quad \mathfrak{E}_{\perp}' = \dfrac{\left(\mathfrak{E} + \frac{1}{c}[\mathfrak{v}\mathfrak{H}]\right)_{\perp}}{\sqrt{1-\frac{v^2}{c^2}}}, \\[2ex] \mathfrak{H}_{\parallel}' = \mathfrak{H}, \quad \mathfrak{H}_{\perp}' = \dfrac{\left(\mathfrak{H} - \frac{1}{c}[\mathfrak{v}\mathfrak{E}]\right)_{\perp}}{\sqrt{1-\frac{v^2}{c^2}}}. \end{cases}$$

Die Aufspaltung des Feldes in elektrisches und magnetisches hat also nur relative Bedeutung. Ist z. B. im System K bloß ein elektrisches Feld vorhanden, so ist in einem relativ zu K bewegten System K' auch ein magnetisches Feld vorhanden. Diese Bemerkung beseitigt gewisse Härten der Auffassung der Vorgänge bei der Induktion durch Bewegung eines Magneten einerseits, durch Bewegung des Leiters, in dem der Strom induziert wird, andrerseits.[12a])

Auch die elektromagnetischen Potentiale: skalares Potential φ, Vektorpotential $\mathfrak{A}$ der *Lorentz*schen Theorie gestatten eine einfache vierdimensionale Deutung. Wie zuerst *Minkowski*[54a]) bemerkt hat, lassen sie sich zu einem Vektor der vierdimensionalen Welt, dem Viererpotential, zusammenfassen:

$$(205)\qquad (\varphi_1, \varphi_2, \varphi_3) = \mathfrak{A}, \quad \varphi_4 = i\varphi\,.$$

Die Ausdrücke
$$\mathfrak{E} = \operatorname{rot}\mathfrak{A}, \quad \mathfrak{H} = -\operatorname{grad}\varphi - \frac{1}{c}\dot{\mathfrak{A}}$$ [124])

für die Feldstärken lauten dann

$$(206)\qquad F_{ik} = \frac{\partial \varphi_k}{\partial x^i} - \frac{\partial \varphi_i}{\partial x^k} \qquad (F = \operatorname{Rot}\varphi)$$

[vgl. (140 a)].

Das Viererpotential ist eine mathematische Hilfsgröße, die sich in vielen Fällen als nützlich erweist, unmittelbare physikalische Bedeutung hat es in der *Lorentz*schen Theorie keine. Das erste System (203) der Feldgleichungen ist eine Folge von (206) und umgekehrt, wenn (203) gilt, kann das Vektorfeld φ_i immer so bestimmt werden, daß (206) befriedigt ist. Durch diese Relation ist aber φ_i nicht eindeutig bestimmt; ist vielmehr φ_i eine Lösung von (206) bei gegebenem F_{ik}, so wird durch $\varphi_i + \frac{\partial \psi}{\partial x^i}$ (ψ beliebige skalare Funktion der Raum-Zeit-Koordinaten) (206) gleichfalls befriedigt. Zur eindeutigen Defi-

12a) *A. Einstein*, l. c. Anm. 12).

54a) *H. Minkowski*, I, l. c. Anm. 54).

124) *H. A. Lorentz*, Art. V 14 dieser Encykl., Nr. 4, Gl. (IX), (X).

nition von φ_i wird deshalb in der *Lorentz*schen Theorie die Bedingung

$$\operatorname{div} \mathfrak{A} + \frac{1}{c}\frac{\partial \varphi}{\partial t} = 0$$ [125])

hinzugefügt, welche sich vierdimensional übersichtlich in der Form

$$\frac{\partial \varphi^i}{\partial x^i} = 0 \qquad (\operatorname{Div} \varphi = 0) \tag{207}$$

schreiben läßt. Eine vierdimensionale Deutung des *Hertz*schen Vektors $\mathfrak{Z}$ ist bisher nicht gegeben worden.

In analoger Weise wie (*B*) läßt sich das zweite System

$$\operatorname{rot} \mathfrak{H} - \frac{1}{c}\dot{\mathfrak{E}} = \varrho \frac{\mathfrak{u}}{c} \qquad \operatorname{div} \mathfrak{E} = \varrho \tag{C}$$

der *Lorentz*schen Gleichungen[125a]), welches die Ladungsdichte enthält, behandeln. Aus (198) und (202) folgt sofort

$$\frac{\partial F^{ik}}{\partial x^k} = s^i \qquad (\operatorname{Div} F = s) \tag{208}$$

[vgl. (141b)]. Definiert man die Ladungsdichte durch (C), so folgt unmittelbar der Vektorcharakter des Größensystems s^i, der früher schon auf andere Weise begründet wurde. Drückt man in (208) die Feldstärken gemäß (206) durch das Vektorpotential aus, so kommt (vgl. 145):

$$\operatorname{Div}_i \operatorname{Rot} \varphi = \operatorname{Grad}_i \operatorname{Div} \varphi - \square \varphi_i = s_i$$

und infolge (207)

$$\square \varphi_i = - s_i. \tag{209}$$

Die Kovarianz der elektromagnetischen Feldgleichungen gegenüber der Lorentz-Gruppe legt die Frage nahe, ob es noch umfassendere Gruppen gibt, bei denen diese Kovarianz stattfindet. Diese Frage wird durch *Cunningham* und *Bateman*[126]) beantwortet. Die allgemeinste derartige Gruppe ist die der konformen Abbildungen (Nr. 8, B'), welche die Gleichung des Lichtkegels

$$s^2 = 0$$

in sich überführt. Neben den Transformationen der Lorentz-Gruppe enthält sie noch Transformationen durch reziproke Radien an einer vierdimensionalen Kugel bzw. einem Hyperboloid im reellen Koordinatensystem. Durch die Theorie von *Weyl* erscheint *Batemans* Theorem in einem neuen Licht (vgl. darüber Abschn. V). Einen einfachen Beweis dafür, daß die Lorentz-Gruppe verknüpft mit der Gruppe der gewöhnlichen Ähnlichkeitstransformationen die einzige

125) *H. A. Lorentz*, Art. V 14 dieser Encykl., Nr. 4, Gl. (2).

125a) *H. A. Lorentz*, Art. V 14 dieser Encykl., Nr. 2, Gl. (I), (Ia) und (IV).

126) *E. Cunningham*, Proc. London math. Soc. 8 (1910), p. 77; *H. Bateman*, Proc. London math. Soc. 8 (1910), p. 223.

lineare Gruppe ist, gegenüber der die *Lorentz*schen Differentialgleichungen kovariant sind, gibt *Ph. Frank.*[127])

29. Ponderomotorische Kraft und Dynamik des Elektrons. Schon in seiner ersten Arbeit hat *Einstein* gezeigt, daß die Relativitätstheorie es ermöglicht, über die Bewegungsgesetze einer beliebig rasch sich bewegenden Punktladung im elektromagnetischen Feld völlig bestimmte Aussagen zu machen, wenn diese für unendlich kleine Geschwindigkeiten derselben bekannt sind. Unter Punktladung ist hier irgendeine Ladung verstanden, deren Dimensionen so klein sind, daß das äußere Feld in dem Gebiet, das die Ladung erfüllt, als homogen angesehen werden kann. Die „Punktladung" braucht also nicht ein Elektron zu sein. Ist $\mathfrak{E}$ die Feldstärke des äußeren elektrischen Feldes, e, m Ladung und Masse unserer „Punktladung" in einem Koordinatensystem K', in dem die Punktladung in dem betreffenden Augenblick ruht, so gilt in diesem System:

$$m_0 \frac{d^2 \mathfrak{r}'}{dt'^2} = e\mathfrak{E}'. \tag{210}$$

Mit Hilfe der Formeln (197) und (207) läßt sich daraus sofort das Bewegungsgesetz in einem System K ableiten, relativ zu welchem sich die Ladung (und das System K') mit der Geschwindigkeit $\mathfrak{u}$ in der positiven x-Richtung bewegt. Es ergibt sich

$$\begin{gathered} \frac{m_0}{(1-\beta^2)^{\frac{3}{2}}} \frac{d^2 x}{dt^2} = e\mathfrak{E}_x = e\left\{\mathfrak{E} + \frac{1}{c}[\mathfrak{u}\mathfrak{H}]\right\}_x \\ \frac{m_0}{\sqrt{1-\beta^2}} \frac{d^2 y}{dt^2} = e\left\{\mathfrak{E} + \frac{1}{c}[\mathfrak{u}\mathfrak{H}]\right\}_y, \quad \frac{m_0}{\sqrt{1-\beta^2}} \frac{d^2 z}{dt^2} = e\left\{\mathfrak{E} + \frac{1}{c}[\mathfrak{u}\mathfrak{H}]\right\}_z. \end{gathered} \tag{211}$$

Zunächst sieht man, daß auf der rechten Seite genau die *Lorentz*sche Kraft[128]) steht. *Während sie in den älteren Darstellungen als neues Axiom eingeführt wird, ist sie hier eine Folge des Relativitätsprinzips.* Hierzu ist allerdings zu bemerken, daß in dieser Aussage, was Glieder von zweiter und höherer Ordnung in $\frac{u}{c}$ anlangt, kein physikalisches Gesetz, sondern eine Definition der Kraft enthalten ist. In der Tat scheint es zunächst willkürlich zu sein, was man auf die linken und was man auf die rechten Seiten der Gleichungen (211) bringt. Man könnte z. B. auch mit $(1-\beta^2)^{\frac{3}{2}}$ bzw. mit $(1-\beta^2)^{\frac{1}{2}}$ herübermultiplizieren und dann die auf der rechten Seite stehenden Ausdrücke als Komponenten der Kraft bezeichnen. *Einstein* hat anfangs $e\mathfrak{E}'$ auch im bewegten System K als Kraft bezeichnet. In der relativistischen

127) *Ph. Frank,* Ann. d. Phys. 35 (1911), p. 599.

128) *H. A. Lorentz,* Art. V 14 dieser Encykl., Nr. 3, Gl. (VI).

Mechanik wird jedoch gezeigt, daß die oben formulierte von *Planck*[129]) herrührende Definition der Kraft, nämlich den *Lorentz*schen Ausdruck

$$(212) \qquad \mathfrak{K} = e\left\{\mathfrak{E} + \frac{1}{c}[\mathfrak{u}\mathfrak{H}]\right\}$$

bei einer beliebig bewegten Ladung als Kraft zu bezeichnen, die zweckmäßigste, ja einzig naturgemäße ist. Es zeigt sich nämlich, daß nur bei dieser Kraftdefinition die Kraft sich als zeitliche Änderung eines Impulses auffassen läßt, der in abgeschlossenen Systemen konstant bleibt (vgl. Nr. **37**). Aus (212) und (207) folgen für die Kraft die Transformationsformeln

$$(213) \qquad \mathfrak{K}_x = \mathfrak{K}'_x, \quad \mathfrak{K}_y = \mathfrak{K}'_y\sqrt{1-\beta^2}, \quad \mathfrak{K}_z = \mathfrak{K}'_z\sqrt{1-\beta^2},$$

wobei angenommen ist, daß im Koordinatensystem K' die Materie, auf welche die Kraft wirkt, im betreffenden Moment ruht.

In der älteren Literatur hat man vielfach auf Grund von (211) $\frac{m_0}{(1-\beta^2)^{\frac{3}{2}}}$ als longitudinale, $\frac{m_0}{(1-\beta^2)^{\frac{1}{2}}}$ als transversale Masse bezeichnet; es ist jedoch zweckmäßiger, (211) in der Form

$$(214) \qquad \frac{d}{dt}(m\dot{\mathfrak{r}}) = \mathfrak{K},$$

zu schreiben, wobei jetzt durchweg

$$(215) \qquad m = \frac{m_0}{\sqrt{1-\beta^2}}$$

als Masse erscheint.[130]) Dieser Ausdruck für die Abhängigkeit der Masse von der Geschwindigkeit wurde speziell für die Masse des Elektrons zum erstenmal von *Lorentz*[131]) abgeleitet, unter der Annahme, daß auch die Elektronen bei der Bewegung die „Lorentz-Kontraktion" erleiden. Die Theorie des starren Elektrons von *Abraham* hatte eine kompliziertere Formel für die Massenveränderlichkeit ergeben.[132]) Es bedeutete einen Fortschritt, daß die Relativitätstheorie das *Lorentz*sche Gesetz der Massenveränderlichkeit ohne eine besondere Annahme über Gestalt und Ladungsverteilung des Elektrons be-

---

129) *M. Planck*, Verhandl. d. deutschen phys. Ges. 4 (1906), p. 136.

130) Dieses Ergebnis ist bereits in den Entwicklungen von *Planck* [l. c. Anm. 129)] implizite enthalten und wurde hernach insbesondere von *C. Tolman*, Phil. Mag. 21 (1911), p. 296 betont.

131) *H. A. Lorentz*, Amst. Proc., l. c. Anm. 10).

132) Siehe darüber *H. A. Lorentz*, Art. V 14 dieser Encykl., Nr. **21**, Gl. (77), (78). Das (deformierbare) Elektron konstanten Volumens von *Bucherer* sei seines historischen Interesses noch erwähnt: *A. H. Bucherer*, Mathematische Einleitung in die Elektronentheorie 1904, p. 58. Siehe auch *M. Abraham*, Theorie d. Elektrizität, 2, 3. Aufl., Leipzig 1914, p. 188.

gründen konnte. Auch braucht über die Natur der Masse nichts vorausgesetzt zu werden, vielmehr gilt (215), wie hier für elektromagnetische Kräfte gezeigt wurde und wie in der relativistischen Mechanik für beliebige Kräfte verallgemeinert wird (vgl. Nr. 37), für jede ponderable Masse. Die alte Auffassung, man könne durch Ablenkungsversuche an Kathodenstrahlen die konstante „wahre" von der „scheinbaren" elektromagnetischen Masse unterscheiden[133]), läßt sich also nicht aufrechterhalten.

Die Formel (215) für die Massenveränderlichkeit oder richtiger das Bewegungsgesetz (211) bietet die Möglichkeit, die Relativitätstheorie durch Versuche über die Ablenkung von raschen Kathodenstrahlen oder β-Strahlen in elektrischen und magnetischen Feldern zu prüfen. Die älteren Messungen von *Kaufmann*[134]) schienen für die *Abraham*sche Formel zu sprechen, doch hat *Kaufmann* die Genauigkeit seiner Messungen überschätzt. Durch die Versuche von *Bucherer*[135]), *Hupka*[136]) und *Ratnowski*[137]) neigte sich die Entscheidung bereits mehr der relativistischen Formel zu, und die neueren Messungen von *Neumann*[138]) [mit einer Ergänzung von *Schäfer*[139])] sowie von *Guye* und *Lavanchy*[140]) sprechen eindeutig für die letztere. Die Theorie der Spektren gibt uns jedoch heute in der Feinstruktur der Wasserstofflinien ein viel genaueres Mittel, die Art der Abhängigkeit der Masse des Elektrons von seiner Geschwindigkeit zu finden[141]), und führte zu einer vollen Bestätigung

133) Siehe z. B. *H. A. Lorentz*, Art. V 14 dieser Encykl., Nr. 65.

134) *W. Kaufmann*, Gött. Nachr., math.-nat. Kl. 1901, p. 143; 1902, p. 291; 1903, p. 90. Ann. d. Phys. 19 (1906), p. 487 und 20 (1906), p. 639.

135) *A. H. Bucherer*, Verh. d. deutschen phys. Ges. 6 (1908), p. 688. Phys. Ztschr. 9 (1908), p. 755. Ann. d. Phys. 28 (1909), p. 513 und 29 (1909), p. 1063. Siehe auch die anschließenden Versuche von *K. Wolz*, Ann. d. Phys. 30 (1909), p. 373; sowie die Diskussion zwischen *Bucherer* und *Bestelmeyer*: *A. Bestelmeyer*, Ann. d. Phys. 30 (1909), p. 166; *A. H. Bucherer*, Ann. d. Phys. 30 (1909), p. 974; *A. Bestelmeyer*, Ann. d. Phys. 32 (1910), p. 231.

136) *E. Hupka*, Ann. d. Phys. 31 (1910), p. 169; vgl. dazu auch die Diskussion von *W. Heil*, Ann. d. Phys. 31 (1910), p. 519.

137) *S. Ratnowsky*, Dissertation Genf 1911.

138) *G. Neumann*, Breslauer Dissertation 1914. Auszug in den Ann. d. Phys. 45 (1914), p. 529; Referat von *C. Schäfer* über diese *Neumann*schen Versuche in Verh. d. deutschen phys. Ges. 15 (1913), p. 935; Phys. Ztschr. 14 (1913), p. 1117.

139) *C. Schäfer*, Ann. d. Phys. 49 (1916), p. 934.

140) *Ch. E. Guye* u. *Ch. Lavanchy*, Arch. de Genève 41 (1916), p. 286, 353, 441.

141) *K. Glitscher*, Dissertation München 1917, Auszug in den Ann. d. Phys. 52 (1917), p. 608. Vgl. auch *A. Sommerfeld*, Atombau und Spektrallinien, Braunschweig, 1. Aufl. 1919, p. 373ff., 2. Aufl. 1920, p. 370, der auf *W. Lenz* als ersten Urheber dieser Prüfung der Massenveränderlichkeit hinweist.

der relativistischen Formel, die deshalb jetzt als empirisch vollständig gesichert betrachtet werden kann. Die Massenveränderlichkeit bei anderen Massen als dem Elektron experimentell zu konstatieren, ist bisher wegen der Kleinheit der Effekte nicht gelungen, nicht einmal bei den schnellen α-Strahlen.

Die Gleichung (211) läßt sich in eine vierdimensional invariante Form bringen, wenn man von der Kraft auf die Gesamtladung zur Kraft

(215) $$\mathfrak{f} = \varrho \left\{\mathfrak{E} + \frac{1}{c}[\mathfrak{u}\mathfrak{H}]\right\}$$

auf die Volumeneinheit (Kraftdichte) übergeht. Dieser Ausdruck legt nämlich nahe, das Produkt des Flächentensors F_{ik} mit dem Viererstrom-Vektor s^k zu bilden

(216) $$f_i = F_{ik} s^k.$$

Der resultierende Vektor f_i hat die Komponenten

(217) $$(f_1 f_2 f_3) = \mathfrak{f}, \quad f_4 = i\varrho\left(\mathfrak{E}\frac{\mathfrak{u}}{c}\right).$$

Die Kraft auf die Volumeneinheit (Kraftdichte) liefert die drei räumlichen Komponenten eines Vierervektors, dessen zeitliche Komponente die (durch c dividierte) pro Zeit- und Volumeneinheit geleistete Arbeit (Leistungsdichte) ist. Dieser wichtige Umstand wurde im wesentlichen schon von *Poincaré*[11a]) erkannt und hernach von *Minkowski*[54a]) klar formuliert. Aus (201) und (216) geht hervor, daß der Vierervektor f_i der elektromagnetischen Kraftdichte auf dem Geschwindigkeitsvektor u^i senkrecht steht:

(218) $$f_i u^i = 0.$$

Nun kann auch das Bewegungsgesetz (214) in vierdimensional invarianter Schreibweise formuliert werden, und zwar kann dies auf zweierlei Weise geschehen. Einmal können wir den Vierervektor K_i mit den Komponenten

(219) $$(K_1, K_2, K_3) = \frac{\mathfrak{K}}{\sqrt{1-\beta^2}}, \quad K_4 = i\left(\mathfrak{K}\frac{\mathfrak{u}}{c}\right)$$

einführen. Daß diese Größen tatsächlich einen Vierervektor bilden, folgt aus den Transformationsformeln (213) für die Kraft. Man nennt $\frac{\mathfrak{K}}{\sqrt{1-\beta^2}}$ die *Minkowski*sche Kraft im Gegensatz zur *Newton*schen Kraft $\mathfrak{K}$. Die Bewegungsgleichungen lauten dann einfach

(220) $$m_0 \frac{d^2 x^i}{d\tau^2} = K^i \quad \text{oder} \quad m_0 \frac{du_i}{d\tau} = K_i.$$

11a) *H. Poincaré*, l. c. Anm. 11).

54a) *H. Minkowski*, I, l. c. Anm. 54).

Zweitens kann man die Bewegungsgleichungen auf die Volumeneinheit beziehen. Bedeutet μ_0 die Ruhmassendichte $\frac{m_0}{V_0}$, so wird

$$\mu_0 \frac{d^2 x^i}{d\tau^2} = f^i, \quad \mu_0 \frac{du_i}{d\tau} = f_i. \tag{221}$$

Es muß jedoch bemerkt werden, daß der physikalische Sinn dieser letzteren Gleichungen, wenn sie auf das Elektron angewandt werden, nicht ganz durchsichtig ist (vgl. Abschn. V, Nr. **63**), wenigstens solange man auch hier dem Vektor f_i die durch (216) angegebene Bedeutung beilegt; sie gelten dann zunächst nur, wenn das Eigenfeld des betreffenden Teilchens auf der rechten Seite nicht miteinbezogen wird.

Für $i = 4$ liefern die Gleichungen (220), (221) den Energiesatz, der eine Folge der Bewegungsgleichungen ist. In der Tat sind die 4 Gleichungen (219) bzw. (221) nicht unabhängig voneinander, denn durch skalare Multiplikation mit u^i erhält man nach (192) und (218) die Identität $0 = 0$.

Über die Verallgemeinerung der Definition des Kraftvektors und der Bewegungsgleichungen siehe Nr. **37**.

30. Impuls und Energie des elektromagnetischen Feldes. Differential- und Integralform der Erhaltungssätze. In der Elektrodynamik wird gezeigt, daß sich die *Lorentz*sche Kraftdichte $\mathfrak{f}$ darstellen läßt als Resultierende der durch die *Maxwell*schen Spannungen erzeugten Flächenkräfte und der (negativ genommenen) zeitlichen Änderung der Impulsdichte des Äthers.[142]) Jene sind definiert durch

$$T_{ik} = (\mathfrak{E}_i \mathfrak{E}_k - \tfrac{1}{2}\mathfrak{E}^2 \delta_{ik}) + (\mathfrak{H}_i \mathfrak{H}_k - \tfrac{1}{2}\mathfrak{H}^2 \delta_{ik}), \quad (i, k = 1, 2, 3)$$

diese durch

$$\mathfrak{g} = \frac{1}{c^2}\mathfrak{S}, \quad \mathfrak{S} = c[\mathfrak{E}\mathfrak{H}]^{142})$$

und es gilt dann

$$\mathfrak{f} = \operatorname{div} T - \dot{\mathfrak{g}}. \tag{D}$$

Es zeigt sich nun, daß sich diese Vektorgleichung mit der (skalaren) Energiegleichung

$$\frac{\partial W}{\partial t} + \operatorname{div} \mathfrak{S} = -(\mathfrak{f}\mathfrak{u}), \quad W = \tfrac{1}{2}(\mathfrak{E}^2 + \mathfrak{H}^2)^{143}) \tag{E}$$

zu einer vierdimensionalen Vektorgleichung zusammenfassen läßt. Man bilde zunächst aus dem Flächentensor F_{ik} den symmetrischen Tensor 2. Ranges

$$S_i^k = \tfrac{1}{2}(F_{ir}F^{kr} - F^*_{ir}F^{*kr}) = F_{ir}F^{kr} - \tfrac{1}{4}F_{rs}F^{rs} \cdot \delta_i^k. \tag{222}$$

142) *H. A. Lorentz*, Art. V 14 dieser Encykl., Nr. 7.

143) *H. A. Lorentz*, Art. V 14 dieser Encykl., Nr. 6.

Es sei gleich hier bemerkt, daß sein Skalar verschwindet

(223) $$S_i^i = 0.$$

Seine Komponenten sind

(224) $$\begin{cases} S_i^k = -T_{ik} \text{ für } i, k = 1, 2, 3 \\ (S_1^4, S_2^4, S_3^4) = (S_{14}, S_{24}, S_{34}) = \frac{i}{c}\mathfrak{S} = ic\mathfrak{g} \\ S_4^4 = S_{44} = S^{44} = -W. \end{cases}$$

Die räumlichen Komponenten des Tensors S sind also (im wesentlichen) gleich den *Maxwell*schen Spannungskomponenten, die räumlich-zeitlichen gleich dem *Poynting*schen Vektor und der Impulsdichte, die zeitliche gleich der Energiedichte. Die Gleichungen (D) und (E) lassen sich dann, wie zuerst von *Minkowski*[144]) bemerkt wurde, durch Einführung des durch (216) definierten Vierervektors f zusammenfassen in das Gleichungssystem:

(225) $$f_i = -\frac{\partial S_i^k}{\partial x^k} \qquad (f = -\operatorname{Div} S).$$

Für $i = 1, 2, 3$ stellt es den Impulssatz, für $i = 4$ den Energiesatz dar. Man pflegt es deshalb als Impuls-Energiesatz und den Tensor S als *Impuls-Energietensor* des elektromagnetischen Feldes zu bezeichnen.

Es zeigt sich ferner, daß sich die Ableitung der Gleichung (C), (D) aus den Feldgleichungen (A), (B) durch die vierdimensionale Schreibweise erheblich vereinfacht: Die Formel (176) ist identisch mit (225), wenn man φ_i mit dem Viererpotential, F_{ik} mit dem Flächentensor der Feldstärken und s^i mit dem Viererstrom identifiziert. Man braucht deshalb nur die in Nr. 23 unter a) gegebene Ableitung für den Fall konstanter g_{ik} zu spezialisieren, wobei sie sich noch erheblich vereinfacht, um (225) zu erhalten. Doch ist auch die direkte Rechnung leicht auszuführen.

Nicht nur in formaler, sondern auch in physikalischer Hinsicht bringt die relativistische Deutung des Impuls-Energiesatzes neue Gesichtspunkte. Wenn in jedem Koordinatensystem der Energiesatz [4. Komponente von (225)] gilt, folgt der Impulssatz von selbst. Beide Sätze gehen vollständig gleichwertig in die Beschreibung der Naturvorgänge ein. Entsprechend der Deutung des Vektors $\mathfrak{S}$ in (E) als Energiestrom sind konsequenterweise die Größen T_{ik} als Komponenten des Impulsstromes anzusprechen. Da der Impuls selbst schon ein Vektor ist, bilden sie (im gewöhnlichen Raum) einen *Tensor*, im Gegensatz zum Vektor $\mathfrak{S}$ der Energieströmung Die *Maxwell*schen

144) *H. Minkowski*, II, l. c. Anm. 54).

Spannungen, die früher als reine Rechengrößen betrachtet wurden[145]), erhalten hierdurch eine greifbare physikalische Deutung. Sie rührt von *Planck*[146]) her. (Über die Verallgemeinerung dieser Deutung und der Gleichungen (225) für nicht elektromagnetischen Impuls vgl. Nr. **42**.) An den Stellen, wo ponderomotorische Kräfte auf die Materie wirken, wird nach (225) elektromagnetischer Impuls aus mechanischem erzeugt oder in solchen verwandelt, und Analoges gilt von der Energie. (Über die Versuche, jeden Impuls und jede Energie als elektromagnetisch aufzufassen, vgl. Abschn. V.) An allen anderen Stellen strömen jedoch der Impuls und die Energie des elektromagnetischen Feldes wie eine im allgemeinen kompressible, im Spezialfall stationärer Felder sogar inkompressible Flüssigkeit mit unzerstörbarer Substanzmenge.

Der Tensor S_{ik} bezieht sich auf die Impuls- und Energie*dichte*, und es fragt sich, wie sich Gesamtenergie und Gesamtimpuls eines Systems beim Übergang zu einem bewegten Koordinatensystem verhalten. Indem wir die Besprechung des allgemeinen Falles der Nr. **42** vorbehalten, möge hier nur der Fall behandelt werden, wo Impuls und Energie rein elektromagnetisch sind, wo also die Kraftdichte f_i und die elektrische Ladungsdichte überall verschwinden, so daß hier nach (225)

$$\frac{\partial S_i^k}{\partial x^k} = 0 \qquad (\mathrm{Div}\ S = 0) \tag{225a}$$

gilt. Dies trifft zu für das Feld einer beliebig gestalteten Lichtwelle, die frei durch den Raum hineilt. Sie möge einen endlichen Raum erfüllen, damit auch ihre Gesamtenergie und ihr Gesamtimpuls endlich sind. In der Welt entspricht ihm eine Röhre von endlichem Querschnitt. Es sind hier also genau diejenigen Verhältnisse vorhanden, die in Nr. **21** vorausgesetzt wurden, und aus den dortigen Entwicklungen folgt, daß aus den Größen S_k^4 durch Integration über das Volumen die Komponenten eines Vierervektors hervorgehen:

$$J_k = \frac{1}{i}\iiint S_k^4\, dV. \tag{226}$$

Nach (224) hängen sie in einfachster Weise mit dem Gesamtimpuls

145) *H. A. Lorentz,* Art. V 14 dieser Encykl., Nr. **7**, p. 163.

146) *M. Planck,* Verh. d. deutschen phys. Ges. 6 (1908), p. 728; Phys. Ztschr. 9 (1908), p. 828.

Akzeptiert man diese Deutung, so darf man sich allerdings nicht an dem paradoxen Umstand stoßen, daß eine Impuls*strömung* auch dann vorhanden sein kann, wenn die Impuls*dichte* überall verschwindet (wie es z. B. im rein elektrostatischen Feld der Fall ist). Bei der Energieströmung besteht keine derartige Möglichkeit.

G und der Gesamtenergie E des Systems (der Lichtwelle) zusammen:

(227) $$(J_1, J_2, J_3) = c\mathfrak{G}, \ J_4 = iE.$$

Wir können also sagen: *Gesamtenergie und Gesamtimpuls bilden in unserem Fall einen Vierervektor.* Daraus folgen nach (186), (187) sofort die Transformationsformeln

(228) $$\begin{cases} G_x' = \dfrac{G_x - \frac{v}{c^2} E}{\sqrt{1-\beta^2}}, \quad G_y' = G_y, \quad G_z' = G_z, \\ E' = \dfrac{E - v G_x}{\sqrt{1-\beta^2}}. \end{cases}$$

Wir bemerken noch, daß der Vektor J_k nicht raumartig sein kann. Wäre dem so, so gäbe es nämlich ein Koordinatensystem, in welchem $G \neq 0$, aber $E = 0$ wäre. Dies ist aber unmöglich, da E nur verschwinden kann, wenn überhaupt kein Feld vorhanden ist. Man hat also

(229) $$|J| < 0, \quad G \leqq \frac{E}{c} \cdot$$

G kann also nur ein Nullvektor oder zeitartig sein. Ein Beispiel für die erste Möglichkeit ist ein seitlich begrenzter ebener Wellenzug von endlicher Länge. Denn für diesen ist bekanntlich $G = \frac{E}{c}$. Da man diese Beziehung $J_i J^i = 0$ schreiben kann, muß sie für jedes Bezugssystem gültig sein. Ist α der in K gemessene Winkel zwischen Strahlrichtung und Geschwindigkeit des Systems K' relativ zu K, so folgt ferner aus (228) die *Einstein*sche Transformationsformel für die Energie einer endlichen ebenen Welle[147]):

(228a) $$E' = \frac{1 - \beta \cos \alpha}{\sqrt{1-\beta^2}} E.$$

Ist dagegen J zeitartig, so gibt es stets ein Koordinatensystem K_0, in welchem der Gesamtimpuls verschwindet. Ist E_0 der Wert der Gesamtenergie in diesem System, so folgt aus (228) für ein System K, relativ zu dem sich K_0 mit der Geschwindigkeit $\mathfrak{v}$ bewegt:

(228b) $$E = \frac{E_0}{\sqrt{1-\beta^2}}, \quad \mathfrak{G} = \frac{\frac{\mathfrak{v}}{c^2} E_0}{\sqrt{1-\beta^2}} = \frac{\mathfrak{v}}{c^2} E.$$

Ein Beispiel dafür ist die Kugelwelle von endlicher Breite oder ein System von zwei entgegengesetzt gerichteten, sonst vollkommen gleichen ebenen Wellenzügen. Wegen der Verallgemeinerung dieser Relationen für nicht elektromagnetischen Impuls (bzw. Energie) siehe Nr. 42.

---

147) *A. Einstein,* l. c. Anm. 12), § 8.

31. Das invariante Wirkungsprinzip der Elektrodynamik. Nachdem bereits *Poincaré*[148]) sich von der Invarianz des *Schwarzschild*schen Wirkungsintegrals[149]) gegenüber der Lorentzgruppe überzeugt hat, hat *Born*[150]) die vierdimensionale Vektorschreibweise auf das Wirkungsprinzip angewandt und dasselbe auf diese Weise sehr übersichtlich gestaltet.

Schwarzschild[149]) bildet zuerst durch Integration über den dreidimensionalen Raum die *Lagrange*sche Funktion

$$\frac{1}{2}\int(\mathfrak{H}^2 - \mathfrak{E}^2)\,dV + \int\varrho\left\{\varphi - \frac{1}{c}(\mathfrak{A}\mathfrak{u})\right\}dV$$

und erhält hiernach durch Integration über die Zeit die Wirkungsfunktion. Naturgemäß wird man die Integration über Raum und Zeit in ein vierfaches Integral vereinen.[148]) Bezeichnen wir mit L die Invariante

$$L = \tfrac{1}{2}F_{ik}F^{ik} = \mathfrak{H}^2 - \mathfrak{E}^2, \tag{230}$$

so läßt sich die (doppelte) Wirkungsfunktion einfach schreiben

$$W = \int(L - 2\varphi_i s^i)\,d\Sigma. \tag{231}$$

Das in Frage kommende Wirkungsprinzip besagt nun, daß die Variation von W unter gewissen Bedingungen verschwindet:

$$\delta W = 0. \tag{232}$$

Diese Bedingungen sind:

1. Das Integral W werde über ein bestimmtes Weltstück integriert, unabhängige Variable seien die Komponenten φ_i des Viererpotentials, die an der Grenze des Integrationsgebietes vorgegebene Werte haben sollen. Der Viererstrom s^i, d. h. die Weltlinien der elektrischen Ladungen und ihr Betrag werde nicht variiert. Nach Nr. **23**, (174), (175) ist dann

$$\delta W = 2\int\left(\frac{\partial F^{ik}}{\partial x^k} - s^i\right)\delta\varphi_i \tag{233}$$

und (232) liefert das zweite System der *Maxwell*schen Gleichungen (208). Das erste System ist schon durch die Existenz des Viererpotentials erfüllt und wurde von vornherein vorausgesetzt.

2. Das Feld φ^i ist eine bestimmte Funktion der Weltkoordinaten und wird nicht variiert; dagegen sollen die Weltlinien der Materie variiert werden. Das Integral über L liefert dann keinen Beitrag zur Variation, das zweite muß erst umgeformt werden. Ist de das Ladungs-

148) *H. Poincaré*, Rend. Pal., l. c. Anm. 11).

149) *K. Schwarzschild*, Gött. Nachr., math.-naturw. Kl., 1903, p. 125. Siehe auch *H. A. Lorentz*, Art. V 14 dieser Encykl., Nr. 9.

150) *M. Born*, Ann. d. Phys. 28 (1909), p. 571.

element, welches einem bestimmten Substanzelement zugeordnet ist, und τ die Eigenzeit der zugehörigen Weltlinie (von einem irgendwie fixierten Nullpunkt an gerechnet), so kann man nach der Bedeutung (201) von s^i schreiben

$$\int \varrho_0 d\sum = ic\int de\int d\tau, \quad \int \varphi_i s^i d\sum = i\int de\int \varphi_i \frac{dx^i}{d\tau} d\tau.$$

Wir integrieren über den Weltzylinder, der erhalten wird, wenn man auf jeder Weltlinie der Substanz die gleiche Länge abträgt. Anfangs- und Endpunkte der Weltlinien sollen nicht variiert werden. Dann ergibt sich durch partielle Integration zunächst

$$\tfrac{1}{2}\delta W = i\int de\int\left(\frac{d\varphi_i}{d\tau}\delta x^i - \frac{\partial\varphi_k}{\partial x^i}\delta x^i\frac{dx^k}{d\tau}\right)d\tau$$

$$= -i\int de\int F_{ik}u^k\delta x^i d\tau,$$

oder auch

$$\tag{234} \tfrac{1}{2}\delta W = -\int F_{ik}s^k\delta x^i d\sum = -\int f_i\delta x^i d\sum.$$

Born verfährt so, daß er der Variation der Substanz-Weltlinien noch die Nebenbedingung

$$\tag{235} \delta\int ds = 0$$

hinzufügt. Nach Nr. **15** ist für eine Weltlinie mit stets zeitartiger Richtung, wie sie hier vorliegt, bei fixen Endpunkten und konstanten g_{ik}:

$$\tag{236} \delta\int d\tau = \frac{1}{c^2}\int\frac{du_i}{d\tau}\delta x^i d\tau,$$

also folgt aus (232) diesmal

$$\mu_0\frac{du_i}{d\tau} = f_i,$$

wo μ_0 ein konstanter *Lagrange*scher Multiplikator ist. Diese Relationen stimmen mit (221) überein, wenn man μ_0 als Ruhmassendichte deutet. Wie in Nr. **29** ist hier vom Eigenfeld des betreffenden Teilchens abgesehen.

Weyl[151]) dagegen legt der Variation die Nebenbedingung (235) nicht auf, fügt aber zur Wirkungsfunktion noch ein Glied

$$2\int\mu_0 c^2 d\sum = 2ic\int dm\cdot c^2\int d\tau$$

hinzu:

$$\tag{231a} W_1 = 2\int\mu_0 c^2 d\sum + W, \quad \delta W_1 = 0.$$

Zufolge (234) und (236) folgt daraus ebenfalls (221).

---

151) *H. Weyl*, Raum — Zeit — Materie, 1. Aufl., § 32, p. 215.

32. Anwendungen auf spezielle Fälle. α) *Die Integration der Potentialgleichungen.* Bekanntlich werden die Differentialgleichungen (207) und (209), wenn s^i als Funktion von Ort und Zeit gegeben ist, integriert durch

$$(237)\qquad \varphi_{P,t} = \int \frac{\varrho_{Q,\,t-\frac{r_{PQ}}{c}}\, dV_Q}{4\pi r_{PQ}}, \quad \mathfrak{A}_{P,t} = \int \frac{\left(\varrho \frac{\mathfrak{u}}{c}\right)_{Q,\,t-\frac{r_{PQ}}{c}}\, dV_Q}{4\pi r_{PQ}}$$ [152]).

In diesen Ausdrücken für die Potentiale wird die Symmetrie der Differentialgleichungen in Raum und Zeit nicht voll ausgenutzt. Dies geschieht dagegen bei einem von *Herglotz*[153]) schon vor Aufstellung der Relativitätstheorie gefundenen Verfahren, welches von der partikularen Lösung

$$\frac{1}{R^2_{PQ}}$$

der Gleichungen (209) ausgeht, in der jetzt PQ zwei Weltpunkte und R ihren vierdimensionalen Abstand bedeuten. Durch Multiplikation mit einer passenden Funktion $s(Q)$ und Integration über eine den Strahl $t_P \ldots \infty$ positiv umfahrende Schleife in der komplexen t_Q-Ebene erhält *Herglotz* daraus den üblichen Ausdruck für das Potential. Der Vorteil dieses Verfahrens besteht darin, daß man bei der Berechnung der Feldstärke erst differenzieren und hernach erst die komplexe Integration ausführen kann, wodurch die Rechnung übersichtlicher wird. Unter dem Einfluß der Relativitätstheorie hat später *Sommerfeld*[154]) das *Herglotz*sche Verfahren modifiziert und ergänzt.

Für Punktladungen geht (237) über in das *Wiechert*sche Elementargesetz

$$(238)\qquad 4\pi\varphi_{P,t} = \left.\frac{e}{r_P - \frac{(\mathfrak{u}\,\mathfrak{r}_P)}{c}}\right|_{t-\frac{r}{c}}, \quad 4\pi\mathfrak{A}_{P,t} = \left.\frac{e\frac{\mathfrak{u}}{c}}{r_P - \frac{(\mathfrak{u}\,\mathfrak{r}_P)}{c}}\right|_{t-\frac{r}{c}}$$ [155])

$\mathfrak{r}_P$ bedeutet den von dem Ort der Ladung zur Zeit $t - \frac{r_P}{c}$ zum Aufpunkt gezogenen Vektor. Es gestattet nach *Minkowski*[156]) eine einfache vierdimensional-vektorielle Deutung. Es sei

$$(239)\qquad \xi^i = \xi^i(\tau)$$

152) *H. A. Lorentz,* Art. V 14 dieser Encykl., Nr. 5, Gl. (XI), (XII). Von der seit *Ritz* [l. c. Anm. 21)] vielfach diskutierten Möglichkeit der Lösung durch vorauseilende Potentiale $\left(\text{in den Formeln } t + \frac{r}{c} \text{ statt } t - \frac{r}{c}\right)$ ist hier abgesehen.

153) *G. Herglotz,* Gött. Nachr., math.-naturw. Kl., 1904, p. 549

154) *A. Sommerfeld,* Ann. d. Phys. 33 (1910), l. c. Anm. 55), § 7, p. 665 ff.

155) *H. A. Lorentz,* Art. V 14 dieser Encykl., Nr. 17, Gl. (70).

156) *H. Minkowski,* III, l. c. Anm. 54).

die Weltlinie der Ladung als Funktion ihrer Eigenzeit, P wie oben der Auf-Weltpunkt. Durch diesen lege man einen „Nullkegel" in die Vergangenheit. Er schneidet die Weltlinie der Ladung in einem bestimmten Punkt Q, und zwar in einem einzigen Punkt, wenn die Richtung der Weltlinie stets zeitartig ist. Sind x^i die Koordinaten des Aufpunktes P und

(240) $$X^i = x^i - \xi^i_Q,$$

so wird also durch die Forderung

(241) $$X_i X^i = 0$$

der Punkt Q, und somit auch der zugehörige Wert von τ als eindeutige Funktion der x^i bestimmt:

(242) $$\tau_Q = f(x^i).$$

Die Ausdrücke (238) für die Potentiale lassen sich nun auf Grund von (205) und (190) sofort zusammenfassen zu

(238a) $$4\pi\varphi_i = -\frac{e u_i}{(u_r X^r)}.$$

Die Berechnung der Feldstärken wird durch Einführung der Eigenzeit erheblich vereinfacht. Aus (241) findet man zunächst für die Ableitungen der Funktion (242) nach den Koordinaten x^k von P:

$$X_i\left(\delta_k^i - u^i \frac{\partial\tau}{\partial x^k}\right) = 0,$$

(243) $$\frac{\partial\tau}{\partial x^k} = \frac{X_k}{(X_r u^r)}.$$

Die weitere Rechnung ist ganz elementar und ergibt für die Feldstärken:

(244) $$4\pi F_{ik} = -\frac{e}{(X_r u^r)^3}\left\{c^2 + \left(X_r \frac{du_r}{d\tau}\right)\right\}(u_i X_k - u_r X_i) + \frac{e}{(X_r u^r)^2}\left(\frac{du_i}{d\tau} X_k - \frac{du_k}{d\tau} X_i\right).$$

Setzt man in den Aufpunkt eine zweite Ladung $\bar{e}$ mit dem Geschwindigkeitsvektor $\bar{u}^i$, so ergibt sich aus (216) die von der ersten auf die zweite Ladung ausgeübte Kraft $\mathfrak{K}$: Für den durch (219) definierten Vierervektor K_i der *Minkowski*schen Kraft folgt

(245) $$\left\{\begin{aligned} 4\pi K_i = 4\pi\bar{e} F_{ik}\bar{u}^k = \frac{e\bar{e}}{(X_r u^r)^3}\Big[\left\{c^2 + \left(X_r \frac{du_r}{d\tau}\right)\right\}(u_k \bar{u}^k) \\ - (X_r u^r)\left(\frac{du_k}{d\tau}\bar{u}^k\right)\Big] X_i \\ - \frac{e\bar{e}}{(X_r u^r)^3}\left\{c^2 + \left(X_r \frac{du_r}{d\tau}\right)\right\}(X_k \bar{u}^k) u_i \\ + \frac{e\bar{e}}{(X_r u^r)^3}(X_k \bar{u}^k)\frac{du_i}{d\tau}.\end{aligned}\right.$$

Sommerfeld leitet sowohl das *Wiechert*sche Elementargesetz (238a) als auch die Ausdrücke (244), (245) durch komplexe Integration mittels des oben erwähnten Verfahrens ab. (245) ist in Übereinstimmung mit der von *Schwarzschild*[157]) angegebenen „elementaren elektrodynamischen Kraft".

β) *Das Feld der gleichförmig bewegten Punktladung.* Da die Elektronentheorie mit der Relativitätstheorie im Einklang ist, kann letztere, was die Ermittlung des elektromagnetischen Feldes bei gegebener Elektronenbewegung anlangt, zu keinen anderen Ergebnissen führen als denen, welche bereits die vorrelativistische *Lorentz*sche Theorie erhalten hatte. Die Regeln für die Transformation der Feldstärken ersparen einem aber oft, auf die Differentialgleichungen oder auf die allgemeine Formel (244) zurückzugreifen, wenn das Feld für ein bestimmtes Koordinatensystem bekannt ist. Handelt es sich z. B. darum, das Feld einer im System K gleichförmig bewegten Punktladung zu finden, so ermittle man zuerst das Feld im System K', in welchem die Ladung ruht:

$$\mathfrak{E}' = \frac{e}{r'^3}\mathfrak{r}'.$$

Aus (207) folgt dann sofort

$$\mathfrak{E}_x = \frac{e}{r'^3}x', \quad \mathfrak{E}_y = \frac{e}{r'^3}\frac{y'}{\sqrt{1-\beta^2}}, \quad \mathfrak{E}_z \ldots$$

$$\mathfrak{H} = \frac{e}{r'^3}\frac{\left[\mathfrak{r}'\frac{\mathfrak{v}}{c}\right]}{\sqrt{1-\beta^2}}.$$

Bezeichnet $\mathfrak{r} = (x, y, z)$ den Vektor, dessen Endpunkt der Aufpunkt, dessen Anfangspunkt der mit jenem *in K gemessen gleichzeitige* Ort der Ladung ist, so wird

$$(246)\quad \begin{cases} \mathfrak{r}' = \left(\frac{x}{\sqrt{1-\beta^2}}, y, z\right), & r' = \sqrt{\frac{x^2}{1-\beta^2} + y^2 + z^2} \\ \mathfrak{E} = \frac{e}{r'^3}\frac{\mathfrak{r}}{\sqrt{1-\beta^2}}, & \mathfrak{H} = \frac{e}{r'^3}\frac{\left[\mathfrak{r}\frac{\mathfrak{v}}{c}\right]}{\sqrt{1-\beta^2}}.\text{[158])} \end{cases}$$

Die elektrische Feldstärke ist also auch hier radial gerichtet, die magnetische steht senkrecht auf dem Radiusvektor und auf der Bewegungsrichtung. Der Fläche gleicher absoluter Größe der elektrischen Feldstärke ist im bewegten System nicht die Kugel, sondern

157) *K. Schwarzschild,* Gött. Nachr., math.-phys. Kl. 1903, p. 132; vgl. auch *H. A. Lorentz,* Art. V 14 dieser Encykl., Nr. 25.

158) Diese Ableitung findet sich zuerst bei *Poincaré,* Rend. Pal., l. c. Anm. 11), § 5.

das *Heaviside*-Ellipsoid, welches schon 1889 von *Heaviside*[159]) in die Elektrodynamik eingeführt wurde. Es erweist sich einfach als das Gebilde, in welches die Kugel durch eine Lorentz-Transformation übergeführt wird.

Das Feld (246) kann auch durch Spezialisieren aus der allgemeinen Formel (244) gewonnen werden. Man führe den Vektor X' ein, der von der in unserem Fall geraden Weltlinie der Ladung ausgeht, *auf ihr normal steht* und im Auf-Weltpunkt endet. Im Ruhsystem K' sind seine Komponenten $(\mathfrak{r}', 0)$. Man findet leicht

$$X_i' = X_i + \frac{1}{c^2} u_i \cdot (X_r u^r), \quad X_i' X'^i = |X'|^2 = \frac{1}{c^2}(X_r u^r),$$
$$|X'| = -\frac{1}{c}(X_r u^r)$$

also

(246 a) $$4\pi F_{ik} = \frac{e}{c|X'|^3}(u_i X_k' - u_k X_i').$$

γ) Das Feld der Hyperbelbewegung. Nach der gleichförmigen Bewegung ist der einfachste Fall die „gleichförmig" beschleunigte, das ist in der Relativitätstheorie die Hyperbelbewegung (s. Nr. **26**). Das Feld einer Punktladung, welche eine Hyperbelbewegung beschreibt, wurde zum erstenmal von *Born*[160]) ermittelt. *Sommerfeld*[161]) bedient sich bei dessen Berechnung der Integration in der komplexen Ebene. Eine elementare Darstellung gibt auch *Laue*.[162]) Legt man den Ursprung des Koordinatensystems in den Mittelpunkt der Hyperbel und läßt die x^1x^4-Ebene mit der Ebene der Hyperbel zusammenfallen, so ist der Punkt

$$\xi^1 = a \cos\frac{s}{a}, \quad \xi^4 = a \sin\frac{s}{a}, \quad \xi^2 = \xi^3 = 0$$

der Weltlinie (196 a) der Ladung, welcher durch (241) dem Aufpunkt $x^1, \dots x^4$ zugeordnet ist, bestimmt durch

(247) $$\cos(\psi - \varphi) = \frac{R^2 + a^2}{2\xi\varrho}, \qquad \psi = \frac{s}{a}.$$

Hierin ist gesetzt

(248) $$R = \sqrt{x_i x^i}, \quad x^1 = \varrho\cos\varphi, \quad x^4 = \varrho \sin\varphi.$$

Die Komponenten des Viererpotentials werden

(249) $$\varphi_1 = \frac{e}{4\pi\varrho}\frac{\sin\psi}{\sin(\psi - \varphi)}, \quad \varphi_2 = \varphi_3 = 0, \quad \varphi_4 = -\frac{e}{4\pi\varrho}\frac{\cos\psi}{\sin(\psi-\varphi)}.$$

---

159) Vgl. *H. A. Lorentz*, Art. V 14 dieser Encykl., Nr. 11 b, daselbst ältere Literatur.

160) *M. Born*, l. c. Anm. 114).

161) *A. Sommerfeld*, l. c. Anm. 115).

162) *M. v. Laue*, Das Relativitätsprinzip, 1. Aufl., Braunschweig 1911, p. 108, § 18 d).

In dem Koordinatensystem, in welchem die Ladung zur Zeit $t - \frac{r}{c}$ gerade ruht, verschwindet φ_1 im Zeitmoment t. Im System, in welchem der Aufpunkt mit dem Mittelpunkt der Hyperbel gleichzeitig ist, ergibt sich für die Feldstärken

$$\mathfrak{E}_x = -\frac{ie}{4\pi\varrho\sin^2(\psi-\varphi)}\frac{\partial\psi}{\partial\varrho} = -\frac{ie[a\cos(\psi-\varphi)-\varrho]}{4\pi a\varrho^2\sin^3(\psi-\varphi)}$$

$$= -\frac{e}{\pi}\frac{a^2[R^2+a^2-2\varrho^2]}{[(R^2+a^2)^2-4a^2\varrho^2]^{3/2}},$$

(250) $$\mathfrak{E}_y = -\frac{ie}{4\pi\varrho\sin^2(\psi-\varphi)}\cdot\frac{\partial\psi}{\partial x^{(2)}} = \frac{iey}{4\pi a\varrho^2\sin^3(\psi-\varphi)} =$$

$$= \frac{2e}{\pi}\frac{a^2\varrho}{[(R^2+a^2)^2-4a^2\varrho^2]^{3/2}}$$

(worin jetzt y statt $x^{(2)}$ geschrieben ist).

$$\mathfrak{H} = 0.$$

Die Hyperbelbewegung ist also auch dadurch ausgezeichnet, daß sie nicht mit Bildung einer Wellenzone und entsprechender Ausstrahlung verknüpft ist. (Dagegen ist Ausstrahlung vorhanden, wenn zwei geradlinig-gleichförmige Bewegungen durch ein Stück Hyperbelbewegung in einander übergeführt werden.)

Es liegt nahe, zur Berechnung des Feldes der Hyperbelbewegung ein mit der Ladung mitbewegtes, also nicht Galileisches Bezugssystem einzuführen. Als x-Koordinate kann in demselben die oben mit ϱ bezeichnete Größe, als Zeit am besten der Winkel φ eingeführt werden, der bis auf einen Faktor mit der Eigenzeit der bewegten Ladung übereinstimmt. Das Linienelement in diesem Koordinatensystem wird

(251) $$ds^2 = (d\xi^1)^2 + (d\xi^2)^2 + (d\xi^3)^2 + (\xi^1)^2(d\xi^4)^2$$

$$(\xi^{(1)} = \varrho, \quad \xi^{(2)} = x^{(2)}, \quad \xi^{(3)} = x^{(3)}, \quad \xi^{(4)} = \varphi).$$

Die Feldgleichungen in diesen Koordinaten können mit Hilfe der in Abschnitt II aufgestellten Hilfsmittel sofort hingeschrieben werden. Das Problem wird dann statisch, aber nicht eindimensional, die Rechnungen vereinfachen sich nicht wesentlich. Es ist historisch interessant, daß schon *Born*[163]) das Problem durch Einführung eines mitbewegten Systems behandelt hat. Der von ihm verwendete Zeitparameter ist ein anderer als der oben benutzte, die Differentialgleichungen erhielt er durch Zurückgreifen auf das von ihm bereits früher in invarianter Weise formulierte Variationsprinzip (Nr. **31**).

δ) Invarianz der Lichtphase. Reflexion am bewegten Spiegel. Strahlungsdruck. In Nr. **6** wurden die relativistischen Formeln für

163) *M. Born,* l. c. Anm. 114).

Dopplereffekt und Aberration aus der Invarianz der Lichtphase hergeleitet. Die Begründung für die letztere ergibt sich unmittelbar aus den Transformationsformeln für die Feldstärken. Da die Phase einer *ebenen* Welle überdies eine lineare Funktion der Raum-Zeitkoordinaten ist, kann sie als skalares Produkt aus dem Koordinatenvektor und aus einem Wellen-Vierervektor l_i geschrieben werden

(252) $$-\nu t + (\mathfrak{k}\mathfrak{r}) = l_i x^i.$$

$\mathfrak{k}$ ist der dreidimensionale Ausbreitungsvektor, dessen Richtung mit der der Wellennormale übereinstimmt und dessen Betrag gleich der reziproken Wellenlänge (Wellenzahl) ist. Ist speziell die Wellennormale parallel der xy-Ebene, so wird

(252a) $$l_i = \left(\frac{\nu}{c}\cos\alpha,\quad \frac{\nu}{c}\sin\alpha,\quad 0,\quad \frac{i\nu}{c}\right).$$

Im Vakuum ist l_i ein Nullvektor. Die Transformationsformeln (15), (16) der Nr. **6** folgen unmittelbar. Auf Grund von (204) lassen sie sich leicht durch die Transformationsformeln für die Amplitude A ergänzen. Es ergibt sich

(253) $$A' = A\,\frac{1-\beta\cos\alpha}{\sqrt{1-\beta^2}}.$$ [164])

Nimmt man noch die Transformation des Volumens V eines seitlich begrenzten, endlichen Wellenzuges hinzu:

(254) $$V' = V\,\frac{\sqrt{1-\beta^2}}{1-\beta\cos\alpha},$$

so folgt für die Gesamtenergie $E = \frac{1}{2}A^2 V$ desselben wieder die Formel (229a).[164]) Der Vergleich mit (15) lehrt, daß sich Energie und Amplitude genau so transformieren wie die Frequenz, das Volumen dagegen umgekehrt:

(255) $$\frac{E'}{\nu'} = \frac{E}{\nu},\quad \frac{A'}{\nu'} = \frac{A}{\nu},\quad V'\nu' = V\nu.$$

Die erste dieser Relationen hebt *Einstein*[164]) als besonders bemerkenswert hervor; das *Wien*sche Verschiebungsgesetz ist damit verknüpft.

In engem Zusammenhange mit den Transformationsformeln für Frequenz und Richtung einer ebenen Welle beim Übergang zu einem bewegten Bezugssystem stehen die Gesetze der Reflexion am bewegten Spiegel (der als vollkommen leitend und eben vorausgesetzt werden möge). Diese Gesetze lassen sich nämlich offensichtlich durch Einführung eines mit dem Spiegel mitbewegten Koordinatensystems K' auf die für einen ruhenden Spiegel gültigen zurückführen.[165]) Die

164) *A. Einstein*, l. c. Anm. 12), § 8.
165) *A. Einstein*, l. c. Anm. 12), § 7.

Relativitätstheorie kann auch hier nur in der Form der Herleitung, nicht im Ergebnis etwas Neues bringen.[166]) Die Formeln der älteren Theorie sind hier sogar *exakt* richtig, da alle vorkommenden Größen mit den Maßstäben und Uhren *desselben* Systems gemessen werden, Lorentz-Kontraktion und Zeitdilatation das Ergebnis somit nicht beeinflussen können.

Seien α_1, α_2 die in K gemessenen Winkel der Normale der einfallenden und reflektierten Welle mit der Richtung der Geschwindigkeit des Spiegels, α_1', α_2' die entsprechenden Winkel in K', ν_1, ν_2 die Frequenzen der einfallenden und reflektierten Welle in K, $\nu_1' = \nu_2' = \nu'$ die entsprechenden Frequenzen in K'. Bewegt sich der Spiegel parallel seiner eigenen Ebene, so wird $\alpha_2' = 2\pi - \alpha_1'$, und aus (15), (16) folgt daraus auch $\alpha_2 = 2\pi - \alpha_1$, $\nu_2 = \nu_1$. D. h. das Reflexionsgesetz unterscheidet sich in diesem Fall nicht von dem des ruhenden Spiegels. Daraus ergibt sich weiter, daß es immer nur auf die Geschwindigkeitskomponente in der Richtung der Spiegelnormale ankommt. Wir können deshalb annehmen, daß der Spiegel sich normal zu seiner eigenen Ebene bewegt; seine Geschwindigkeit v sei positiv gezählt in der Richtung der Normale nach innen, α_1, α_2 sowie α_1', α_2' sind jetzt Einfalls- und Reflexionswinkel und es gilt

$$\alpha_2' = \pi - \alpha_1'.$$

Aus (15), (16) folgt dann

$$\nu_2(1 - \beta \cos \alpha_2) = \nu_1(1 - \beta \cos \alpha_1) \tag{255}$$

$$\nu_2 \sin \alpha_2 = \nu_1 \sin \alpha_1 \tag{256}$$

$$\operatorname{tg} \frac{\pi - \alpha_2}{2} = \frac{1 + \beta}{1 - \beta} \operatorname{tg} \frac{\alpha_1}{2}. \tag{257}$$

Ferner

$$\frac{\cos \alpha_1 - \beta}{1 - \beta \cos \alpha_1} = - \frac{\cos \alpha_2 - \beta}{1 - \beta \cos \alpha_2},$$

woraus sich ergibt

$$\cos \alpha_2 = - \frac{(1 + \beta^2) \cos \alpha_1 - 2\beta}{1 - 2\beta \cos \alpha_1 + \beta^2} \tag{257a}$$

und

$$\nu_2 = \nu_1 \frac{1 - 2\beta \cos \alpha_1 + \beta^2}{1 - \beta^2}. \tag{258}$$

Eine sehr elegante Methode, um diese Formeln abzuleiten, gibt *Bateman.*[167]) Um in K' die Phase der reflektierten aus der der ein-

166) Vgl. die vor Aufstellung der Relativitätstheorie erschienenen, ausführlichen Diskussionen der Reflexionsgesetze am bewegten Spiegel bei *W. Hicks,* Phil. Mag. 3 (1902), p. 9; *M. Abraham,* Boltzmann-Festschrift 1904, p. 85; Ann. d. Phys 14 (1904), p. 236; Theorie der Elektrizität (2), 1. Aufl., Leipzig 1905, p. 343, § 40; ferner auch *E. Kohl,* Ann. d. Phys. 28 (1909), p. 28.

167) *H. Bateman,* Phil. Mag. 18 (1909), p. 890.

fallenden Welle zu erhalten, hat man einfach x' durch $-x'$ zu ersetzen. Dies ist zugleich der Übergang zum Spiegelbild. Um die entsprechende Transformation in K zu erhalten, hat man zuerst durch eine imaginäre Drehung um den Winkel $+\varphi$, der bestimmt ist durch (187), zu K' überzugehen, dann die x-Achse umzuklappen und dann durch Drehung um $-\varphi$ wieder zu K überzugehen. *Diese Operationen sind aber äquivalent mit einer Drehung um 2φ und nachfolgender Umklappung der x-Achse.*

Setzt man also

$$(259)\quad \begin{cases} \operatorname{tg} 2\varphi = \dfrac{iU}{c} \\ \text{so wird nach (187):} \\ U = \dfrac{2c^2 v}{c^2 + v^2}, \\ \cos 2\varphi = \dfrac{1+\beta^2}{1-\beta^2}, \quad \sin 2\varphi = i \cdot \dfrac{1-\beta^2}{2\beta} \end{cases}$$

und die Transformationen

$$(260)\quad \begin{cases} \bar{x} = -\dfrac{x - Ut}{\sqrt{1 - \dfrac{U^2}{c^2}}} = -\dfrac{c^2 + v^2}{c^2 - v^2}\, x + \dfrac{2c^2 v}{c^2 - v^2}\, t, \\[2ex] \bar{t} = \dfrac{t - \dfrac{U}{c^2}\, x}{\sqrt{1 - \dfrac{U^2}{c^2}}} = \dfrac{c^2 + v^2}{c^2 - v^2}\, t - \dfrac{2v}{c^2 - v^2} \end{cases}$$

vermitteln den Übergang zwischen Gegenstand (x, t) und Bild $(\bar{x}, \bar{t})$ im bewegten Spiegel. Ein Punkt des bewegten Spiegels, für den $x = vt$ ist, wird in sich selbst transformiert $(\bar{x} = x,\ \bar{t} = t)$, bewegt sich der Gegenstand mit derselben Geschwindigkeit wie der Spiegel $(x = vt + a)$, so gilt das gleiche vom Bild $(\bar{x} = v\bar{t} + \bar{a})$, wie es sein muß. Das Bild eines in K ruhenden Punktes bewegt sich mit der Geschwindigkeit U, die man auch aus dem Additionstheorem der Geschwindigkeiten durch Zusammensetzen von v mit v erhält. Die Phase der am bewegten Spiegel reflektierten Welle geht aus der der einfallenden unmittelbar durch die Substitution (260) hervor, und die Relationen (257), (257a), (258) können, wenn man noch wegen der Umklappung der x-Achse überall $\pi - \alpha_2$ statt α_2 einführt, völlig analog zu (16a), (16) und (15) geschrieben werden:

$$(257')\quad \operatorname{tg} \frac{\pi - \alpha_2}{2} = \sqrt{\frac{1 + \dfrac{U}{c}}{1 - \dfrac{U}{c}}}\, \operatorname{tg} \frac{\alpha_1}{2}$$

$$(257'\text{a})\quad \cos(\pi - \alpha_2) = \frac{\cos\alpha_1 - \dfrac{U}{c}}{1 - \dfrac{U}{c}\cos\alpha_1}$$

$$(258') \qquad \nu_2 = \nu_1 \frac{1 - \frac{U}{c}\cos\alpha_1}{\sqrt{1 - \frac{U^2}{c^2}}}$$

Varičak[168]) interpretiert diese Formeln durch die *Bolyai-Lobatschewsky*sche Geometrie.

Die Relationen (255) gestatten sofort, auch die Änderung der Amplitude bei Reflexion am bewegten Spiegel anzugeben.[168a])

$$(261) \qquad \frac{A_2}{\nu_2} = \frac{A_1}{\nu_1}, \quad A_2 = A_1 \cdot \frac{1 - 2\beta\cos\alpha_1 + \beta^2}{1 - \beta^2}.$$

Die Differenz der pro Zeit- und Flächeneinheit austretenden Energie

$$\tfrac{1}{2} A_2^2 (c \cos\alpha_2 - v)$$

und der eintretenden

$$\tfrac{1}{2} A_1^2 (-c\cos\alpha_1 + v)$$

muß gleich sein der pro Zeiteinheit vom Strahlungsdruck p geleisteten Arbeit pv.[168a]) Daraus bestimmt sich p in Übereinstimmung mit dem Ergebnis der vorrelativistischen Theorie zu:

$$(262) \qquad p = A_1^2 \frac{(\cos\alpha_1 - \beta)^2}{1 - \beta^2} = A_1'^2 \cos^2\alpha' = p'.$$

Der Lichtdruck ist eine Invariante. In Nr. **45** wird gezeigt, daß dies von jedem Druck gilt.

ε) *Das Strahlungsfeld eines bewegten Dipols.* Das Feld des *Hertz*schen Resonators ist in (243) als Spezialfall enthalten. Handelt es sich überdies nur um das Feld in der Wellenzone (große Entfernung), so kann nicht nur X_i vom Mittelpunkt des Dipols gezählt werden, sondern auch für u_i statt des Geschwingkeitsvektors der Einzelladungen der des Doppelmittelpunktes genommen werden. Bedeuteten $\mathfrak{v}, \dot{\mathfrak{v}}$ Geschwindigkeit des Dipols, Beschleunigung der schwingenden Ladung *zur Zeit* $t - \frac{r}{c}$, $\mathfrak{r}$ den von der *retardierten*, $\mathfrak{R} = \mathfrak{r} - r\frac{\mathfrak{v}}{c}$ den von *der gleichzeitigen* Lage des Dipols zum Aufpunkt gezogenen Vektor, $\mathfrak{r}_1$ den Einheitsvektor $\frac{\mathfrak{r}}{r}$, $\mathfrak{R}_1$ den entsprechenden Vektor $\mathfrak{R}_1 = \frac{\mathfrak{R}}{r} = \mathfrak{r}_1 - \frac{\mathfrak{v}}{c}$, ϑ den Winkel zwischen $\mathfrak{v}$ und $\mathfrak{r}$, so erhält man mit Rücksicht auf (241):

$$(263) \qquad \begin{cases} \mathfrak{E} = \dfrac{e}{4\pi c^2 r (1 - \beta\cos\vartheta)^3} \cdot \{(\mathfrak{r}_1 \dot{\mathfrak{v}})\mathfrak{R}_1 - \dot{\mathfrak{v}}(\mathfrak{R}_1 \mathfrak{r}_1)\} \\ \quad = \dfrac{e}{4\pi c^2 r} \dfrac{1}{(1 - \beta\cos\vartheta)^3} \cdot [\mathfrak{r}_1 [\mathfrak{R}_1 \dot{\mathfrak{v}}]] \\ \mathfrak{H} = \dfrac{e}{4\pi c^2 r (1 - \beta\cos\vartheta)^3} \left\{ (\mathfrak{r}_1 \dot{\mathfrak{v}}) \dfrac{[\mathfrak{v}\mathfrak{r}_1]}{c} + [\dot{\mathfrak{v}}\mathfrak{r}_1] \right\} = [\mathfrak{r}_1 \mathfrak{E}]. \end{cases}$$

168) *V. Varičak*, l. c. Anm. 111).

168a) *A. Einstein*, l. c. Anm. 12), § 7.

Die Relativitätstheorie gestattet ohne weiteres diese zuerst von *Heaviside*[169]) und dann genauer von *Abraham*[170]) abgeleiteten Ausdrücke aus den *Hertz*schen Formeln für das Feld des ruhenden Dipols abzuleiten. Das einfachste Verfahren besteht darin, daß man sich zunächst nach dem Vorgang von *Poincaré*[171]) davon überzeugt, daß auch im bewegten System $\mathfrak{E}$ und $\mathfrak{H}$ aufeinander und auf $\mathfrak{r}_1$ senkrecht stehen und den gleichen Betrag haben. Man kann nämlich diesen Sachverhalt durch die invarianten Vektorgleichungen

$$F_{ik} X^k = 0, \quad F^*_{ik} X^k = 0$$

ausdrücken. Sodann braucht man nur noch die Energiedichte aus der Transformationsformel für den Tensor S_{ik} zu berechnen.

Mit der vom bewegten Dipol ausgestrahlten Impuls- und Energiemenge beschäftigt sich vom Standpunkt der Relativitätstheorie *M. v. Laue.*[172]) Die Gleichungen (228b) müssen hier zu recht bestehen, da die *Existenz* des Wellenfeldes vom Vorhandensein der elektrischen Ladungen unabhängig ist. Mit Rücksicht auf die Zeitdilatation folgt daraus für die pro Zeiteinheit ausgestrahlte Energie

$$-\frac{dE}{dt} = -\frac{dE'}{dt'}.$$

Im Ruhsystem ist aber

$$-\frac{dE'}{dt'} = \frac{e^2}{6\pi c^3} \dot{\mathfrak{v}}'^2,$$

und die Transformationsformeln (193) für die Beschleunigung ergeben daraus sofort

$$(264) \begin{cases} -\dfrac{dE}{dt} = \dfrac{e^2}{6\pi c^3} \left\{ \dfrac{\dot{\mathfrak{v}}_x^2}{(1-\beta^2)^3} + \dfrac{\dot{\mathfrak{v}}_y^2 + \dot{\mathfrak{v}}_z^2}{(1-\beta^2)^2} \right\} = \dfrac{e^2}{6\pi c^3} \dfrac{1}{(1-\beta^2)^2} \left\{ \dot{\mathfrak{v}}^2 + \dfrac{(\mathfrak{v}\dot{\mathfrak{v}})^2}{1-\beta^2} \right\} \\ -\dfrac{d\mathfrak{G}}{dt} = -\dfrac{\mathfrak{v}}{c^2} \dfrac{dE}{dt}. \end{cases}$$

in Übereinstimmung mit der *Abraham*schen Berechnung aus dem Feld (263). Die ausgestrahlte Energie setzt sich additiv zusammen aus den Anteilen, die von der longitudinalen und der transversalen Komponente von $\dot{\mathfrak{v}}$ allein hervorgebracht würden.

Betrachtet man den Vorgang vom System K' aus, so erhellt, daß die Geschwindigkeit des Dipols durch die Ausstrahlung nicht geändert

169) *O. Heaviside,* Nature 67 (1902), p 6; vgl. auch *H. A. Lorentz,* Art. V 14 dieser Encykl., Nr. 14, p. 180 und die dort zitierte Literatur.

170) *M. Abraham,* Ann. d. Phys. 14 (1904), p. 236; Theorie der Elektrizität 2, 1. Aufl. (1905), § 13—15.

171) *H. Poincaré,* Rend. Pal., l. c. Anm. 11), § 5.

172) *M. v. Laue*, Verh. d. deutschen phys. Ges. 10 (1908), p. 888; Ann. d. Phys. 28 (1909), p. 436.

wird (in K' gleich Null bleibt). Infolge der Trägheit der Energie ist jedoch der Satz von der Erhaltung des Impulses trotz der Impulsausstrahlung (264) nicht verletzt (vgl. Nr. **41**).

ζ) *Die Reaktionskraft der Strahlung.* Wenn in dem betreffenden Moment $\mathfrak{v} = 0$ ist, so ist die Größe der Reaktionskraft der Strahlung bestimmt durch

$$\mathfrak{K} = \frac{e^2}{6\pi c^3}\ddot{\mathfrak{v}}.^{173)}$$

Hieraus haben unabhängig voneinander *Laue*[174]) und *Abraham*[175]) durch eine Lorentz-Transformation den Ausdruck für die Reaktionskraft auf eine bewegte Ladung abgeleitet. Hierzu genügt es nach (219) einen Vektor K_i zu finden, dessen 3 räumliche Komponenten für $\mathfrak{v} = 0$ mit obigem Ausdruck für $\mathfrak{K}$ übereinstimmen und dessen zeitliche Komponente in diesem Fall verschwindet. Zu diesem Zweck mache man den Ansatz

$$K_i = \frac{e^2}{6\pi c^3}\left\{\frac{d^2 u_i}{d\tau^2} + \alpha u_i\right\} \tag{265}$$

und bestimme α aus der Bedingung $K_i u^i = 0$. Mit Rücksicht auf (159) und (192) findet man

$$\alpha = \frac{1}{c^2} u^k \frac{d^2 u_k}{d\tau^2} = -\frac{1}{c^2}\frac{du_k}{d\tau}\frac{du^k}{d\tau}, \tag{266}$$

und für $\mathfrak{K}$ ergibt sich:

$$\mathfrak{K} = \frac{e^2}{6\pi c^3}\frac{1}{1-\beta^2}\left\{\ddot{\mathfrak{v}} + \dot{\mathfrak{v}}\frac{3(\mathfrak{v}\dot{\mathfrak{v}})}{c(1-\beta^2)} + \frac{\mathfrak{v}}{c^2(1-\beta^2)}\left[(\mathfrak{v}\ddot{\mathfrak{v}}) + \frac{3(\mathfrak{v}\dot{\mathfrak{v}}^2)}{c^2(1-\beta^2)}\right]\right\}. \tag{265a}$$

Abraham[175]) bringt auch den Nachweis, daß das Zeitintegral von $\mathfrak{K}$, erstreckt über die Dauer der Ausstrahlung, gleich dem ausgestrahlten Impuls, und ebenso das Zeitintegral von $(\mathfrak{v}\mathfrak{K})$ gleich der ausgestrahlten Energie ist. Bei der Hyperbelbewegung verschwindet $\mathfrak{K}$, wie es sein muß, da hier keine Ausstrahlung erfolgt (s. oben unter γ).

33. Minkowskis phänomenologische Elektrodynamik bewegter Körper. Durch die Feldgleichungen (203) und (208) der Elektronentheorie sind alle Fragen der Elektrodynamik bewegter Körper prinzipiell beantwortet. Wegen unserer noch unvollständigen Kenntnis des Aufbaues der Materie ist es jedoch berechtigt, die Frage zu stellen, was das Relativitätsprinzip über die (makroskopischen) Vorgänge in bewegten Körpern auszusagen gestattet, wenn man die Vorgänge in ruhenden Körpern als durch die Erfahrung gegeben annimmt. Diese

173) Vgl. *H. A. Lorentz*, Art. V 14 dieser Encykl., Nr. **20**, p. 190, Gl. (74).

174) *M. v. Laue*, l. c. Anm 172).

175) *M. Abraham*, Theorie d. Elektrizität 2, 2. Aufl. (1908), p. 387.

Frage hat *Minkowski*[176]) beantwortet, indem er zeigte, daß aus den *Maxwell*schen Gleichungen

(F) $$\operatorname{rot}\mathfrak{E} + \frac{1}{c}\frac{\partial\mathfrak{B}}{\partial t} = 0, \quad \operatorname{div}\mathfrak{B} = 0$$

(G) $$\operatorname{rot}\mathfrak{H} - \frac{1}{c}\frac{\partial\mathfrak{D}}{\partial t} = \mathfrak{J}, \quad \operatorname{div}\mathfrak{D} = \varrho$$

(H) $$\mathfrak{D} = \varepsilon\mathfrak{E}, \quad \mathfrak{B} = \mu\mathfrak{H}, \quad \mathfrak{J} = \sigma\mathfrak{E}$$

für ruhende Körper und dem Relativitätsprinzip die Gleichungen für bewegte Körper eindeutig folgen. Analog wie bei der vierdimensionalen Formulierung der Gleichungen der Elektronentheorie faßt man zuerst die Gleichungen, welche Ladungsdichte und Strom nicht enthalten, zusammen und dann die übrigen. Dies gibt Anlaß zur Einführung der beiden Flächentensoren

(267) $$(F_{41}, F_{42}, F_{43}) = i\mathfrak{E}, \quad (F_{23}, F_{31}, F_{12}) = \mathfrak{B}$$

(268) $$(H_{41}, H_{42}, H_{43}) = i\mathfrak{D}, \quad (H_{23}, H_{31}, H_{12}) = \mathfrak{H}$$

und des Vierervektors

(269) $$(J^1, J^2, J^3) = \mathfrak{J}, \quad J^4 = i\varrho$$

mit den zugehörigen Transformationsformeln

(267a) $$\begin{cases} \mathfrak{E}'_{\parallel} = \mathfrak{E}_{\parallel}, & \mathfrak{E}'_{\perp} = \dfrac{\left(\mathfrak{E} + \frac{1}{c}[\mathfrak{v}\mathfrak{B}]\right)_{\perp}}{\sqrt{1-\beta^2}} \\ \mathfrak{B}'_{\parallel} = \mathfrak{B}_{\parallel}, & \mathfrak{B}'_{\perp} = \dfrac{\left(\mathfrak{B} - \frac{1}{c}[\mathfrak{v}\mathfrak{E}]\right)_{\perp}}{\sqrt{1-\beta^2}} \end{cases}$$

(268a) $$\begin{cases} \mathfrak{D}'_{\parallel} = \mathfrak{D}_{\parallel}, & \mathfrak{D}'_{\perp} = \dfrac{\left(\mathfrak{D} + \frac{1}{c}[\mathfrak{v}\mathfrak{H}]\right)_{\perp}}{\sqrt{1-\beta^2}} \\ \mathfrak{H}'_{\parallel} = \mathfrak{H}_{\parallel}, & \mathfrak{H}'_{\perp} = \dfrac{\left(\mathfrak{H} - \frac{1}{c}[\mathfrak{v}\mathfrak{D}]\right)_{\perp}}{\sqrt{1-\beta^2}} \end{cases}$$

(269a) $$\mathfrak{J}'_{\parallel} = \frac{\mathfrak{J}_{\parallel} - \beta\varrho}{\sqrt{1-\beta^2}}, \quad \mathfrak{J}'_{\perp} = \mathfrak{J}_{\perp}, \quad \varrho' = \frac{\varrho - \frac{1}{c}(\mathfrak{v}\mathfrak{J})}{\sqrt{1-\beta^2}}.$$

Wenn in K' die Materie ruht, ist $\mathfrak{v}$ die Geschwindigkeit der Materie in K (im Gegensatz zur Geschwindigkeit $\mathfrak{u}$ der Elektronen) und $\beta = \frac{v}{c}$. Die Gleichungen (F), (G) bleiben auch für bewegte

176) *H. Minkowski*, II, l. c. Anm. 54; siehe auch die Ableitung von *A. Einstein* und *J. Laub*, Ann. d. Phys. 26 (1908), p. 532, in der vom Tensorkalkül kein Gebrauch gemacht wird.

Körper bestehen und schreiben sich

$$\frac{\partial F_{ik}}{\partial x^l} + \frac{\partial F_{kl}}{\partial x^i} + \frac{\partial F_{li}}{\partial x^k} = 0 \quad \left(\text{resp. } \frac{\partial F^{*ik}}{\partial x^k} = 0\right). \tag{270}$$

$$\frac{\partial H^{ik}}{\partial x^k} = J^i. \tag{271}$$

Streng gelten sie nur für gleichförmig bewegte Körper und wegen der Additivität der Felder auch bei Vorhandensein von mehreren Körpern, die sich mit *verschiedenen* Geschwindigkeiten gleichförmig bewegen und durch Vakuumzwischenräume getrennt sind. Die Annäherung, mit der die Gleichungen (270), (271) gelten, wird allgemein um so größer sein, je kleiner die Beschleunigung der Materie ist.

Über die physikalische Bedeutung der in ihnen vorkommenden Größen ist zu sagen, daß $\mathfrak{E}$, $\mathfrak{D}$ bzw. $\mathfrak{B}$, $\mathfrak{H}$ im Vakuum die Kraft auf einen in K ruhenden elektrischen bzw. magnetischen Einheitspol sind; in ponderablen Körpern haben sie keine unmittelbar anschauliche Bedeutung. Ferner ist $\mathfrak{J}$, ϱ auch im System K als Strom und Ladungsdichte zu bezeichnen. Die Berechtigung hierzu ergibt sich im Nichtleiter, wo $\mathfrak{J}' = 0$ ist, direkt aus (269a), denn hier wird $\varrho = \frac{\varrho'}{\sqrt{1-\beta^2}}$, also $de = \varrho\, dV$ invariant, und $\mathfrak{J} = \varrho \frac{\mathfrak{v}}{c}$ stimmt mit dem Konvektionsstrom überein. Ferner befriedigt J^i allgemein die Kontinuitätsgleichung

$$\frac{\partial J^i}{\partial x^i} = 0. \tag{272}$$

Deshalb ist $\mathfrak{J}$ allgemein Leitungs- + Konvektionsstrom und ϱ die Ladungsdichte.

Es ist ferner von Vorteil, statt $\mathfrak{E}$, $\mathfrak{H}$ die *in K gemessenen* Kräfte $\mathfrak{E}^*$, $\mathfrak{H}^*$ auf einen mit der Materie mitbewegten elektrischen bzw. magnetischen Einheitspol einzuführen. Nach (213) und (267a), (268a) ist

$$\mathfrak{E}^* = \mathfrak{E} + \frac{1}{c}[\mathfrak{v}\mathfrak{B}], \quad \mathfrak{H}^* = \mathfrak{H} - \frac{1}{c}[\mathfrak{v}\mathfrak{D}]. \tag{273}$$

Im Gegensatz zu $\mathfrak{E}$, $\mathfrak{H}$ haben diese Vektoren auch im Innern der ponderablen Körper eine unmittelbare physikalische Bedeutung. Auch die Feldgleichungen (270), (271) nehmen durch Einführung von $\mathfrak{E}^*$, $\mathfrak{H}^*$ an Stelle von $\mathfrak{E}$, $\mathfrak{H}$ eine einfache und anschauliche Form an. Ist $\mathfrak{A}$ ein beliebiger Vektor, so möge die Operation $\dot{\underline{\mathfrak{A}}}$ definiert werden durch

$$\frac{d}{dt}\int \mathfrak{A}_n\, d\sigma = \int \dot{\underline{\mathfrak{A}}}_n\, d\sigma \text{ [177]},$$

wobei über eine mit der Materie mitbewegte Fläche zu integrieren ist. Dann wird

$$\dot{\underline{\mathfrak{A}}} = \frac{\partial \mathfrak{A}}{\partial t} + \mathfrak{v}\,\operatorname{div}\mathfrak{A} - \operatorname{rot}[\mathfrak{v}\mathfrak{A}] \text{ [177]})$$

177) Vgl. *H. A. Lorentz,* Art. V 13 dieser Encykl., Nr. 4, p. 78, Gl. (12), (13).

und die Feldgleichungen lassen sich schreiben

$$(274)\quad \begin{cases} \operatorname{rot}\mathfrak{E}^* = -\frac{1}{c}\dot{\mathfrak{B}}, & \operatorname{div}\mathfrak{B} = 0 \\ \operatorname{rot}\mathfrak{H}^* = \frac{1}{c}\dot{\mathfrak{D}} + \mathfrak{J}_l, & \operatorname{div}\mathfrak{D} = \varrho. \end{cases}$$

$\mathfrak{J}_l$ bedeutet den Leitungsstrom:

$$(275)\quad \mathfrak{J} = \varrho\frac{\mathfrak{v}}{c} + \mathfrak{J}_l.$$

Die Gleichungen (274) gestatten auch ohne weiteres den Übergang zur Integralform.[178]) Aus den Transformationsformeln (269a) folgt, daß *die Trennung des Stromes in Leitungs- und Konvektionsstrom nicht vom Bezugssystem unabhängig ist. Auch wenn in K' keine Ladungsdichte und bloß Leitungsstrom vorhanden ist, tritt in K eine Ladungsdichte und somit auch Konvektionsstrom auf.*[178a]) Die betreffenden Transformationsformeln erhält man aus (269a) und (275):

$$(276)\quad \mathfrak{J}'_{l_\parallel} = \frac{\mathfrak{J}'_{l_\parallel}}{\sqrt{1-\beta^2}}, \quad \mathfrak{J}'_{l_\perp} = \mathfrak{J}_{l_\perp},$$

$$(277)\quad \varrho' = \varrho\sqrt{1-\beta^2} - \frac{\left(\frac{\mathfrak{v}}{c}\mathfrak{J}_l\right)}{\sqrt{1-\beta^2}}, \quad \varrho = \frac{\varrho' + \left(\frac{\mathfrak{v}}{c}\mathfrak{J}'_l\right)}{\sqrt{1-\beta^2}}.$$

(Über die elektronentheoretische Begründung dafür siehe die folgende Nr.)

Die Gleichungen (F), (G) bzw. (274) bilden nur ein inhaltsloses Schema, solange nicht die Verknüpfungsgleichungen, die den Zusammenhang zwischen $\mathfrak{E}^*$, $\mathfrak{H}^*$ und $\mathfrak{D}$, $\mathfrak{B}$ angeben, hinzugefügt werden. Man findet sie, indem man die bisher noch nicht verwendeten Gleichungen (H) heranzieht. Aus (267a), (268a), (273) folgt sofort:

$$(278)\quad \begin{cases} \mathfrak{D} + \frac{1}{c}[\mathfrak{v}\mathfrak{H}] = \varepsilon\left\{\mathfrak{E} + \frac{1}{c}[\mathfrak{v}\mathfrak{B}]\right\} = \varepsilon\mathfrak{E}^*, \\ \mathfrak{B} - \frac{1}{c}[\mathfrak{v}\mathfrak{E}] = \mu\left\{\mathfrak{H} - \frac{1}{c}[\mathfrak{v}\mathfrak{D}]\right\} = \mu\mathfrak{H}^*. \end{cases}$$

178) Vgl. *H. A. Lorentz,* Art. V 13, Nr. 6 und Art. V 14, Nr. 33. Die dort verwendeten Größen $\mathfrak{E}'$, $\mathfrak{H}'$ sind mit unseren $\mathfrak{E}^*$, $\mathfrak{H}^*$ identisch, und die Gleichungen (III'a), (IV'a) l. c. stimmen mit (274) überein. Die Gleichungen (III''), (IV'') sind zwar ebenfalls gleichlautend mit (F), (G), doch ist der Zusammenhang zwischen $\mathfrak{H}$ und $\mathfrak{H}'$ bei *Lorentz* ein anderer als der durch die zweite Beziehung (273) gegebene. Dagegen ist seine Größe $\mathfrak{E}$ mit der unseren identisch [vgl. (106) l. c. mit der ersten Gl. (273)]. Siehe auch *Minkowskis* eigenen Vergleich seiner Formeln mit denen von *Lorentz* [*H. Minkowski,* II, l. c. Anm. 54), § 9].

178a) *H. A. Lorentz,* Alte und neue Fragen der Physik, Phys. Ztschr. 11 (1910), p. 1234; insbesondere p. 1242. *M. v. Laue,* Das Relativitätsprinzip, 1. Aufl., Braunschweig 1911, p. 119.

Nach $\mathfrak{D}$ und $\mathfrak{B}$ aufgelöst geben diese Gleichungen bei Elimination von $\mathfrak{E}^*, \mathfrak{H}^*$:

$$\text{(278a)}\quad \left\{\begin{aligned} \mathfrak{D} &= \frac{\varepsilon(1-\beta^2)\mathfrak{E} + (\varepsilon\mu - 1)\left\{\left[\frac{\mathfrak{v}}{c}\mathfrak{H}\right] - \varepsilon\frac{\mathfrak{v}}{c}\left(\frac{\mathfrak{v}}{c}\mathfrak{E}\right)\right\}}{1-\varepsilon\mu\beta^2}, \\ \mathfrak{B} &= \frac{\mu(1-\beta^2)\mathfrak{H} - (\varepsilon\mu - 1)\left\{\left[\frac{\mathfrak{v}}{c}\mathfrak{E}\right] - \mu\frac{\mathfrak{v}}{c}\left(\frac{\mathfrak{v}}{c}\mathfrak{H}\right)\right\}}{1-\varepsilon\mu\beta^2}. \end{aligned}\right.$$

und bei Elimination von $\mathfrak{E}$, $\mathfrak{H}$ mittels (273):

$$\text{(278b)}\quad \left\{\begin{aligned} \mathfrak{D} &= \frac{\varepsilon\left\{\mathfrak{E}^* - \frac{\mathfrak{v}}{c}\left(\frac{\mathfrak{v}}{c}\mathfrak{E}^*\right)\right\} - \frac{1}{c}[\mathfrak{v}\mathfrak{H}^*]}{1-\beta^2}, \\ \mathfrak{B} &= \frac{\mu\left\{\mathfrak{H}^* - \frac{\mathfrak{v}}{c}\left(\frac{\mathfrak{v}}{c}\mathfrak{H}^*\right)\right\} + \frac{1}{c}[\mathfrak{v}\mathfrak{E}^*]}{1-\beta^2}. \end{aligned}\right.$$

Für *unmagnetisierbare* Körper ($\mu = 1$) stimmen diese Gleichungen *in den Gliedern erster Ordnung* mit dem von *Lorentz* angegebenen Zusammenhang von $\mathfrak{D}$, $\mathfrak{B}$ mit seinen Größen $\mathfrak{E}'$, $\mathfrak{H}'$, die unserm $\mathfrak{E}^*$, $\mathfrak{H}^*$ entsprechen, überein.[179])

Analog wie (278) aus den zwei ersten Relationen (H), geht die Differentialform des *Ohm*schen Gesetzes für bewegte Körper aus der letzten Gleichung (H) hervor. Nach (276), (267a), (273) ergibt sich

$$\text{(279)}\qquad \mathfrak{J}_{l\parallel} = \sigma\sqrt{1-\beta^2}\,\mathfrak{E}^*_{\parallel}, \quad \mathfrak{J}_{l\perp} = \frac{\sigma}{\sqrt{1-\beta^2}}\mathfrak{E}^*_{\perp},$$

was man auch schreiben kann

$$\text{(279a)}\qquad \mathfrak{J}_l = \frac{\sigma}{\sqrt{1-\beta^2}}\left\{\mathfrak{E}^* - \frac{\mathfrak{v}}{c}\left(\frac{\mathfrak{v}}{c}\mathfrak{E}^*\right)\right\}.$$

Die Transformationsformel (277) für die Ladungsdichte kann jetzt auch geschrieben werden

$$\text{(277a)}\qquad \varrho = \frac{\varrho' + \sigma\left(\frac{\mathfrak{v}}{c}\mathfrak{E}'\right)}{\sqrt{1-\beta^2}} = \frac{\varrho' + \sigma\left(\frac{\mathfrak{v}}{c}\mathfrak{E}^*\right)}{\sqrt{1-\beta^2}}.$$

Für die Gleichungen (278), (279) hat *Minkowski* auch eine vierdimensional-invariante Schreibweise angegeben:

$$\text{(280)}\quad \left\{\begin{aligned} & H_{ik}v^k = \varepsilon F_{ik}v^k, \\ & F^*_{ik}v^k = \mu H^*_{ik}v^k \qquad \text{oder} \\ & F_{ik}v_l + F_{kl}v_i + F_{li}v_k = \mu(H_{ik}v_l + H_{kl}v_i + H_{li}v_k) \end{aligned}\right.$$ [180])

179) *H. A. Lorentz*, Art. V 14 dieser Encykl., Nr. 45, p. 227, Gl. (XXXIV″). Für unmagnetisierbare Körper ist nach *Lorentz*

$$\mathfrak{B} = \mathfrak{H} = \mathfrak{H}' + \frac{1}{c}[\mathfrak{w}\mathfrak{E}],$$

vgl. l. c. (XXX′), sowie Nr. 42.

180) *H. Weyl*, Raum—Zeit—Materie, 1. Aufl. 1918, p. 153, Gl. (46).

und

(281) $$J_i + (v_k J^k) v_i = -\sigma F_{ik} v^k.$$

Hierbei bedeuten v^k die Komponenten der Vierergeschwindigkeit der Materie. Um die Richtigkeit dieser Gleichungen darzutun, braucht offenbar bloß der Nachweis erbracht zu werden, daß sie für das mit der Materie mitbewegte Koordinatensystem K' in die Beziehungen (H) übergehen; von letzterem kann man sich unmittelbar überzeugen.

Jede der drei Relationen (280), (282) stellt ein System von vier Gleichungen dar. Die vierte Gleichung ist jedoch eine Folge der übrigen, denn wenn man (280), (281) skalar mit v^i multipliziert, so verschwinden beide Seiten identisch.

Die *Grenzbedingungen* ergeben sich durch Lorentz-Transformation aus den Grenzbedingungen für ruhende Körper. An den Grenzflächen bewegter Körper müssen die Tangentialkomponenten von $\mathfrak{E}^*$ und $\mathfrak{H}^*$, sowie die Normalkomponenten von $\mathfrak{B}$ stetig sein. Dabei ist jedoch angenommen, daß $\mathfrak{v}$ stetig ist. Bei einem an das Vakuum grenzenden Körper gelten die gleichen Bedingungen, wenn man in dem Ausdruck (273) für $\mathfrak{E}^*$, $\mathfrak{H}^*$, $\mathfrak{v}$ auf *beiden* Seiten der Geschwindigkeit des Körpers gleichsetzt. Es gilt auch für die Flächendichte ω der elektrischen Ladung $\mathfrak{D}_{n1} - \mathfrak{D}_{n2} = 4\pi\omega$. Diese Bedingungen folgen auch direkt aus (274), wenn man verlangt, daß die zeitlichen Änderungen der Feldgrößen für einen mit der Materie mitbewegten Punkt, die man durch Anwendung des Operators $\frac{\partial}{\partial t} + (\mathfrak{v}\,\mathrm{grad})$ erhält, stets endlich bleiben müssen.[181])

Ebenso wie die *Minkowski*schen Feld- und Verknüpfungsgleichungen aus den entsprechenden Gesetzen für ruhende Körper durch eine Lorentz-Transformation hervorgehen, führt nach *Ph. Frank*[182]) eine Galilei-Transformation zu den Gleichungen der *Hertz*schen Theorie.[183])

34. Elektronentheoretische Ableitungen. Da die Feldgleichungen der Elektronentheorie gegenüber der Lorentz-Gruppe kovariant sind und für ruhende Körper durch Mittelwertsbildung die *Maxwell*schen Gleichungen ergeben, müssen sie für bewegte Körper notwendig auf

181) Die Grenzbedingungen in der *Minkowski*schen Elektrodynamik werden diskutiert bei *A. Einstein* und *J. Laub,* Ann. d. Phys. 28 (1909), p. 445 und *M. v. Laue,* Das Relativitätsprinzip, 1. Aufl. 1911, p. 128 und 129.

182) *Ph. Frank*, Ann. d. Phys. 27 (1908), p. 897.

183) *E. Henschke,* Berl. Dissert. 1912; Ann. d. Phys. 40 (1913), p. 887 und *I. Ishiwara*, Jahrbuch f. Rad. u. Elektr. 9 (1912), p. 560; Ann. d. Phys. 42 (1913), p. 986 leiten die Feldgleichungen aus einer Verallgemeinerung des Variationsprinzips (232) her.

die *Minkowski*schen Feldgleichungen führen. *Born*[184]) konnte dies nach hinterlassenen Aufzeichnungen von *Minkowski* in der Tat zeigen, indem er die Bewegung der Elektronen als eine variierte Bewegung der Materie auffaßte. Aus der ersten Variation ergibt sich die elektrische Polarisation, aus der zweiten ein weiterer Anteil derselben sowie die Magnetisierung.

Es blieb ferner aufzuklären, wieso *Lorentz*[185]) auf Grund der Elektronentheorie zu Gleichungen gelangt ist, welche von den *Minkowski*schen verschieden sind. Für unmagnetisierbare Körper konnte bereits *Ph. Frank*[186]) nachweisen, daß dies an der Nichtberücksichtigung von Lorentz-Kontraktion und Zeitdilatation lag. Die naturgemäße Übertragung des *Lorentz*schen Gedankenganges ins Vierdimensionale und zwar für beliebig beschaffene bewegte Körper gibt *Dällenbach*[187]). Der Tensor F_{ik} wird definiert als der Mittelwert des mikroskopischen Feldtensors F_{ik}, der Stromvektor J^i als der Mittelwert des Anteiles $\overline{\frac{1}{c}\varrho_0 u^i_L + \frac{1}{c}\varrho_0 u^i_K}$ der Leitungselektronen und der konvektiven Ladungen. Die Mittelwerte sind zu erstrecken über „physikalisch unendlich kleine" Weltgebiete. Nach (208) handelt es sich nun wesentlich darum, den Mittelwert des Stromvektors $\varrho_0 u^i_P$ der Polarisationselektronen zu finden. Durch eine der *Lorentz*schen völlig analoge Betrachtung, wobei nur an die Stelle der Raumgebiete überall Weltgebiete treten, ergibt sich

$$\overline{\varrho_0 u^i_P} = \frac{\partial M^{ik}}{\partial x^k}, \tag{282}$$

wobei M^{ik} zunächst definiert ist durch

$$M^{ik} = \varrho_0 x^i u^k.$$

Da aber der Mittelwert von

$$\varrho_0 x^i u^k + \varrho_0 x^k u^i = \varrho_0 \frac{d}{d\tau} x^i x^k$$

verschwindet, kann man setzen

$$M^{ik} = \frac{1}{2}\overline{\varrho_0 (x^i u^k - x^k u^i)_P}. \tag{283}$$

Definiert man dann H^{ik} durch

$$H^{ik} = F^{ik} - M^{ik}, \tag{284}$$

so folgt (271) aus (208) durch Mittelwertsbildung. Ist die Geschwin-

184) *Minkowski-Born*, Math. Ann. 68 (1910), p. 526; auch separat, Leipzig 1910; siehe dazu auch *A. D. Fokker*, Phil. Mag. 39 (1920), p. 404.

185) *H. A. Lorentz*, Art. V 14 dieser Encykl., Kap. IV.

186) *Ph. Frank*, Ann. d. Phys. 27 (1908), p. 1059.

187) *W. Dällenbach*, Dissert. Zürich 1918; Ann. d. Phys. 58 (1919), p. 523.

digkeit der Polarisationselektronen relativ zum Molekülschwerpunkt klein gegen die Lichtgeschwindigkeit, so hängt der Flächentensor M_{ik} mit der in üblicher Weise definierten elektrischen Polarisation

$$\mathfrak{P} = N \sum \overline{e\mathfrak{r}}$$

und der Magnetisierung

$$\mathfrak{M} = N \frac{1}{2} \sum \overline{e[\mathfrak{r}, \mathfrak{u}]}$$

(zeitliche Mittelwerte, N = Zahl der Moleküle pro Volumeneinheit, $\mathfrak{u}$ = Elektronengeschwindigkeit, Σ erstreckt über alle Elektronen eines Moleküls) in einfacher Weise zusammen:

$$(285) \quad \begin{cases} (M^{41}, M^{42}, M^{43}) = \dfrac{-i\mathfrak{P}}{\sqrt{1-\dfrac{v^2}{c^2}}}, \\ (M^{23}, M^{31}, M^{12}) = \dfrac{\mathfrak{M}}{\sqrt{1-\dfrac{v^2}{c^2}}} \end{cases}$$

(v = Geschwindigkeit der *Materie*).

Die Definition (284) von H^{ik} wird dann mit Rücksicht auf (267), (268):

$$(284\text{a}) \qquad \mathfrak{D} = \mathfrak{E} + \mathfrak{P}, \quad \mathfrak{H} = \mathfrak{B} - \mathfrak{M}.$$

Aus (285) folgen die Transformationsformeln:

$$(285\text{a}) \quad \begin{cases} \mathfrak{P}'_{\parallel} = \mathfrak{P}_{\parallel}, \quad \mathfrak{P}'_{\perp} = \dfrac{\left(\mathfrak{P} - \frac{1}{c}[\mathfrak{v}\mathfrak{M}]\right)_{\perp}}{\sqrt{1-\dfrac{v^2}{c^2}}} \\ \mathfrak{M}'_{\parallel} = \mathfrak{M}_{\parallel}, \quad \mathfrak{M}'_{\perp} = \dfrac{\left(\mathfrak{M} + \frac{1}{c}[\mathfrak{v}\mathfrak{P}]\right)_{\perp}}{\sqrt{1-\dfrac{v^2}{c^2}}}. \end{cases}$$

Ist ein im System K' elektrisch unpolarisiertes Teilchen magnetisiert, so ist es in K auch elektrisch polarisiert; ist ein in K' unmagnetisches Teilchen elektrisch polarisiert, so ist es in K auch magnetisch.[187a]) Aus diesem Grunde ist es nicht sachgemäß, Magnetisierungselektronen von (elektrischen) Polarisationselektronen zu unterscheiden, und wir haben deshalb oben beiden denselben Namen Polarisationselektronen gegeben, wobei an elektrische und magnetische Polarisation zu denken ist. Man kann sich von den Formeln (285a) natürlich auch ohne Benützung des Tensorkalküls auf Grund der Definition von $\mathfrak{P}$ und $\mathfrak{M}$ Rechenschaft geben. Ist die Substanz speziell so beschaffen, daß im mitbewegten System K' $\quad \mathfrak{P}' = (\varepsilon - 1)\mathfrak{E}', \quad \mathfrak{M}' = (\mu - 1)\mathfrak{H}',$

187a) *H. A. Lorentz*, l. c. Anm. 178a).

so folgen wegen der Kovarianz dieser Beziehungen gegenüber Lorentz-Transformationen unmittelbar die Tensorrelationen

$$(286)\quad \begin{cases} M_{ik}v^k = -(\varepsilon - 1) F_{ik} v^k \\ M_{ik}v_l + M_{kl}v_i + M_{li}v_k = (\mu - 1)\{H_{ik}v_l + H_{kl}v_i + H_{li}v_k\}, \end{cases}$$

die mit Hilfe von (284) in (280) übergehen. Man kann (286) auch schreiben

$$(286\,\mathrm{a})\quad \begin{cases} \mathfrak{P} - \frac{1}{c}[\mathfrak{v}\mathfrak{M}] = (\varepsilon - 1)\mathfrak{E}^* \\ \mathfrak{M} + \frac{1}{c}[\mathfrak{v}\mathfrak{P}] = (\mu - 1)\mathfrak{H}^*. \end{cases}$$

Es bleibt noch übrig, die Transformationsformeln für Ladungsdichte und Leitungsstrom theoretisch zu begründen. Sind N'_+, N'_-, u'_+, u'_- die Anzahl der positiven bzw. negativen Teilchen pro Volumeneinheit und ihre Geschwindigkeiten, so gilt definitionsgemäß

$$\varrho' = e'_+ N'_+ - e'_- N'_-$$

$$\mathfrak{J}_l' = e'_+ N'_+ \mathfrak{u}'_+ - e'_- N'_- \mathfrak{u}'_- \quad \text{und im System } K:$$

$$\varrho = e_+ N_+ - e_- N_-,$$

$$\mathfrak{J}_l = e_+ N_+ (\mathfrak{u}_+ - \mathfrak{v}) - e_- N_- (\mathfrak{u}_- - \mathfrak{v}).$$

Durch intermediäre Einführung der Koordinatensysteme K_+^0 und K_-^0, in denen positive bzw. negative Teilchen ruhen, findet man nun aus dem Additionstheoren der Geschwindigkeiten die Beziehungen

$$N = N' \frac{1 + \left(\frac{\mathfrak{v}}{c^2}\mathfrak{u}'\right)}{\sqrt{1-\beta^2}},$$

$$(\mathfrak{u} - \mathfrak{v})_{\parallel} = \frac{(1-\beta^2)\,\mathfrak{u}'_{\parallel}}{1 + \left(\frac{\mathfrak{v}}{c^2}\mathfrak{u}'\right)}, \quad (\mathfrak{u} - \mathfrak{v})_{\perp} = \mathfrak{u}_{\perp} = \frac{\sqrt{1-\beta^2}\,\mathfrak{u}'_{\perp}}{1 + \left(\frac{\mathfrak{v}}{c^2}\mathfrak{u}'\right)},$$

(wobei die Indizes $+$ und $-$ weggelassen wurden, weil die Formeln für beide Indizes vollkommen gleichlautend sind). Hieraus und aus der Invarianz der Ladung ($e = e'$) folgt dann sogleich (276) und (277). Insbesondere ist also eine elektronentheoretische Erklärung für das merkwürdige Auftreten von Ladung in bewegten, stromdurchflossenen Leitern gewonnen.[187b)]

35. Impuls-Energietensor und ponderomotorische Kraft der phänomenologischen Elektrodynamik. Joulesche Wärme. Das Relativitätsprinzip gestattet, aus den Ausdrücken für den Impuls-Energietensor und die ponderomotorische Kraft bei ruhenden Körpern *eindeutig* auf die in bewegten Körpern zu schließen. Für die ersteren wurden jedoch von verschiedenen Autoren verschiedene Ansätze ge-

187b) *H. A. Lorentz*, l. c. Ann. 187a).

macht, und die Frage, welcher von ihnen vorzuziehen ist, kann noch nicht als endgültig geklärt gelten. Es mögen zuerst diejenigen Ergebnisse der Relativitätstheorie besprochen werden, die von der speziellen Wahl des Ansatzes für den Energietensor unabhängig sind.

Energiedichte W, Energiestrom $\mathfrak{S}$, Impulsdichte $\mathfrak{g}$ und die Spannungskomponenten T_{ik} $(i, k = 1, 2, 3)$ wird man wie für die Felder im Vakuum zu einen Tensor S_{ik} zusammenfassen:

$$\left\{\begin{array}{c} S_{ik} = -T_{ik} \quad \text{für} \quad i, k = 1, 2, 3 \\ (S_{14}, S_{24}, S_{34}) = ic\mathfrak{g}, \; (S_{41}, S_{42}, S_{43}) = \frac{i}{c}\mathfrak{S} \\ S_{44} = -W. \end{array}\right. \tag{287}$$

Über die Symmetrieverhältnisse dieses Tensors ist zunächst noch nichts ausgesagt. Die Gleichungen

$$\mathfrak{f} = \operatorname{div} T - \dot{\mathfrak{g}} \tag{288}$$

$$\frac{\partial W}{\partial t} + \operatorname{div}\mathfrak{S} + Q + A = 0 \tag{289}$$

geben die ponderomotorische Kraft und den Energiesatz ähnlich wie in (D), (E), Nr. **30**. In letzterem bedeutet Q die pro Zeit- und Volumeneinheit entwickelte *Joule*sche Wärme, A die pro Zeit- und Volumeneinheit geleistete Arbeit

$$A = (\mathfrak{f}\mathfrak{v}). \tag{289a}$$

Im Koordinatensystem K', in welchem die Materie im betreffenden Augenblick gerade ruht, verschwindet A. Naturgemäß wird man (288), (289) zur vierdimensionalen Vektorgleichung

$$f_i = -\frac{\partial S_i^k}{\partial x^k} \tag{290}$$

zusammenfassen. Die Komponenten f_i haben dann die Bedeutung:

$$(f_1, f_2, f_3) = \mathfrak{f}, \quad f_4 = \frac{i}{c}(Q + A). \tag{291}$$

Daraus folgt, daß f_i hier nicht auf v^i senkrecht steht, vielmehr ist

$$f_i v^i = -\frac{Q}{\sqrt{1-\beta^2}}. \tag{292}$$

Da die rechte Seite von (292) ebenso wie die linke invariant sein muß, folgt die Transformationsformel

$$Q = Q'\sqrt{1-\beta^2}. \tag{293}$$

Sie gilt wegen der Invarianz des vierdimensionalen Volumens auch für die *gesamte* bei einem bestimmten Vorgang entwickelte Wärme in Übereinstimmung mit der relativistischen Thermodynamik (vgl. Nr. **46**) und erscheint hier als eine Konsequenz der Forderung, daß die Kraftdichte in der durch (288) angegebenen Weise aus Spannungstensor und Impulsdichte abgeleitet werden kann, im Verein mit dem Tensorcharakter von S_{ik}.

Die Tatsache, daß $f_i v^i$ von Null verschieden ist, führt zu einem eigentümlichen Dilemma. Die Bewegungsgleichungen können nämlich nur dann die Form (221) haben:

$$\mu_0 \frac{d v_i}{d\tau} = f_i,$$

wenn $(f_i v^i) = 0$ ist, da die linke Seite, skalar mit v^i multipliziert, identisch verschwindet. Man steht also vor der Alternative, entweder die Gleichungen (290) für die Viererkraft oder die Bewegungsgleichungen (221) fallen zu lassen. *Minkowski*[188]) beschritt den erstgenannten Weg. Er führt jedoch zu einer von (293) verschiedenen Transformationsformel für die *Joule*sche Wärme und somit zu einem Widerspruch mit den Forderungen der relativistischen Thermodynamik. Die richtige, von *Abraham*[189]) herrührende Formulierung ist folgende: In der allgemeinen relativistischen Dynamik wird gezeigt, daß jeder Energie träge Masse zugeschrieben werden muß (siehe Nr. **41** u. **42**). Wird also Wärme entwickelt, so bleibt die Ruhmassendichte nicht konstant und die Bewegungsgleichungen müssen geschrieben werden

$$\frac{d}{d\tau}(\mu_0 v_i) = f_i. \tag{294}$$

Hieraus folgt mit Rücksicht auf (292) durch skalare Multiplikation mit v_i

$$\frac{d\mu_0}{d\tau} = -\frac{1}{c^2}(f_i v^i) = +\frac{Q}{c^2}\frac{1}{\sqrt{1-\beta^2}}, \tag{295}$$

also

$$\frac{d\mu_0}{dt} = \frac{Q}{c^2} \tag{295a}$$

im Einklang mit dem Satz von der Trägheit der Energie (Nr. **41**).

Aus (294) ergibt sich die bemerkenswerte Tatsache, daß die Geschwindigkeit eines Körpers sich nicht immer zu ändern braucht, wenn auf ihn eine Kraft wirkt.[190]) Betrachten wir z. B. einen in K' ruhenden, stromdurchflossenen Leiter. Da der stationäre Strom (vom System K' beurteilt) im ganzen auf ihn keine Kraft ausübt, bleibt er in Ruhe.

188) *H. Minkowski,* I, l. c. Anm. 54).

189) *M. Abraham,* Rend. Pal. 28 (1909), p. 1; vgl. auch die Diskussion zwischen *Abraham* und *Nordström*: *G. Nordström*, Phys. Ztschr. 10 (1909), p. 681; *M. Abraham*, Phys. Ztschr. 10 (1909), p. 737; *G. Nordström*, Phys. Ztschr. 11 (1910), p. 440; *M. Abraham*, Phys. Ztschr. 11 (1910), p. 527. Die *Nordström*schen Einwände lassen sich nicht aufrechthalten.

190) *M. v. Laue,* Das Relativitätsprinzip, 1. Aufl., Braunschweig 1911, p. 142.

Dennoch wirkt nach (294) im System K eine Kraft auf ihn. Ein analoger Fall begegnete uns bereits in Nr. 32 ε).

Wir kommen nun dazu, die verschiedenen Ansätze für den Impulsenergietensor S_{ik} zu diskutieren. Was zunächst *ruhende* Körper betrifft, so stimmen alle Autoren darin überein, daß für hysteresefreie Medien Energiedichte W und Energiestrom $\mathfrak{S}$ gegeben sind durch

(296) $$W = \frac{1}{2}\{(\mathfrak{E}\mathfrak{D}) + (\mathfrak{H}\mathfrak{B})\} \quad \text{und} \quad \mathfrak{S} = c[\mathfrak{E}\mathfrak{H}].$$

Während aber *Maxwell* und *Heaviside*[191]) für den Spannungstensor T (des dreidimensionalen Raumes) den Ansatz machten:

(297) $$T_{ik} = \mathfrak{E}_i\mathfrak{D}_k - \frac{1}{2}(\mathfrak{E}\mathfrak{D})\delta_i^k + \mathfrak{H}_i\mathfrak{B}_k - \frac{1}{2}(\mathfrak{H}\mathfrak{B})\delta_i^k, \quad (i, k = 1, 2, 3)$$

akzeptiert *Hertz*[191]) den in i und k symmetrischen Ausdruck

(298) $$T_{ik} = \frac{1}{2}(\mathfrak{E}_i\mathfrak{D}_k + \mathfrak{E}_k\mathfrak{D}_i) - \frac{1}{2}(\mathfrak{E}\mathfrak{D})\delta_i^k + \frac{1}{2}(\mathfrak{H}_i\mathfrak{B}_k + \mathfrak{H}_k\mathfrak{B}_i) - \frac{1}{2}(\mathfrak{H}\mathfrak{B})\delta_i^k,$$

der sich in anisotropen Medien (Kristallen) von (297) unterscheidet. Ebenso sind auch für die Impulsdichte $\mathfrak{g}$ zwei Ansätze möglich. *Entweder*

(299) $$\mathfrak{g} = \frac{1}{c}[\mathfrak{D}\mathfrak{B}],$$

was in homogenen, isotropen Medien nach (296) auch

(299a) $$\mathfrak{g} = \frac{\varepsilon\mu}{c^2}\mathfrak{S}$$

geschrieben werden kann. *Oder*

(300) $$\mathfrak{g} = \frac{1}{c}[\mathfrak{E}\mathfrak{H}] = \frac{1}{c^2}\mathfrak{S}.$$

Sind die Ausdrücke für W, $\mathfrak{S}$, T, $\mathfrak{g}$ in ruhenden Körpern vorgegeben, so sind die entsprechenden Ausdrücke für bewegte Körper eindeutig bestimmt, da die Komponenten eines Tensors in irgendeinem Koordinatensystem aus den Werten derselben in *einem* Koordinatensystem ableitbar sind. Entsprechend der vorangestellten Zweideutigkeit im Ansatz von T_{ik} und $\mathfrak{g}$ hat man bisher für den Tensor S_{ik} hauptsächlich die folgenden Ansätze diskutiert.

1. Der Ansatz von *Minkowski.*[192]) Er stützt sich auf die Ausdrücke (297), (299) für ruhende Körper. Wie leicht nachzuweisen ist, wird dann

(301) $$S_i^k = F_{ir}H^{kr} - \frac{1}{4}H_{rs}F^{rs}\delta_i^k,$$

---

191) Wegen der Literatur vgl. man *H. A. Lorentz*, Art. V 13 dieser Encykl., Nr. 23.

192) *H. Minkowski*, Abh. II, l. c. Anm. 54). Zu den gleichen Ausdrücken für S_{ik} gelangten auch *G. Nordström*, Dissert. Helsingfors 1908 und auf Grund eines Variationsprinzips *J. Ishiwara*, Ann. d. Phys. 42 (1913), p. 986.

und die Ausdrücke (296), (297), (299) *bleiben auch in bewegten Körpern gültig*. Auch bleibt die im Vakuum gültige Relation (223)

$$S_i^i = 0 \tag{223}$$

bestehen.

Die Viererkraft f_i ergibt sich aus S_i^k gemäß (290). Im Ruhsystem K' haben ihre Komponenten die Werte

$$(f_1', f_2', f_3') = \varrho' \mathfrak{E}' + [\mathfrak{J}_l' \mathfrak{B}'], \quad f_4' = i(\mathfrak{J}_l' \mathfrak{E}). \tag{302}$$

Es muß noch erwähnt werden, daß *Dällenbach*[193]) auf Grund einer allerdings nicht zwingenden elektronentheoretischen Überlegung gleichfalls den *Minkowski*schen Impulsenergietensor abgeleitet hat, und zwar gibt er ihn in einer auch für beliebig inhomogene und anisotrope Medien gültigen Form an. Auf eine zweite Weise leitet er ihn aus einem Wirkungsprinzip ab, das ihm auch die Feldgleichungen ergibt.[194])

2. Der Ansatz von *Abraham*.[195]) Die Unsymmetrie des *Minkowski*schen Ausdruckes (301) für den Impulsenergietensor führt zu sehr merkwürdigen, der Erfahrung allerdings nicht direkt widersprechenden Folgerungen. Z. B. treten Drehmomente auf, welche nicht durch eine Änderung des elektromagnetischen Drehimpulses kompensiert werden. *Abraham*[195]) hat deshalb einen symmetrischen Impulsenergietensor konstruiert, indem er für ruhende Körper die Ausdrücke (298), (300) annimmt. Dies führt in homogenen, isotropen Medien auf

$$\left\{\begin{aligned} S_i^k &= \tfrac{1}{2}(F_{ir}H^{kr} + H_{ir}F^{kr}) - \tfrac{1}{4}F_{rs}H^{rs}\delta_i^k \\ &\qquad - \tfrac{1}{2}(\varepsilon\mu - 1)(v_i\Omega^k + v_k\Omega^r) \\ &= F_{ir}H^{kr} - \tfrac{1}{4}F_{rs}H^{rs}\delta_i^k - (\varepsilon\mu - 1)\,\Omega_i v^k \\ &= H_{ik}F^{kr} - \tfrac{1}{4}F_{rs}H^{rs}\delta_i^k - (\varepsilon\mu - 1)\,v_i\Omega^k. \end{aligned}\right. \tag{303}$$

Der schon bei *Minkowski* vorkommende „Ruhstrahlvektor" Ω^i ist dabei definiert durch

$$F_i = F_{ik}v^k, \quad H_i = H_{ik}v^k, \quad \Omega^i = v_k F_l \{H^{ik}v^l + H^{kl}v^i + H^{li}v^k\}. \tag{304}$$

In dem mit der Materie mitbewegten Koordinatensystem K' haben die Komponenten der hier vorkommenden Vektoren die Werte

$$\left\{\begin{aligned} &(F_1', F_2', F_3') = \mathfrak{E}', F_4' = 0; \quad (H_1', H_2', H_3') = \mathfrak{D}', H_4' = 0, \\ &\qquad (\Omega_1' \Omega_2', \Omega_3') = c\mathfrak{S}', \Omega_4' = 0. \end{aligned}\right. \tag{304a}$$

Die Identität der drei Ausdrücke (303) folgt aus ihrer Übereinstimmung im Ruhsystem K'. Die Relation (223) ist hier gleichfalls gültig.

---

193) *W. Dällenbach*, l. c. Anm. 187).

194) *W. Dällenbach*, Ann. d. Phys. 59 (1919), p. 28.

195) *M. Abraham*, Rend. Pal. 28 (1909), l. c. Anm. 189) und ebenda 30 (1910), p. 33, Theorie d. Elektrizität 2, 3. Aufl., Leipzig 1914, p. 298 ff., § 38, 39.

Für bewegte Körper gelten hier die Ausdrücke (296), (298), (300) für W, $\mathfrak{S}$, T_{ik}, $\mathfrak{g}$ nicht mehr, *Abraham*[195]) hat die betreffenden Ausdrücke sowie auch den für die ponderomotorische Kraft explizite ausgerechnet. Die hier verwendete vierdimensional invariante Formulierung rührt von *Grammel*[196]) her. In der ponderomotorischen Kraft in ruhenden Körpern tritt beim *Abraham*schen Impulsenergietensor zu (303) noch der Zusatzterm

$$\frac{\varepsilon\mu-1}{c^2}\frac{\partial\mathfrak{S}}{\partial t}$$

hinzu. Wegen der Kleinheit dieses Terms dürfte es kaum gelingen, ein praktisch ausführbares experimentum crucis zwischen den beiden Ansätzen anzugeben. Es sei noch erwähnt, daß *Laue*[197]) sich den *Abraham*schen Annahmen anschließt.

Ein sehr gewichtiges Argument für die Symmetrie des phänomenologischen Impulsenergietensors scheinen uns folgende, gleichfalls von *Abraham*[198]) herrührende elektronentheoretischen Erwägungen zu sein. Die Viererkraft ist als Mittelwert der mikroskopischen Viererkraft aufzufassen, also nach (290) auch der Impulsenergietensor als Mittelwert des mikroskopischen.[199]) Bei der Mittelwertsbildung geht aber die Symmetrieeigenschaft eines Tensors nicht verloren [ebensowenig wie das Bestehen der Relation (223)].

3. Der Ansatz von *Einstein* und *Laub*.[200]) Zu einem sowohl von dem *Minkowski*schen als auch von dem *Abraham*schen Ansatz für die ponderomotorische Kraft in ruhenden Körpern (und somit auch für den Impulsenergietensor) vollkommen verschiedenen Ergebnis kommen *Einstein* und *Laub*. Sie finden nämlich, daß sich die beobachtete Kraftdichte

$$\mathfrak{f} = [\mathfrak{J}_l \mathfrak{B}]$$

auf einen ruhenden, stromdurchflossenen Leiter zusammensetzt aus einer Oberflächenkraft $\left(1-\frac{1}{\mu}\right)[\mathfrak{J}_l\mathfrak{H}_a]$ ($\mathfrak{H}_a$ = magnetische Feldstärke des äußeren Feldes) und der Kraft

$$\mathfrak{f} = [\mathfrak{J}_l\mathfrak{H}_i],$$

die als die eigentliche Volumkraft anzusprechen ist, im Gegensatz zur Gleichung (303), nach der die Volumkraft $[\mathfrak{J}_l\mathfrak{B}]$ ist. Der Impulsenergietensor, den die genannten Autoren angeben, ist ebenfalls dem-

196) *R. Grammel*, Ann. d. Phys. 41 (1913), p. 570.

197) *M. v. Laue*, Das Relativitätsprinzip, 1. Aufl., Braunschweig 1911, § 22, p. 135ff.

198) *M. Abraham*, Ann. d. Phys. 44 (1914), p. 537.

199) Die Einwendungen, die *Dällenbach* [l. c. Anm. 187)] dagegen erhebt, scheinen nicht stichhaltig.

200) *A. Einstein* und *J. Laub*, Ann. d. Phys. 26 (1908), p. 541.

entsprechend zu modifizieren. Die Überlegungen von *Einstein* und *Laub* wurden jedoch von *Gans*[201]) angefochten.[202])

36. Anwendungen der Theorie. *α) Die Versuche von Rowland, Röntgen, Eichenwald* und *Wilson.* Die Erklärung der genannten Versuche kann die Relativitätstheorie aus der Elektronentheorie[203]) vollkommen übernehmen, soweit es sich um unmagnetisierbare Körper handelt und soweit Größen höherer Ordnung in $\frac{v}{c}$ vernachlässigt werden können.[204]) Die letztere Vernachlässigung möge zunächst auch hier beibehalten werden, dagegen sollen beliebige Werte für die Permeabilität μ zugelassen werden. In der Ausdehnung der Theorie auf magnetisierbare Körper ist ein wesentlicher Fortschritt zu erblicken, den die Elektrodynamik von *Minkowski* hier gebracht hat.

Der Versuch von *Rowland* weist nach, daß der Konvektionsstrom dasselbe magnetische Feld erzeugt wie ein Leitungsstrom von der Stärke $\varrho\,\frac{\mathfrak{v}}{c}$. Seine Erklärung folgt unmittelbar aus den Feldgleichungen (G) und den Transformationsformeln (269a) für den Strom $\mathfrak{J}$. Wenn er früher als ein Argument für die Existenz des Äthers herangezogen wurde, so muß dem vom relativistischen Standpunkt entgegengehalten werden, daß er bloß die von der Relativitätstheorie geforderte Abhängigkeit der Zerlegung des elektromagnetischen Feldes in einen elektrischen und einen magnetischen Teil vom Bezugssystem beweist.

Röntgens[203]) Versuch besteht in dem Nachweis, daß bei der Bewegung eines Dielektrikums in einem elektrischen Feld an dessen Begrenzung ein Flächenstrom auftritt, der ein magnetisches Feld erzeugt. *Eichenwald* zeigte hernach, daß seine Größe

$$\mathfrak{j} = \beta\,|\mathfrak{P}| = \beta\,(\varepsilon - 1)\,|\mathfrak{E}| \tag{305a}$$

beträgt, wo $\mathfrak{P}$ die Polarisation des Dielektrikums bedeutet. Bei der praktischen Ausführung des Versuches rotiert das Dielektrikum zwischen den Platten eines Kondensators. Doch ist es jedenfalls mit weitgehender Näherung zulässig, die Theorie für gleichförmig bewegte Körper auf diesen Fall zu übertragen. Sei also ein Dielektrikum

---

201) *R. Gans*, Über das *Biot-Savart*sche Gesetz, Phys. Ztschr. 12 (1911), p. 806.

202) Die Angabe von *Grammel* [l. c. Anm. 196)], die Ausdrücke von *Einstein* und *Laub* für die ponderomotorische Kraft widersprächen dem Relativitätsprinzip, ist unrichtig, da diese Ausdrücke nur für das Ruhsystem K' Gültigkeit beanspruchen.

203) Vgl. *H. A. Lorentz*, Art. V 13 dieser Encykl., Nr. **17** und **Art.** V 14, Nr. **34**. Daselbst ältere Literatur.

204) Vgl. dazu auch *A. Weber*, Phys. Ztschr. 11 (1910), p. 134.

parallel den Kondensatorplatten bewegt, $\mathfrak{E}_n = \omega$ die Flächendichte der (freien) Ladung auf denselben. Da $\mathfrak{B}$ quellenfrei ist und im Außenraum mit $\mathfrak{H}$ übereinstimmt, genügt es, die Wirbel von $\mathfrak{B}$ zu untersuchen. Da wir es hier ferner mit einem stationären Feld zu tun haben, sind nach (*F*), (*G*), $\mathfrak{E}$ und $\mathfrak{H}$ wirbelfrei. Wir wollen nun Größen von höherer Ordnung in $\frac{v}{c}$ konsequent vernachlässigen. Mit Rücksicht darauf, daß $\mathfrak{H}$ und $\mathfrak{B}$ selbst Größen erster Ordnung sind, folgt dann aus (278a)

$$\mathfrak{D} = \varepsilon\mathfrak{E}$$

$$\mathfrak{B} = \mu\mathfrak{H} - (\varepsilon\mu - 1)\left[\frac{\mathfrak{v}}{c}\mathfrak{E}\right].$$

Der Wirbel von $\mathfrak{B}$ ist also bestimmt durch den Wirbel von $(\varepsilon\mu - 1)\left[\frac{\mathfrak{v}}{c}\mathfrak{E}\right]$, der sich hier auf einen Flächenwirbel $\mathfrak{j}$ reduziert vom Betrag

(305b) $$|\mathfrak{j}| = \beta(\varepsilon\mu - 1)|\mathfrak{E}|,$$

wo $|\mathfrak{E}|$ der Wert von $\mathfrak{E}$ im *Innern* des Dielektrikums ist, und von der Richtung von $\mathfrak{v}$. Für $\mu = 1$ reduziert sich dies auf den Wert (305a) der Elektronentheorie. Für magnetisierbare Körper wurde der Effekt nicht untersucht.

Das Gegenstück zum Versuch von *Eichenwald* ist der von *H. A. Wilson.*[205]) Zwischen den Platten eines kurzgeschlossenen Kondensators rotierte ein dielektrischer Zylinder in einem parallel zu den Kondensatorplatten gerichteten Magnetfeld. Es zeigte sich eine Aufladung der Platten. Wir ersetzen wieder die Rotation durch eine geradlinige Bewegung, und zwar möge sie parallel zu den Platten, aber senkrecht auf dem Magnetfeld erfolgen. Nach (*F*) läßt sich $\mathfrak{E}$ zunächst aus einem Potential φ ableiten. Da nun die Platten kurzgeschlossen waren, folgt $\varphi_1 - \varphi_2 = 0$ und somit auch $\mathfrak{E} = 0$, und $\mathfrak{D}$ gibt direkt die gesuchte Ladungsdichte ω. Die Grenzbedingungen verlangen in diesem Fall, daß $\mathfrak{H}$ keinen Sprung erfährt. Nach (278a) wird also

(306a) $$\omega = \frac{(\varepsilon\mu - 1)\beta H}{1 - \varepsilon\mu\beta^2} \sim (\varepsilon\mu - 1)\beta H.$$

Für unmagnetisierbare Körper folgt das Ergebnis der Elektronentheorie

(306b) $$\omega = (\varepsilon - 1)\beta H.$$

---

205) *H. A. Wilson*, Phil. Trans. (A) 204 (1904), p. 121. Über einen älteren negativ verlaufenen Versuch von *Blondlot* mit Luft als Dielektrikum sowie über den Standpunkt der älteren Elektronentheorie vgl. *H. A. Lorentz*, Art. V 13 dieser Encykl., Nr. 20; Art. V 14, Nr. 45. Über die Diskussion des *Wilson*schen Versuches vom Standpunkt der Relativitätstheorie siehe *A. Einstein* und *J. Laub*, l. c. Anm. 176); *M. v. Laue*, Das Relativitätsprinzip, 1. Aufl., Braunschweig 1911, p. 129f.; *H. Weyl*, Raum—Zeit—Materie, 1. Aufl., Berlin 1918, p. 155.

H. A. und *M. Wilson*[206]) ist es gelungen, den Effekt auch an einem magnetisierbaren Isolator, den sie sich durch Einbetten von Stahlkugeln in Siegellack künstlich herstellten, zu messen. Das Ergebnis bestätigt den relativistischen Wert (306a) für die Ladungsdichte.

Die ältere *Hertz*sche Theorie gibt statt (305a) und (306a) die mit der Erfahrung unverträglichen Werte

$$|\mathfrak{j}| = \beta |\mathfrak{E}| \quad \text{und} \quad \omega = \beta H.$$

β) Widerstand und Induktion in bewegten Leitern.[207]) Auf Grund von (279) findet man, daß für ein endliches bewegtes Leiterstück

$$R_0 J = \int (\mathfrak{E}^* d\mathfrak{s}), \tag{307}$$

wo R_0 den *Ruh*widerstand des Leiters und $J = |\mathfrak{J}| q$ bedeutet. Die durch (280) gegebene Veränderung der Leitfähigkeit wird nämlich durch die Veränderung der Drahtlänge und des Drahtquerschnittes infolge der Lorentz-Kontraktion bei der Berechnung des Widerstandes gerade kompensiert. So stellt sich der Versuch von *Trouton* und *Rankine*[208]) von einem bewegten System K aus gesehen dar. Das Induktionsgesetz für bewegte Leiter folgt aus der ersten Gleichung (274) zu

$$\int (\mathfrak{E}^* d\mathfrak{s}) = \frac{d}{dt}\int \mathfrak{B}_n d\sigma, \tag{308}$$

dagegen ist

$$\int \mathfrak{E} d\mathfrak{s} + \frac{d}{dt}\int \mathfrak{B}_n d\sigma.$$

Aber (308) ist auch durchaus in Übereinstimmung mit der Erfahrung, da nach (279) nicht $\mathfrak{E}$, sondern $\mathfrak{E}^*$ den Leitungsstrom bestimmt.

γ) Die Ausbreitung des Lichtes in bewegten Medien. Mitführungskoeffizient. Versuch von Airy. Um die Gesetze der Lichtausbreitung in bewegten Medien zu finden, ist es nicht nötig, auf die Feldgleichungen zurückzugreifen. Vielmehr müssen sie sich direkt aus den Gesetzen für ruhende Körper durch Lorentz-Transformation ergeben. Wir betrachten zunächst ein nicht absorbierendes Medium. Die invariante Lichtphase ist wieder durch (252) gegeben, wobei jetzt l_i die Komponenten hat:

$$l_i = \left(\frac{\nu}{w}\cos\alpha,\ \frac{\nu}{w}\sin\alpha,\ 0,\ \frac{i\nu}{c}\right), \tag{309}$$

wenn die z-Achse senkrecht zur Körpergeschwindigkeit und zur

206) *H. A.* u. *M. Wilson*, Proc. Roy. Soc. (A), 89 (1913), p. 99.

207) Man vgl. hierzu *M. Abraham*, Theorie d. Elektrizität 2, 3. Aufl., Leipzig (1914), p 388; *M. v. Laue*, Das Relativitätsprinzip, 1. Aufl., Braunschweig (1911), p. 126f.; *H. Weyl*, Raum—Zeit—Materie, 1. Aufl., Berlin (1918), § 22.

208) *F. T. Trouton* und *A. O. Rankine*, l. c. Anm. 15).

Wellennormale gelegt wird. Im mitbewegten System K' ist speziell

(310) $$w' = \frac{c}{n}.$$

Daraus folgen die Transformationsformeln

(311a) $$\nu = \nu' \frac{1 + \frac{v}{w'} \cos\alpha'}{\sqrt{1-\beta^2}}$$

$$\frac{v}{w} \cos\alpha = \nu' \frac{\frac{1}{w'} \cos\alpha' + \beta/c}{\sqrt{1-\beta^2}}, \quad \frac{\nu}{w} \sin\alpha = \frac{\nu'}{w'} \sin\alpha'$$

$$\frac{1}{w} \cos\alpha = \frac{\frac{1}{w'}\cos\alpha' + \beta/c}{1 + \frac{v}{w'}\cos\alpha'}, \quad \frac{1}{w} \sin\alpha = \frac{\frac{1}{w'}\sin\alpha' \sqrt{1-\beta^2}}{1 + \frac{v}{w'}\cos\alpha'}$$

(311b) $$\operatorname{tg}\alpha = \frac{\sin\alpha' \sqrt{1-\beta^2}}{\cos\alpha' + \frac{\beta w'}{c}}$$

(311c) $$w = c \frac{1 + \beta n \cos\alpha'}{\sqrt{(n\cos\alpha' + \beta)^2 + n^2 \sin^2\alpha' (1-\beta^2)}}.$$

Die Relation (311a) gibt den Dopplereffekt, (311b) die Aberration, (311c) den Mitführungskoeffizient. Sie stimmen in Gliedern erster Ordnung mit den Ausdrücken der älteren Theorie überein. Letztere gibt

(311d) $$w = \frac{c}{n} + v\left(1 - \frac{1}{n^2}\right) \cos\alpha'.$$

(Über den Einfluß der Abhängigkeit des Brechungsindex von der Wellenlänge siehe Nr. 6.) Das Brechungsgesetz an bewegten Grenzflächen läßt sich ebenfalls durch Lorentz-Transformation aus dem für ruhende Grenzflächen gewinnen, führt aber zu verwickelten Formeln.

Es ist hier auch das experimentelle Ergebnis von *Airy*[208]) zu besprechen, wonach der Aberrationswinkel sich nicht ändert, wenn man das Fernrohr mit Wasser füllt. Die ältere Theorie[209]) mußte, um ihn zu erklären, ziemlich umständliche Betrachtungen anstellen, da sie den Vorgang von einem Bezugssystem aus beschreiben mußte, relativ zu dem sich der Beobachter (die Erde) bewegt. Betrachtet man ihn jedoch von einem mitbewegten System aus, so ist das *Airy*sche Resultat vom relativistischen Standpunkt aus selbstverständlich. Richtet man nämlich das Fernrohr auf den scheinbaren Ort des Fixsterns, so fallen die von diesem entsandten Lichtwellen senkrecht auf dieses auf. Füllt man es nun mit Wasser, so müssen sich dann auch die Lichtwellen

208) *G. B. Airy*, Proc. Roy. Soc. 20 (1871), p. 35; 21 (1873), p. 121; Phil. Mag. 43 (1872), p. 310.

209) Vgl. *H. A. Lorentz*, Arch. néerl. 21 (1887), p. 103 [Ges. Abh. XIV, p. 341], daselbst ältere Literatur.

im Wasser senkrecht zur Grenzfläche ausbreiten. Der *Airy*sche Versuch vom mitbewegten System (Erde) aus gesehen, zeigt also vom relativistischen Standpunkt aus nur die triviale Tatsache, daß beim Einfallswinkel 0 (senkrechte Inzidenz) auch der Brechungswinkel 0 ist.

Man bemerkt, daß die Relationen (311 b, c) dem Additionstheorem der Geschwindigkeiten *nicht* entsprechen. Bloß für $\alpha = 0$ ergibt sich Übereinstimmung mit demselben (vgl. Nr. 6a). *Laue*[210]) führt dies auf die Verschiedenheit der Richtung des Strahles und der Wellennormale zurück. Definiert man die Strahlgeschwindigkeit der Richtung und Größe nach durch

$$(212) \qquad \mathfrak{w}_1 = \frac{\mathfrak{S}}{W}$$

($\mathfrak{S}$ = *Poynting*scher Vektor, W = Energiedichte),

so sollen die Transformationsformeln für die Komponenten von $\mathfrak{w}_1$ dem Additionstheorem der Geschwindigkeit streng genügen. Aus der Rechnung von *Scheye*[211]) geht hervor, daß dies in der Tat der Fall ist, wenn man den *Minkowski*schen unsymmetrischen Impuls-Energietensor zugrunde legt. Aus dem Energiesatz folgt überdies in diesem Fall, daß die Phasengeschwindigkeit w gleich wird der Komponente der Strahlgeschwindigkeit in der Richtung der Wellennormale. Legt man jedoch den *Abraham*schen Tensor (304) zugrunde, so werden die Verhältnisse komplizierter und das Additionstheorem der Geschwindigkeiten gilt auch nicht für die Strahlgeschwindigkeit.

Die Verallgemeinerung für absorbierende (leitende) Medien bietet prinzipiell nichts Neues. Es mag nur erwähnt werden, daß nach (277a) eine im bewegten Leiter fortschreitende Lichtwelle mit einer periodisch veränderlichen Ladungsdichte verbunden ist.

δ) *Signalgeschwindigkeit und Phasengeschwindigkeit in dispergierenden Medien.* In dispergierenden Medien kommt der Fall vor, daß die Phasengeschwindigkeit einer Lichtwelle $\geqq c$ ist. Dies scheint der Forderung der Relativitätstheorie zu widersprechen, daß keine Wirkung sich mit Überlichtgeschwindigkeit ausbreiten kann (vgl. Nr. 6). Diese Schwierigkeit wurde durch eine Untersuchung von *Sommerfeld*[212]) beseitigt, in der auf Grund der Elektronentheorie nachgewiesen wird, daß der *Wellenkopf* sich immer mit der Vakuumlichtgeschwindigkeit c ausbreitet, die Möglichkeit, mit Überlichtgeschwindigkeit Signale zu geben also in Wirklichkeit nicht vorliegt. Vervollständigt wurde

210) *M. v. Laue,* Das Relativitätsprinzip, 1. Aufl. (1911), p. 134.

211) *A. Scheye,* Über die Fortpflanzung des Lichtes in einem bewegten Dielektrikum, Ann. d Phys. 30 (1909), p 805.

212) *A. Sommerfeld,* Heinr.-Weber-Festschrift; Phys. Ztschr. 8 (1907), p. 841; Ann. d. Phys. 44 (1914), p 177.

dieses Ergebnis noch durch *Brillouin*[213]), der zeigte, daß abgesehen vom Absorptionsgebiet der Hauptteil des Signals sich mit der Gruppengeschwindigkeit ausbreitet.

c) Mechanik und allgemeine Dynamik.

37. Die Bewegungsgleichungen. Impuls und kinetische Energie. Die relativistische Mechanik[213a]) geht von der Annahme aus, daß in einem Koordinatensystem K', in welchem ein Massenpunkt im betreffenden Zeitmoment ruht, die Bewegungsgleichungen

$$m_0 \frac{d^2 \mathfrak{r}'}{d t'^2} = \mathfrak{K}' \tag{313}$$

der alten Mechanik zu Recht bestehen. Das Relativitätsprinzip gestattet dann in eindeutiger Weise auf die Bewegungsgesetze in irgendeinem anderen Koordinatensystem K zu schließen, indem man einfach auf (313) eine Lorentz-Transformation ausübt. Damit ist aber noch nicht bestimmt, was man als Kraft im System K definieren soll, da in den drei Bewegungsgleichungen ein gemeinsamer Faktor, der in beliebiger Weise von der Geschwindigkeit abhängen kann, zunächst willkürlich bleibt. Hier gibt es zwei wesentlich verschiedene Wege, um diese Unbestimmtheit zu beseitigen.

Entweder man macht eine Anleihe bei der Elektrodynamik. Akzeptiert man nämlich den *Lorentz*schen Ausdruck für die ponderomotorische Kraft für beliebig schnell bewegte Ladungen, so ist damit auch ein Transformationsgesetz für die Kraft gegeben (vgl. Nr. 29). Daß sich alle Kräfte in derselben Weise transformieren, folgt daraus, daß zwei Kräfte, die sich im System K' aufheben, sich auch in jedem anderen System K aufheben müssen. Die Formeln (213), (214), (215) lassen sich sofort für beliebige Kräfte verallgemeinern. An Stelle von (217) tritt der Vierervektor Kraftdichte—Leistungsdichte:

$$(f_1, f_2, f_3) = \mathfrak{f}, \quad f_4 = i\left(\mathfrak{f}\,\frac{\mathfrak{u}}{c}\right), \tag{314}$$

der auf der Vierergeschwindigkeit senkrecht steht:

$$f_k u^k = 0. \tag{315}$$

213) *L. Brillouin,* Ann. d. Phys. 44 (1914), p. 203.

213a) Wenn im folgenden von relativistischer Mechanik die Rede ist, so ist damit stets die Mechanik der speziellen Relativitätstheorie, also die Mechanik der Lorentzgruppe gemeint. Gegen die Verwendung des Wortes „relativistische Mechanik" in diesem Sinne ließe sich einwenden, daß die klassische Mechanik auch relativistisch ist, da sie ja dem Relativitätspostulat genügt. Es hat jedoch das Wort relativistisch bereits vielfach die spezifische Bedeutung „relativ gegenüber der Lorentzgruppe" bekommen, wie dies ja auch im Terminus spezielle Relativitätstheorie selbst der Fall ist.

Dann gelten wieder die Bewegungsgleichungen

(316) $$\mu_0 \frac{d^2 x^i}{d\tau^2} = f^i \quad \text{oder} \quad \mu_0 \frac{du_i}{d\tau} = f_i,$$

in der μ_0 die (invariante) Ruhmassendichte bedeutet. Man kann auch die durch (219) definierte *Minkowski*sche Kraft K_i einführen und die Bewegungsgleichungen in der Form (220) schreiben.

Aus den Gleichungen

(317) $$\left\{\begin{aligned} &\frac{d}{dt}(m\mathfrak{u}) = \mathfrak{K} \\ \text{und}\quad &\frac{d}{dt} mc^2 = (\mathfrak{K}\mathfrak{u}) \end{aligned}\right.$$

folgt, daß der Impuls gegeben ist durch

(318a) $$\mathfrak{G} = m\mathfrak{u} = \frac{m_0}{\sqrt{1-\beta^2}}\mathfrak{u}$$ [214])

und die kinetische Energie durch

$$E_{\text{kin}} = mc^2 + \text{konst} = \frac{m_0 c^2}{\sqrt{1-\beta^2}} + \text{konst}.$$

Man könnte daran denken, die Konstante so zu bestimmen, daß E_{kin} für einen *ruhenden* Massenpunkt verschwindet. Es erweist sich jedoch als praktischer, die Konstante gleich Null zu setzen. Die Energie des ruhenden Massenpunktes wird dann $m_0 c^2$ und allgemein

(318b) $$E = mc^2 = \frac{m_0 c^2}{\sqrt{1-\beta^2}}.$$

Für kleines β folgt daraus durch Potenzentwicklung

$$E = m_0 c^2 (1 + \tfrac{1}{2}\beta^2) = E_0 + \tfrac{1}{2} m_0 v^2$$

in Übereinstimmung mit der alten Mechanik. Die Zweckmäßigkeit der hier getroffenen Festsetzung wird durch die Bemerkung ersichtlich, daß dann die Größen

(319) $$(J_1, J_2, J_3) = c\mathfrak{G}, \quad J_4 = iE$$

die Komponenten eines Vierervektors bilden. Es ist nämlich

(320) $$J_k = m_0 c u_k.$$

Daraus folgt weiter, daß für unsere Größen $\mathfrak{G}, E$ genau die gleichen Transformationsformeln gelten, wie für Impuls und Energie eines abgeschlossenen, kräftefreien, elektromagnetischen Systems (Lichtwelle), vgl. (228):

(321) $$\left\{\begin{aligned} G_x' &= \frac{G_x - \frac{v}{c^2}E}{\sqrt{1-\beta^2}}, \quad G_y' = G_y, \quad G_z' = G_z \\ E' &= \frac{E - vG_x}{\sqrt{1-\beta^2}}. \end{aligned}\right.$$

mit den entsprechenden inversen Formeln. Sie gelten auch für Impuls und Energie eines *Systems* von kräftefrei bewegten Massenpunkten.

214) *M. Planck,* l. c. Anm. 129).

Die Bewegungsgleichungen sowie die Ausdrücke für Impuls und Energie der relativistischen Mechanik gehen für kleine Geschwindigkeiten in die der alten Mechanik über, wie das von vornherein zu erwarten ist. Es gilt aber noch mehr: Die Abweichungen der relativistischen Mechanik von der gewöhnlichen sind von *zweiter* Ordnung in $\frac{v}{c}$. Darin müssen wir mit *Laue*[214a]) den Grund dafür erblicken, daß die ältere Elektronentheorie, die auf der gewöhnlichen Mechanik fußt, alle Effekte erster Ordnung richtig erklären konnte.

Minkowski[215]) hat auch noch eine andere wichtige Darstellung der Bewegungsgleichungen (316) gegeben. Wir führen den kinetischen Impulsenergietensor θ_{ik} ein durch die Relation

$$\theta_{ik} = \mu_0 u_i u_k. \tag{322}$$

Seine räumlichen Komponenten stellen den Tensor des Impulsstromes, die gemischten (bis auf den Faktor ic) die Impulsdichte, die zeitliche die Energiedichte dar. Zufolge der Kontinuitätsbedingung

$$\frac{\partial \mu_0 u^k}{\partial x^k} = 0 \tag{323}$$

schreiben sich dann die Bewegungsgleichungen in der Form

$$\frac{\partial \theta_i^k}{\partial x^k} = f_i. \tag{324}$$

Es sei hier auch hervorgehoben, daß aus den Bewegungsgleichungen (317) sich für die Bewegung eines Massenpunktes unter dem Einfluß einer *konstanten* Kraft die in Nr. **26** besprochene Hyperbelbewegung ergibt.

38. Von der Elektrodynamik unabhängige Begründung der relativistischen Mechanik. Das Unbefriedigende an der vorstehenden Ableitung ist, daß sie eine Anleihe bei der Elektrodynamik nötig hat. Es ist deshalb von Wichtigkeit, daß *Lewis* und *Tolman*[215a]) noch eine andere Ableitung gegeben haben, die von der Elektrodynamik keinen Gebrauch macht. Bei ihr erscheint nicht der Kraftbegriff, sondern der Impulsbegriff als das primäre. Es wird postuliert, daß jedem bewegten Massenpunkt ein zu seiner Geschwindigkeit paralleler Impulsvektor und eine skalare kinetische Energie in solcher Weise zugeordnet werden kann, daß *Erhaltungssätze* bestehen. Das heißt,

---

214a) *M. v. Laue,* Das Relativitätsprinzip, 1. Aufl. 1911, p. 88.

215) *H. Minkowski,* II, l. c. Anm. 54).

215a) *G. N. Lewis* u. *C. Tolman,* Phil. Mag. 18 (1909), p. 510. Einwendungen von *N. Campbell,* Phil. Mag. 21 (1911), p. 626 gegen die Schlußweise dieser Autoren treffen mehr die Ausdrucksweise als das Wesen der Sache. Wie nämlich *P. Epstein,* Ann. d. Phys. 36 (1911), p. 729 gezeigt hat, lassen sich die Schlüsse von *Lewis* und *Tolman* vollkommen streng gestalten.

bei einer Wechselwirkung zwischen Massen eines Systems, bei der weder Impuls und Energie ausgestrahlt noch Wärme entwickelt wird, sollen die Summe der Impulse und Energien der einzelnen Massen konstant bleiben. Speziell soll dies vom elastischen Stoß gelten. *Lewis* und *Tolman* haben nun ein Gedankenexperiment ersonnen, welches zeigt, daß die Form der Abhängigkeit von Impuls und kinetischer Energie von der Geschwindigkeit durch die Forderung der *Invarianz* dieser Erhaltungssätze gegenüber Lorentz-Transformationen eindeutig bestimmt ist.

Die beiden Beobachter A und B seien relativ zueinander in der x-Richtung mit der Geschwindigkeit v bewegt. Sie mögen Kugeln gleicher Masse mit der gleichen Geschwindigkeit u in der y- bzw. in der entgegengesetzten Richtung einander zuwerfen, derart, daß der Stoßdurchmesser die Richtung y hat. Dann bleiben zunächst die x-Komponenten der Geschwindigkeiten beider Kugeln erhalten. Ferner muß aus Symmetriegründen der Beobachter A an seiner Kugel den gleichen Bewegungsvorgang sehen wie der Beobachter B an der anderen Kugel. Auf Grund des Additionstheorems (10) der Geschwindigkeiten folgt daraus für die Geschwindigkeitskomponenten $\mathfrak{w}_x$, $\mathfrak{w}_y$ und $\mathfrak{w}_x'$, $\mathfrak{w}_y'$ der beiden stoßenden Körper in K und K':

Vor dem Stoß A	
$\mathfrak{w}_x = 0, \quad \mathfrak{w}_y = u$	$\mathfrak{w}_x' = -v, \quad \mathfrak{w}_y' = u\sqrt{1-\frac{v^2}{c^2}}$
Vor dem Stoß B	
$\mathfrak{w}_x = v, \quad \mathfrak{w}_y = -u\sqrt{1-\frac{v^2}{c^2}}$	$\mathfrak{w}_x' = 0, \quad \mathfrak{w}_y' = -u.$
Nach dem Stoß A	
$\mathfrak{w}_x = 0, \quad \mathfrak{w}_y = -u'$	$\mathfrak{w}_x' = -v, \quad \mathfrak{w}_y' = -u'\sqrt{1-\frac{v^2}{c^2}}$
Nach dem Stoß B	
$\mathfrak{w}_x = v, \quad \mathfrak{w}_y = +u'\sqrt{1-\frac{v^2}{c^2}}$	$\mathfrak{w}_x' = 0, \quad \mathfrak{w}_y' = +u'.$

Ist $|\mathfrak{w}|$ der absolute Betrag der Geschwindigkeit, so können wir den Impuls schreiben

$$\mathfrak{G} = m(|\mathfrak{w}|)\cdot\mathfrak{w},$$

wo m definitionsgemäß als Masse bezeichnet wird und nur vom *absoluten Betrag* der Geschwindigkeit abhängen kann. Aus der Erhaltung des Impulses in der x-Richtung folgt zunächst

$$u = u',$$

und aus der Erhaltung des Impulses in der y-Richtung

$$(\alpha) \qquad m\left(\sqrt{v^2+u^2\left(1-\frac{v^2}{c^2}\right)}\right)\cdot u\sqrt{1-\frac{v^2}{c^2}} = m(u)\cdot u.$$

Gehen wir nach Division durch u zum $\lim u \to 0$ über, so kommt, wenn wir für $m(0) = m_0$ schreiben:

$$m(v) \cdot \sqrt{1 - \frac{v^2}{c^2}} = m_0, \quad m = \frac{m_0}{\sqrt{1 - \frac{v^2}{c^2}}}, \quad \text{w. z. b. w.}$$

Es ist leicht zu sehen, daß die Relation (α) durch diesen Ansatz auch für beliebiges u erfüllt wird. Hat man ferner den Impuls ermittelt, so folgt auch der Ausdruck (318b) für die kinetische Energie unschwer durch Lorentz-Transformation. Die Kraft wird nun definiert als zeitliche Änderung des Impulses, und die Transformationsgesetze für dieselbe folgen unmittelbar. Hiermit ist die Möglichkeit nachgewiesen, die relativistische Mechanik unabhängig von der Elektrodynamik zu begründen.

Es möge noch erwähnt werden, daß die Gesetze des elastischen Stoßes, zu denen die relativistische Mechanik führt, für den allgemeinen Fall von *Jüttner*[216]) hergeleitet und diskutiert wurden.

39. Das Hamiltonsche Prinzip der relativistischen Mechanik. Wie bereits *Planck*[217]) bemerkte, lassen sich die Bewegungsgleichungen (317) aus einem Variationsprinzip herleiten. Führt man die *Lagrange*sche Funktion

$$L = -m_0 c^2 \sqrt{1 - \frac{u^2}{c^2}} \tag{325}$$

ein, so gilt nämlich

$$\int_{t_0}^{t_1} (\delta L + \mathfrak{K} \delta \mathfrak{r}) dt = 0, \tag{326}$$

wie man leicht nachrechnet. Wie beim *Hamilton*schen Prinzip der gewöhnlichen Mechanik sind die Werte t_0, t_1 und die Endpunkte des Integrationsweges vorgegeben. Man kann die Bewegungsgleichungen auch in der *Hamilton*schen Form schreiben. Führt man statt der Geschwindigkeitskomponenten $\dot{x}, \dot{y}, \dot{z}$ die Impulse

$$\mathfrak{G}_x = \frac{\partial L}{\partial \dot{x}}, \quad \mathfrak{G}_y = \frac{\partial L}{\partial \dot{y}}, \quad \mathfrak{G}_z = \frac{\partial L}{\partial \dot{z}} \tag{327}$$

ein und bildet die *Hamilton*sche Funktion:

$$H = \dot{x} \frac{\partial L}{\partial \dot{x}} + \dot{y} \frac{\partial L}{\partial \dot{y}} + \dot{z} \frac{\partial L}{\partial \dot{z}} - L = \frac{m_0 c^2}{\sqrt{1 - \frac{u^2}{c^2}}} = E_{\text{kin}} = \tag{328}$$

$$= m_0 c^2 \sqrt{1 + \frac{\mathfrak{G}_x^2 + \mathfrak{G}_y^2 + \mathfrak{G}_z^2}{m_0^2 c^2}},$$

216) *F. Jüttner*, Ztschr. Math. Phys. 62 (1914), p. 410.

217) *M. Planck*, l. c. Anm. 129).

so wird nämlich

$$\left\{\begin{aligned}\dot{x} &= \frac{\partial H}{\partial \mathfrak{G}_x}, \quad \ldots \text{ usw.}\\ \frac{d\mathfrak{G}_x}{dt} &= \mathfrak{K}_x, \quad \ldots \text{ usw.}\end{aligned}\right. \tag{329}$$

Das Wirkungsintegral $\int L\,dt$ muß eine Invariante gegenüber Lorentz-Transformationen sein. In der Tat ist es einfach

$$\int L\,dt = -m_0 c^2 \int d\tau, \tag{330}$$

wo τ die Eigenzeit bedeutet. Das Wirkungsprinzip (323) schreibt sich dann einfach

$$m_0 \delta \int d\tau + \int K_i \delta x^i = 0 \text{ [218]} \tag{331}$$

oder sogar

$$\delta \int d\tau = 0 \tag{332}$$

wenn man noch für die Variationen δx^i die *Nebenbedingung*

$$K_i u^i = 0$$

hinzufügt. Diese Formulierung des Variationsprinzips rührt von *Minkowski*[219]) her.

Die Bewegungsgleichungen (317) lassen auch eine Umformung zu, die dem *Virialsatz* der gewöhnlichen Mechanik entspricht:

$$L + E_{\text{kin}} + \frac{d}{dt}(m\mathfrak{u}\mathfrak{r}) = (\mathfrak{K}\mathfrak{r}). \tag{333}$$

Bleibt $\mathfrak{r}$ bei der Bewegung stets innerhalb endlicher Grenzen und kommt die Geschwindigkeit $\mathfrak{u}$ der Lichtgeschwindigkeit nicht beliebig nahe, so folgt durch Bildung des zeitlichen Mittelwertes

$$\overline{L} + \overline{E}_{\text{kin}} = \overline{(\mathfrak{K}\mathfrak{r})}. \tag{333a}$$

40. Generalisierte Koordinaten. Kanonische Form der Bewegungsgleichungen. In der relativistischen Mechanik kann eine bloß von den Lagenkoordinaten abhängige potentielle Energie im allgemeinen nicht eingeführt werden, weil sich Wirkungen nach den Grundpostulaten dieser Theorie nicht mit Überlichtgeschwindigkeit ausbreiten können. Es gibt jedoch gewisse Sonderfälle, wo es dennoch nützlich ist, eine solche potentielle Energie einzuführen, z. B. dann, wenn sich ein Massenpunkt in einem zeitlich unveränderlichen Kraftfeld bewegt. Gerade dieser Fall spielt in der Theorie der Feinstruktur der *Balmer*linien eine wesentliche Rolle. Man kann schreiben

$$\mathfrak{K} = -\operatorname{grad} E_{\text{pot}}, \tag{334}$$

$$L = -mc^2\sqrt{1-\frac{u^2}{c^2}} - E_{\text{pot}}, \qquad \delta\int L\,dt = 0 \tag{335}$$

218) An den Integrationsgrenzen sollen die δx^i verschwinden.

219) *H. Minkowski*, II, Anhang, l. c. Anm. 54).

$$H(\mathfrak{G}_x \ldots, x \ldots) = E_{\text{kin}} + E_{\text{pot}} = \dot{x}\frac{\partial L}{\partial \dot{x}} + \cdots - L \tag{336}$$

$$\begin{cases} \dot{x} = \dfrac{\partial H}{\partial \mathfrak{G}_x}, \quad \ldots \\ \dfrac{d\mathfrak{G}_x}{dt} = -\dfrac{\partial H}{\partial x}, \quad \ldots \end{cases} \tag{337}$$

womit die Gleichungen auf eine kanonische Form gebracht sind. Man kann auch generalisierte Koordinaten $q_1 \ldots q_f$ einführen. Die kanonisch konjugierten Impulse sind dann gegeben durch

$$\begin{cases} p_k = \dfrac{\partial L}{\partial \dot{q}_k}, \\ \text{und es wird} \\ H(p, q) = \Sigma \dot{q}_k \dfrac{\partial L}{\partial \dot{q}_k} - L \\ \dfrac{dq_k}{dt} = \dfrac{\partial H}{\partial p_k}, \quad \dfrac{dp_k}{dt} = -\dfrac{\partial H}{\partial q_k}. \end{cases} \tag{338}$$

Ferner gilt genau wie in der gewöhnlichen Mechanik die *partielle* Differentialgleichung von *Hamilton-Jacobi.* Die vorstehenden Formeln gelten ihrer Herleitung nach nur in *einem*, durch das Problem ausgezeichneten Koordinatensystem.

41. Die Trägheit der Energie. Der einfache Zusammenhang (318 b) zwischen kinetischer Energie und Masse legt bereits die Vermutung nahe, daß einfach einer jeden Energie E eine Masse $m = \frac{E}{c^2}$ zukommt.[220]) Die Trägheit eines Körpers müßte dann beim Erhitzen desselben zunehmen, ferner müßte die Strahlung Trägheit zwischen den absorbierenden und emittierenden Körpern übertragen. Was zunächst den zweiten Umstand betrifft, so läßt er sich durch folgende Betrachtung verifizieren. Ein in K' ruhender Körper emittiere die Strahlungsenergie E_s', und zwar derart, daß im ganzen kein Impuls ausgestrahlt wird, der Körper also in K' in Ruhe bleibt. In einem relativ zu K' mit der Geschwindigkeit v bewegten Koordinatensystem K wird dann nach (228) ein Impuls

$$\mathfrak{G}_s = \frac{\mathfrak{v}}{c^2}\frac{E_s'}{\sqrt{1-\beta^2}} = \frac{\mathfrak{v}}{c^2}E_s$$

---

220) *A. Einstein,* Ann. d. Phys. 18 (1905), p. 639 (auch in der Sammlung „Relativitätsprinzip"). Hier wird der Satz von der Trägheit der Energie zum erstenmal ausgesprochen; vgl. auch Ann. d. Phys. 20 (1906), p. 627. — *G. N. Lewis,* Phil. Mag. 16 (1908), p. 705, geht umgekehrt von der Forderung $E = mc^2$ aus und leitet daraus vermittels der Gleichung $\mathfrak{u}\frac{d}{dt}(m\mathfrak{u}) = \frac{dE}{dt}$ die Abhängigkeit der Masse von der Geschwindigkeit ab: $m = \frac{m_0}{\sqrt{1-\beta^2}}$.

ausgestrahlt. Da sich die Geschwindigkeit $\mathfrak{v}$ des Körpers nicht ändert, ist dies nur möglich, wenn seine Ruhmasse m_0 um

$$\Delta m_0 = \frac{E_s'}{c^2}$$

abnimmt. Durch eine ähnliche Impulsbilanz beim unelastischen Stoß kann man zeigen, daß auch der Wärmenergie Trägheit zugeschrieben werden muß. Dies wird auch durch folgende Betrachtung nahegelegt. Für den Gesamtimpuls und die Gesamtenergie eines Systems von Massenpunkten gelten, wie bereits erwähnt, dieselben Transformationsformeln (321) wie für einen *einzelnen* Massenpunkt. Ist das Koordinatensystem K_0 so gewählt, daß dort der Gesamtimpuls $\mathfrak{G}$ verschwindet, so gilt im System K wieder

$$\mathfrak{G} = \frac{\mathfrak{v}}{c^2}\frac{E_0}{\sqrt{1-\beta^2}}, \qquad E = \frac{E_0}{\sqrt{1-\beta^2}}.$$

Das System verhält sich also wie ein einzelner Massenpunkt mit der Ruhmasse $m_0 = \frac{E_0}{c^2}$.[221]) Offenbar ist ein ideales Gas ein solches System von Massenpunkten. E_0 wird hier $\Sigma m_0 c^2 + U$, wo U die Wärmeenergie bedeutet. Ihre Trägheit ist dadurch also erwiesen.

Einen noch allgemeineren Fall behandelt *H. A. Lorentz*.[222]) Wir betrachten ein beliebiges, abgeschlossenes physikalisches System, bestehend aus Massen, gespannten Federn, Lichtstrahlen usw. In einem Koordinatensystem K_0 ruhe das System, d. h. es habe dort keinen Gesamtimpuls. In irgendeinem anderen Koordinatensystem K werden wir dann dem System diejenige Geschwindigkeit $\mathfrak{u}$ zusprechen, mit der sich K_0 relativ zu K bewegt. Es ist eine äußerst plausible physikalische Annahme, daß der Impuls $\mathfrak{G}_1$ des Systems in K gegeben sein wird durch

$$\mathfrak{G}_1 = m\mathfrak{u} = \frac{m_0}{\sqrt{1-\frac{u^2}{c^2}}}\,\mathfrak{u}$$

wie beim Massenpunkt.[223]) Dann gilt für $\mathfrak{G}$ die Transformationsformel

$$\mathfrak{G}'_{x_1} = \frac{\mathfrak{G}_{x_1} - mv}{\sqrt{1-\beta^2}}, \quad \mathfrak{G}'_{y_1} = \mathfrak{G}_{y_1}, \quad \mathfrak{G}'_{z_1} = \mathfrak{G}_{z_1}.$$

---

221) *A. Einstein*, Ann. d. Phys. 23 (1907), p. 371.

222) *H. A. Lorentz*, Das Relativitätsprinzip, 3 Haarlemer Vorträge vgl. auch *H. A. Lorentz*, Over de massa der energie, Amst. Versl. 20 (1911), p. 87.

223) Nimmt man an, daß das System bloß der Einwirkung elektromagnetischer Kräfte ausgesetzt ist, so läßt sich diese Annahme umgehen. Vgl. *A. Einstein*, Jahrb. f. Rad. u. El. 4 (1907), p. 440. — Ein abgegrenzter, ebener Lichtwellenzug bildet insofern einen Ausnahmefall, als sein Impuls in keinem Koordinatensystem verschwindet (vgl. Nr. 30). Da in der angegebenen Formel in diesem Fall $u = c$ zu setzen ist, muß man ihm die Ruhmasse Null zuordnen (vgl. *H. A. Lorentz*, l. c. Anm. 222).

Nun lassen wir unser System 1 mit einem System 2, das nur aus Strahlung bestehe, in Wechselwirkung treten. Sind $\Delta\mathfrak{G}_1$ und $\Delta\mathfrak{G}_2$ die Impulsänderungen ΔE_1, ΔE_2 die Energieänderungen der beiden Systeme, so muß gelten

$$\Delta\mathfrak{G}_1 + \Delta\mathfrak{G}_2 = 0, \quad \Delta\mathfrak{G}_1' + \Delta\mathfrak{G}_2' = 0, \quad \Delta E_1 + \Delta E_2 = 0$$

und da wegen (228)

$$\Delta\mathfrak{G}'_{2x} = \frac{\Delta\mathfrak{G}_{2x} - \frac{v}{c^2}\Delta E_2}{\sqrt{1-\beta^2}},$$

folgt daraus sofort

$$\Delta m = \frac{\Delta E_1}{c^2}. \tag{339}$$

Diese Überlegung zeigt, daß es gar nicht darauf ankommt, welcher Art die Energien sind.

Es kann somit als erwiesen betrachtet werden, daß das Relativitätsprinzip im Verein mit den Sätzen der Erhaltung von Impuls und Energie zum fundamentalen Prinzip von der Trägheit aller Energie führt. Wir können dieses Prinzip mit *Einstein* als das wichtigste Ergebnis der speziellen Relativitätstheorie bezeichnen. Eine quantitative experimentelle Prüfung ist bisher noch nicht möglich gewesen. Schon in seiner ersten Publikation über diesen Gegenstand hat *Einstein*[224]) auf die Möglichkeit einer Prüfung der Theorie bei radioaktiven Prozessen hingewiesen. Doch sind die zu erwartenden Defekte in den Atomgewichten der radioaktiven Elemente[225]) zu gering, um empirisch festgestellt werden zu können. Die Möglichkeit, die Abweichungen der (auf $H = 1$ bezogenen) Atomgewichte der Elemente von der Ganzzahligkeit, soweit sie nicht durch Isotopie bedingt sind, durch die Wechselwirkungsenergie der Kernbestandteile und ihre Trägheit zu erklären, auf die zuerst *Langevin*[226]) hingewiesen hat, wurde neuerdings vielfach diskutiert.[227]) Vielleicht wird sich der Satz der Trägheit der Energie in Zukunft durch Beobachtungen über die Stabilität der Kerne prüfen lassen. Anzeichen für eine *qualitative* Übereinstimmung sind vorhanden.[227])

---

224) *A. Einstein,* Ann. d. Phys. 18, l. c. Anm. 220).

225) *M. Planck,* Berl. Ber. 1907, p. 542; Ann. d. Phys. 76 (1908), p. 1; *A. Einstein,* Jahrb. f. Rad. u. El. 4 (1907), p. 443.

226) *P. Langevin,* J. de Phys. (5) 3 (1913), p. 553. *Langevin* wollte damals *alle* Abweichungen der Atomgewichte von der Ganzzahligkeit auf die Trägheit der inneren Energie der Atomkerne zurückführen. Die Notwendigkeit, dabei auch eventuellen Isotopien zu berücksichtigen, wie sie heute durch die *Aston*schen Versuche als in den meisten Fällen tatsächlich vorhanden nachgewiesen sind, wurde bald darauf von *R. Swinne,* Phys. Ztschr. 14 (1913), p. 145 betont.

227) *W. D. Harkins* u. *E. D. Wilson,* Ztschr. f. anorg. Chem. 95 (1916), p. 1 u. 20; *W. Lenz,* Münch. Ber. 1918, p. 35; Naturw. 8 (1920), p. 181; *O. Stern* u. *M. Vollmer,*

42. Allgemeine Dynamik. Die Verhältnisse werden noch einfacher und übersichtlicher, wenn man von Totalenergie und Totalimpuls zu Energiedichte und Impulsdichte übergeht. In Nr. **30**, Gl. (225) haben wir gesehen, daß sich die elektromagnetische Viererkraft aus der Divergenz eines Spannungstensors S_i^k herleiten läßt. Dies führt naturgemäß auf die Verallgemeinerung, daß dies für jede Art von Kräften gelten müsse. Nach dem heutigen Stand unserer Kenntnisse können wir dies beweisen, denn wir wissen, daß sich alle (elastischen, chemischen usw.) Kräfte auf elektromagnetische zurückführen lassen (von der Gravitation sehen wir hier ab).[227a]) Davon machen indessen die Kräfte, welche die Elektronen und H-Kerne bei ihrer Bewegung auf sich selbst ausüben, eine Ausnahme (vgl. Abschn. V). Man wird deshalb so vorgehen: Man zerlege im Ausdruck (222) für den Impuls-Energietensor den Feldtensor F_{ik} in seine von den einzelnen geladenen Teilchen herrührenden Teile. Der Tensor S_i^k zerfällt dann in zwei Teile, von denen der eine aus Produkten von Feldtensorkomponenten *verschiedener* Teilchen, der andere aus den Produkten der Feldtensorkomponenten, die von je einem und demselben Teilchen stammen, besteht. Nur ersteren, der die Wechselwirkung zwischen den Teilchen beschreibt, behalte man bei. Bildet man nun die Divergenz, so erhält man bloß die Kräfte, welche die Teilchen wechselseitig *aufeinander* ausüben. Man kann dann schreiben:

$$\mu_0 \frac{d u_i}{d \tau} = -\frac{\partial S_i^k}{\partial x^k}$$

und nach (322), (324)
$$\frac{\partial(\theta_i^k + S_i^k)}{\partial x^k} = 0.$$

Die Materie läßt sich also charakterisieren durch einen Impulsenergietensor T_i^k, dessen Divergenz verschwindet:

(340) $$T_{ik} = \theta_{ik} + S_{ik},$$

(341) $$\frac{\partial T_i^k}{\partial x^k} = 0.$$

Wie in (224) stellen die räumlichen Komponenten von T_{ik} die Spannungen dar, die man auch als Komponenten des Impulsstromes deuten kann, während die übrigen Komponenten, die Impulsdichte $\mathfrak{g}$, Energiestrom $\mathfrak{S}$ und Energiedichte W bestimmen:

(342) $$T_{i4} = ic\mathfrak{g}, \quad T_{4i} = \frac{i}{c}\mathfrak{S}, \quad T_{44} = W.$$

Ann. d. Phys. 59 (1919), p. 225; *A. Smekal*, Naturw. 8 (1920), p. 206; Wien. Ber. 1920, math.-nat. Kl.

227a) Inwiefern die hier besprochene Dynamik durch die *Quantentheorie* modifiziert werden wird, läßt sich zurzeit noch nicht sagen.

Wir haben den Impulsenergietensor hier dargestellt als Summe aus einem mechanischen und elektromagnetischen. Über die Versuche, den mechanischen Teil gleichfalls auf einen elektromagnetischen zurückzuführen, vgl. Abschn. V. Für die folgenden rein phänomenologischen Betrachtungen kommt es auf die *Natur* des Impulsenergietensors nicht an, sondern bloß auf seine *Existenz*. In historischer Hinsicht muß bemerkt werden, daß die Existenz eines derartigen Tensors für die *mechanische* (elastische) Energie zum erstenmal von *Abraham*[228]) ausgesprochen und von *Laue*[228]) endgültig formuliert wurde. Die *Symmetrie* des Impulsenergietensors ist durch seine Zurückführung auf den mechanischen und elektromagnetischen Tensor gewährleistet; früher hat man sie auch durch ein besonderes Postulat eingeführt. Es läßt sich aus ihr eine wichtige Folgerung herleiten. Aus $T_{i4} = T_{4i}$ folgt nämlich nach (342):

$$\mathfrak{g} = \frac{\mathfrak{S}}{c^2}. \tag{343}$$

Es ist dies der zuerst von *Planck*[229]) ausgesprochene Satz vom Impuls des Energiestromes, demzufolge jeder Energiestrom mit Impuls verbunden ist. Man kann diesen Satz als eine erweiterte Fassung des Prinzips von der Trägheit der Energie bezeichnen. Während sich dieses nur auf die *gesamte* Energie bezieht, sagt jener auch etwas über die *Lokalisation* von Impuls und Energie aus.

Ebenso wie in Nr. **30** schließt man aus (341), daß Gesamtenergie und Gesamtimpuls eines abgeschlossenen Systems einen Vierervektor bilden:

$$(J_1, J_2, J_3) = c\mathfrak{G}, \quad J_4 = iE. \tag{227}$$

Auch gelten wieder die Formeln (228). Die Trägheit einer jeden Energieform, also insbesondere auch der *potentiellen* Energie, folgt aus ihnen unmittelbar. Wir bemerken nochmals, daß wir die additive Konstante der Energie so festgesetzt haben, daß die Energie eines ruhenden Elektrons gleich $m_0 c^2$ wird. Nur dann gilt allgemein $E = mc^2$.

Aus (341) folgt auch in der bekannten Weise[230]) die Erhaltung des Drehimpulses

$$\mathfrak{L} = \int [\mathfrak{r}\mathfrak{g}]\, dV. \tag{344}$$

Für die Gültigkeit des Satzes von der Erhaltung des Drehimpulses

228) *M. Abraham*, Phys. Ztschr 10 (1909), p. 739; *M. v. Laue*, Das Relativitätsprinzip, 1. Aufl., Braunschweig 1911, und Ann. d. Phys. 35 (1911), p. 524; vgl. auch *W. Schottky*, Berl Diss. 1912.

229) *M. Planck*, Phys. Ztschr. 9 (1908), p. 828.

230) Vgl. *H. A. Lorentz*, Art. V 14 dieser Encykl., Nr. 7.

ist die Symmetrie der *räumlichen* Komponenten von T_{ik} wesentlich. Fordert man diese Symmetrie für jedes Bezugssystem, so folgt daraus aber auch die Symmetrie der gemischten Komponenten, die den Satz vom Impuls des Energiestroms bedingt.[230a])

43. Transformation von Energie und Bewegungsgröße eines Systems bei Vorhandensein von äußeren Kräften. Die Formeln (228) gelten nur, wenn unter E und $\mathfrak{G}$ *alle* in Betracht kommenden Energie- und Impulsarten inbegriffen sind. Steht ein Gas unter einem äußeren Druck oder haben wir es mit einem System von ruhenden elektrischen Ladungen zu tun, so müßten wir auch die elastische Energie der Hülle, resp. der geladenen Materie berücksichtigen. Es wäre dies sehr unbequem. Wir wollen deshalb folgendes allgemeine Problem lösen. Die Energiearten, die wir allein berücksichtigen wollen, mögen eine Kraft f_i hervorbringen, so daß gilt

$$\frac{\partial S_i^k}{\partial x^k} = -f_i, \tag{345}$$

wenn S_{ik} der den genannten Energiearten entsprechende Tensor ist. Es ist gefragt nach den Transformationsformeln für Totalenergie und Totalimpuls. Im Koordinatensystem K' ruhe das System, d. h. es sei hier der Gesamtimpuls Null ($\mathfrak{G}' = 0$), ferner seien hier alle Zustandsgrößen von der Zeit unabhängig.

Man kann nun zwei Methoden befolgen. Entweder man transformiert erst die Energie- und Impulsdichte auf das bewegte System, was nach den Transformationsformeln für die Komponenten eines symmetrischen Tensors leicht geschehen kann, und integriert dann über das Volumen. In dieser Weise geht *Laue*[231]) vor. Es ergibt sich

$$\left\{\begin{aligned} \mathfrak{G}_x &= \frac{1}{\sqrt{1-\beta^2}}\frac{v}{c^2}\left[E' + \int S'_{xx}dV'\right], \quad \mathfrak{G}_y = \frac{v}{c^2}\int S'_{xy}dV', \ldots \\ E &= \frac{1}{\sqrt{1-\beta^2}}\left[E' + \frac{v^2}{c^2}\int S'_{xx}dV'\right]. \end{aligned}\right. \tag{346}$$

Sind speziell die Spannungen ein räumlich konstanter, skalarer Druck p, so kommt

$$\left\{\begin{aligned} \mathfrak{G}_x &= \frac{1}{\sqrt{1-\beta^2}}\frac{v}{c^2}(E' + p'V'), \quad \mathfrak{G}_y = \mathfrak{G}_z = 0 \\ E &= \frac{1}{\sqrt{1-\beta^2}}\left(E' + \frac{v^2}{c^2}p'V'\right), \end{aligned}\right. \tag{346a}$$

230a) Im Zusammenhang mit dem Drehimpulssatz möge darauf hingewiesen werden, daß *P. Epstein,* Ann. d. Phys. 36, l. c. Anm. 215a) das Drehmoment als Flächentensor $N_{ik} = x_i K_k - x_k K_i$ (K_i = *Minkowski*sche Viererkraft) in die Theorie einführt.

231) *M. v. Laue,* Ann. d. Phys. 35 (1911), p. 524 und Das Relativitätsprinzip, 1. Aufl. 1911, p. 87, Gl. (102), p. 153, Gl. (XXVII).

wie zuerst *Planck*[232]) in seiner grundlegenden Arbeit über die Dynamik bewegter Systeme gefunden hat.

Zweitens kann man eine Betrachtung anstellen ähnlich derjenigen in Nr. 21 bei der Herleitung des Vektorcharakters von J_k. Nur ist wesentlich zu berücksichtigen, daß hier das Integral über den Querschnitt $x'^4 =$ konst. nicht ohne weiteres ersetzt werden kann durch das Integral über den Querschnitt $x^4 =$ konst. Vielmehr unterscheiden sich die beiden Integrale um das Integral

$$-\int f_i \, d\Sigma,$$

welches über das zwischen den beiden Querstücken befindliche Weltstück zu erstrecken ist. Legt man die x-Achse in die Richtung der Relativgeschwindigkeit von K gegen K', so folgt leicht

$$\int f_i \, d\Sigma = \beta \int f_i' x' \, dV',$$

und nach einigen Zwischenrechnungen findet man

$$\text{(347)} \quad \begin{cases} \mathfrak{G}_x = \dfrac{1}{\sqrt{1-\beta^2}} \dfrac{v}{c^2} \left[E' + \int \mathfrak{f}_x' x' \, dV'\right], \\ \mathfrak{G}_y = \dfrac{v}{c^2} \int \mathfrak{f}_y' x' \, dV', \quad \mathfrak{G}_z = \cdots \\ E = \dfrac{1}{\sqrt{1-\beta^2}} \left[E' + \beta^2 \int \mathfrak{f}_x' x' \, dV'\right]. \end{cases}$$

Diese Formeln rühren von *Einstein*[233]) her. Man kann sie durch partielle Integration in die *Laue*schen überführen.

44. Anwendung auf spezielle Fälle. Versuch von Trouton-Noble. Eine einfache Überlegung zeigt, daß nach den Transformationsformeln der relativistischen Mechank ein bewegter starrer Körper nicht dann im Gleichgewicht ist, wenn das resultierende Drehmoment der auf ihn ausgeübten Kräfte verschwindet. Betrachten wir zum Beispiel einen Stab, der sich im Koordinatensystem K mit der Geschwindigkeit $\mathfrak{u}$ in der Richtung der x-Achse bewegt.[234]). Im mitbewegten System K' mögen an den beiden Enden entgegengesetzt gleiche Kräfte in der Richtung des Stabes wirken. Der in K' gemessene Winkel zwischen Stab und Relativgeschwindigkeit $\mathfrak{u}$ (x'-Achse) von K' gegen K sei α. Sind x', y' die Koordinatendifferenzen der beiden Stabenden in K', x, y die entsprechenden Werte in K, so ist

$$\mathfrak{K}_x' = |\mathfrak{K}'| \cos\alpha, \quad \mathfrak{K}_y' = |\mathfrak{K}'| \sin\alpha$$

---

232) *M. Planck*, l. c. Anm. 225), vgl. auch *A. Einstein*, Jahrb. f. Rad. u. El. 4 (1907), p. 411.

233) *A. Einstein*, Ann. d. Phys. 23 (1907), p. 371 und allgemeiner im Jahrb. f. Rad. u. El. 4 (1907), p. 446 u. 447.

234) *P. Epstein*, Ann. d. Phys. 36 (1911), p. 779.

und nach (216)
$$\mathfrak{K}_x = \mathfrak{K}_x', \quad \mathfrak{K}_y = \mathfrak{K}_y'\sqrt{1-\beta^2},$$
im Gegensatz zu
$$x = x'\sqrt{1-\beta^2}, \quad y = y'.$$
In K hat also die Kraft nicht die Stabrichtung. Es wirkt ein Drehmoment

$$(348)\quad \mathfrak{N}_z = (1-\beta^2)x'\mathfrak{K}_y' - y'\mathfrak{K}_x' = -\beta^2 x'\mathfrak{K}_y' = -\beta^2 l_0 |\mathfrak{K}'| \sin\alpha \cos\alpha.$$

Es ist nun die Frage, wieso trotz Vorhandensein dieses Drehmomentes keine Drehung eintritt. Man wird zunächst bemerken, daß die elastischen Kräfte, die in K' den äußeren Kräften $\mathfrak{K}$ das Gleichgewicht halten, sich genau so transformieren wie diese. Es existiert also im System K ein Drehmoment der elastischen Kräfte, welches das äußere Drehmoment $\mathfrak{N}$ aufhebt. Der tiefere Grund dafür, daß die elastischen Kräfte hier nicht die Richtung des Stabes haben, ist der, daß sie sich nicht ausschließlich als Divergenz eines Spannungstensors darstellen lassen, sondern daß noch ein Term, der von der zeitlichen Änderung der Impulsdichte herrührt, hinzukommt (vgl. Nr. 42). Daß sich dadurch das Drehmoment auch quantitativ richtig ergibt, zeigt folgende Überlegung. Das von den elastischen Kräften herrührende Drehmoment $\mathfrak{N}$ ist gleich der negativen zeitlichen Änderung des gesamten elastischen Drehimpulses $\mathfrak{L}$, also nach (344)

$$(344\text{a})\quad \mathfrak{N} = -\frac{d\mathfrak{L}}{dt} = -\frac{d}{dt}\int [\mathfrak{r}\mathfrak{g}]\, dV.$$

Man leitet dies genau analog ab, wie es von *H. A. Lorentz*[234a]) bei elektromagnetischen Kräften geschehen ist. Da in K' alle Zustandsgrößen von der Zeit unabhängig sind, folgert man leicht[234a])

$$(344\text{b})\quad \mathfrak{N} = -[\mathfrak{u}\mathfrak{G}].$$

Die Bestimmung des Drehmomentes ist hierdurch auf die des elastischen Gesamtimpulses
$$\mathfrak{G} = \frac{1}{c^2}\int \mathfrak{S}\, dV$$
zurückgeführt. Nun ist in unserem Fall der Energiestrom stets der Stabrichtung parallel, und das über den Stabquerschnitt erstreckte Integral $\int \mathfrak{S}_n d\sigma = \int |\mathfrak{S}|\, d\sigma$ ist nach dem Energiesatz gleich der Arbeit $(\mathfrak{K}\mathfrak{u})$. Also wird
$$\mathfrak{G} = \frac{1}{c^2}(\mathfrak{K}\mathfrak{u})\,\mathfrak{r},$$
wo $\mathfrak{r}$ der Vektor mit den Komponenten x, y ist. In (344b) eingesetzt, gibt das
$$|\mathfrak{N}| = \frac{1}{c^2}(\mathfrak{K}\mathfrak{u})\,|[\mathfrak{u}\mathfrak{r}]| = \beta^2\mathfrak{K}_x'y' = \beta^2 l_0 |\mathfrak{K}'| \sin\alpha\cos\alpha,$$
was tatsächlich das Drehmoment (378) gerade aufhebt.

234a) *H. A. Lorentz*, Art. V 14 dieser Encykl., Nr. 7 u. 21a).

Eine analoge Überlegung läßt sich über den Fall des rechtwinkligen Hebels anstellen, für den die Existenz des Drehmomentes von *Lewis* und *Tolman*[235]) bemerkt und von *Laue*[236]) auf Grund des Satzes vom Impuls des Energiestromes geklärt wurde.

Denkt man sich die äußeren Kräfte, die auf den oben betrachteten Stab wirken, dadurch hervorgebracht, daß er an den Enden zwei kleine kugelförmige Ladungen trägt, so ist nur noch ein kleiner Schritt nötig, um zur *Trouton-Noble*schen Versuchsanordnung[237]) zu gelangen. Diese Physiker untersuchten, ob ein geladener Kondensator sich senkrecht zur Richtung der Erdbewegung einstellt. In einem Koordinatensystem, in welchem sich der Kondensator mit einer Geschwindigkeit $\mathfrak{u}$ in der Richtung der x-Achse bewegt, übt nämlich das elektromagnetische Feld im allgemeinen ein Drehmoment auf denselben aus.[238]) Es sei α' der Winkel der Plattennormale mit der Geschwindigkeit $\mathfrak{u}$, W' die Energiedichte, E' die elektrostatische Energie im mitbewegten System K'. Der Impuls im bewegten System berechnet sich nach (346). Da nun das Feld in K' bloß aus einem homogenen elektrostatischen Feld zwischen den Platten besteht, welches auf diesen senkrecht steht, so wird

$$\mathfrak{E}_x' = |\mathfrak{E}'| \cos\alpha', \quad \mathfrak{E}_y' = |\mathfrak{E}'| \sin\alpha'$$

und für S_{xx}' und S_{xy}' ergibt sich

$$S_{xx}' = W' - \mathfrak{E}_x'^2 = W'(1 - 2\cos^2\alpha'),$$
$$S_{xy}' = -\mathfrak{E}_x'\mathfrak{E}_y' = 2W' \sin\alpha' \cos\alpha'.$$

Setzt man dies in (346) ein, so folgt

$$(349)\quad \begin{cases} \mathfrak{G}_x = \dfrac{u}{c^2}\dfrac{E'}{\sqrt{1-\beta^2}}(2 - 2\cos^2\alpha') = 2\dfrac{u}{c^2}\dfrac{E'}{\sqrt{1-\beta^2}}\sin^2\alpha', \\ \mathfrak{G}_y = -2\dfrac{u}{c^2}E'\sin\alpha'\cos\alpha' = -\dfrac{u}{c^2}E'\sin 2\alpha'. \end{cases}$$

Abgesehen von Gliedern höherer Ordnung ist also der Impuls zu den Platten parallel. Daraus folgt nach (344b) ein Drehmoment vom Betrag

$$(350)\quad |\mathfrak{N}| = u\mathfrak{G}_y = \beta^2 E' \sin 2\alpha'.$$

Dennoch zeigt sich keine Drehung, wie nach dem Relativitätsprinzip von vornherein zu erwarten ist. Schon 1904 gab *H. A. Lo-*

---

235) *G. N. Lewis* und *C. Tolman*, Phil. Mag. 18 (1909), p. 510.

236) *M. v. Laue*, Phys. Ztschr. 12 (1911), p. 1008.

237) *F. T. Trouton* u. *H. R. Noble*, l. c. Anm. 6); siehe auch *H. A. Lorentz*, Art. V 14 dieser Encykl., Nr. 56c).

238) Vgl. für die folgende Ableitung *M. v. Laue*, Das Relativitätsprinzip, 1. Aufl., Braunschweig 1911, p. 99.

rentz[239]) dafür die richtige Erklärung, daß die elastischen Kräfte sich genau in derselben Weise transformieren wie die elektromotorischen. Tiefer geht die Auffassung von *Laue*[240]), wonach der Impuls des elastischen Energiestromes ein Drehmoment bewirkt, welches das elektromagnetische gerade aufhebt. *Laue*[241]) hat auch untersucht, wie das Drehmoment (350) im einzelnen zustande kommt. Dabei ist wesentlich, daß in K' neben den Kräften $|\mathfrak{K}_1'| = \frac{E'}{d}$ senkrecht zu den Platten noch auf jede Platte Kräfte senkrecht auf jeder Kante in Richtung der Plattenebene wirken. Sind die Platten Rechtecke mit

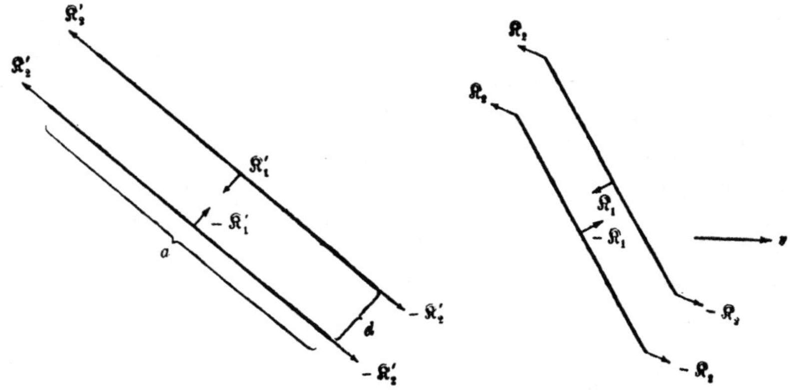

Fig. 4.

den Seiten a, b, so wirkt noch senkrecht auf die Kante b die Kraft $|\mathfrak{K}_2'| = \frac{1}{2}\frac{E'}{b}$, senkrecht auf die Kante a die Kraft $|\mathfrak{K}_3'| = \frac{1}{2}\frac{E'}{b}$. Sind die Kanten b senkrecht zur Geschwindigkeit $\mathfrak{u}$, so braucht $\mathfrak{K}_3'$ nicht berücksichtigt zu werden. Die in den Systemen K' und K angreifenden Kräfte $\mathfrak{K}_1'$, $\mathfrak{K}_2'$ bzw. $\mathfrak{K}_1$, $\mathfrak{K}_2$ werden durch Fig. 4 veranschaulicht.

Durch Transformation der Kräfte auf das System K folgt sofort das Drehmoment. Das Kräftepaar $\mathfrak{K}_1$ liefert die eine Hälfte des Drehmomentes, die beiden Kräftepaare $\mathfrak{K}_2$ die andere. Man verifiziert auch leicht die Ausdrücke (347) für den Impuls. Es ergibt sich

$$\int \mathfrak{f}_x' x' dV' = E'(\sin^2\alpha' - \cos^2\alpha')$$

$$\int \mathfrak{f}_y' x' dV' = 2E' \sin\alpha' \cos\alpha',$$

woraus wieder (349) folgt.

239) Art. V 14, Nr. 64, ferner Amst. Versl. l. c. Anm. 9).
240) *M. v. Laue*, Ann. d. Phys. 35 (1911), p. 524.
241) *M. v. Laue*, Ann. d. Phys. 38 (1912), p. 370.

Auch bei anderen Ladungsverteilungen als beim Kondensator oder bei zwei durch einen Stab verbundenen Punktladungen tritt ein Drehmoment auf, wenn sie sich gleichförmig bewegen, z. B. auch bei einem Ellipsoid.[242]) Eine Drehung kann dennoch nach dem Relativitätsprinzip niemals eintreten. Ist jedoch im mitbewegten System K' das Feld kugelsymmetrisch, dann ist in K der Impuls parallel $\mathfrak{u}$, und das Drehmoment verschwindet nach (344b). Es ist hier nämlich

$$\int S'_{xy} dV' = 0, \quad \int S'_{xx} dV' = \int S'_{yy} dV' = \int S'_{zz} dV',$$

und aus $S'_{xx} + S'_{yy} + S'_{zz} = W$ folgt dann noch, daß jedes der drei letzten Integrale gleich $\frac{1}{3}E'$ ist. Also ist hier nach (346)

$$\text{(351)} \qquad \mathfrak{G} = \frac{\mathfrak{u}}{c^2} \frac{\frac{4}{3}E'}{\sqrt{1-\beta^2}}, \qquad E = \frac{E'\left(1 + \frac{1}{3}\frac{u^2}{c^2}\right)}{\sqrt{1-\beta^2}}.$$

Über die Anwendungen dieser Beziehungen auf das einzelne Elektron vgl. Abschn. V.

45. Hydrodynamik und Elastizitätstheorie. Die relativistische Elastizitätstheorie ist historisch aus dem Bestreben entstanden, den Begriff des starren Körpers auch in der Relativitätstheorie nutzbar zu machen. Naturgemäß mußte man zuerst nach einer Definition des starren Körpers suchen, die gegenüber Lorentz-Transformationen invariant ist. Eine solche Definition wurde zuerst von *Born*[243]) aufgestellt. Ein Körper soll dann als starr gelten, wenn in dem Koordinatensystem K_0, in dem ein bestimmtes Volumelement des Körpers in dem betreffenden Augenblick ruht, das Volumelement undeformiert ist. Analytisch formuliert sich dies so: Wir charakterisieren die Strömung eines deformierbaren Mediums in der *Lagrange*schen Weise, indem wir die Koordinaten $x^1 \ldots x^4$ als Funktionen der Anfangskoordinaten $\xi^1 \ldots \xi^3$ und der Eigenzeit τ, oder besser der Symmetrie halber der Koordinate $\xi^4 = ic\tau$ angeben:

$$\text{(352)} \qquad x^k = x^k(\xi^1, \ldots \xi^4).$$

Das Weltlinienelement

$$ds^2 = \sum dx^{k2}$$

zweier benachbarter Raumzeitpunkte wird dann eine quadratische Form in den Differentialen $d\xi^i$:

$$\text{(353)} \qquad ds^2 = A_{ik} d\xi^i d\xi^k.$$

Betrachten wir insbesondere diejenigen Weltpunkte, die für einen

242) *M. Abraham*, Ann. d. Phys. 10 (1903), p. 174 sowie Theorie der Elektrizität, 2, 1. Aufl. 1905, p. 170ff.

243) *M. Born*, Ann. d. Phys. 30 (1909), p. 1.

im betreffenden Moment mit dem Volumenelement mitbewegten Beobachter gleichzeitig sind — sie genügen der Gleichung

$$u_i dx^i = u_i \frac{\partial x^i}{\partial \xi^k} d\xi^k = 0 \tag{354}$$

(u_i = Vierergeschwindigkeit) —, so kann $d\xi^4$ aus (353) eliminiert werden, und das Linienelement ds^2 schreibt sich als quadratische Form der drei räumlichen Differentiale:

$$ds^2 = \sum_{i,k=1}^{3} p_{ik}\, d\xi^i d\xi^k. \tag{355}$$

Die Abweichung der p_{ik} von ihren Anfangswerten charakterisiert die Deformation des Volumelementes. Für den starren Körper sollen diese Abweichungen stets verschwinden, also

$$\frac{\partial p_{ik}}{\partial \xi^4} = 0 \tag{356}$$

sein.

Eine einfache Betrachtung von *Ehrenfest*[244]) zeigte jedoch, daß ein derartiger Körper nicht in Rotation versetzt werden kann. Wäre dies nämlich möglich, so müßte sich bei diesem Vorgange einerseits wegen der Lorentz-Kontraktion der Umfang der Kreise, welche die Punkte des Körpers beschreiben, verkleinern, andererseits müßten ihre Radien, die stets auf der Geschwindigkeit senkrecht stehen, unverändert bleiben. Weiter haben unabhängig voneinander *Herglotz*[245]) und *Noether*[246]) bewiesen, daß ein im *Born*schen Sinne starrer Körper nur drei Freiheitsgrade hat im Gegensatz zu den sechs Freiheitsgraden des starren Körpers der alten Mechanik. Abgesehen von Ausnahmefällen ist die Bewegung des Körpers vollständig bestimmt, wenn die Bewegung eines einzigen seiner Punkte vorgegeben ist. Dies erweckte bereits starke Zweifel an der Möglichkeit, in die relativistische Mechanik einen starren Körper einzuführen.[247]) Die endgültige Klärung brachte eine Arbeit von *Laue*[248]), der durch eine ganz elementare Betrachtung bewies, daß die Zahl der kinematischen Freiheitsgrade eines Körpers nach der Relativitätstheorie keine beschränkte sein kann. Da nämlich keine Wirkung sich mit Überlichtgeschwindigkeit ausbreiten kann, hat ein Anstoß, der einem Körper gleichzeitig

244) *P. Ehrenfest,* Phys. Ztschr. 10 (1909), p. 918.

245) *G. Herglotz,* Ann. d. Phys. 31 (1910), p. 393.

246) *F. Noether,* Ann. d. Phys. 31 (1910), p. 919.

247) Man vgl. dazu: *M. Born,* Phys. Ztschr. 11 (1910), p. 233; *M. Planck,* Phys. Ztschr. 11 (1910), p. 294; *W. v. Ignatowsky,* Ann. d. Phys. 33 (1910), p. 607; *P. Ehrenfest,* Phys. Ztschr. 11 (1910), p. 1127; *M. Born,* Gött. Nachr. 1910, p. 161.

248) *M. v. Laue,* Phys. Ztschr. 12 (1911), p. 85.

an n verschiedenen Stellen erteilt wird, stets *zunächst* eine Bewegung zur Folge, der mindestens n Freiheitsgrade zukommen.

Wenn also auch der Begriff des *starren Körpers* in der relativistischen Mechanik keinen Platz hat, so ist es doch nützlich und naturgemäß, den Begriff der *starren Bewegung* eines Körpers einzuführen. Man wird naturgemäß diejenigen Bewegungen starr nennen, bei denen die *Born*sche Bedingung (356) erfüllt ist. *Herglotz*[249]) hat dann eine relativistische Elastizitätstheorie entwickelt, die auf dem Gedanken beruht, daß immer dann Spannungen auftreten, wenn die *Born*sche Bedingung (356) verletzt ist. Die Bewegungsgleichungen werden aus einem Wirkungsprinzip

$$\delta \int \Phi \, d\xi_1 \ldots d\xi_4 = 0 \tag{357}$$

abgeleitet, wo Φ eine Funktion der Deformationsgrößen A_{ik} ist. Sie ist so gewählt, daß Φ für den Fall der Ruhe genau so von den p_{ik} abhängt wie die *Lagrange*sche Funktion der gewöhnlichen Elastizitätstheorie. Die hieraus resultierenden Bewegungsgleichungen ordnen sich dem *Laue*schen Schema (340), (341) ein.

Es möge hier noch erwähnt werden, daß *Laue*[250]) zum Unterschied von den *absoluten* auch *relative* Spannungen einführt. Aus (341) folgt

$$\dot{\mathfrak{g}}_i = -\sum_{k=1}^{3} \frac{\partial T_{ik}^k}{\partial x^k}. \qquad (i = 1, 2, 3) \tag{358a}$$

Da hier auf der linken Seite die *lokale* und nicht die *substantielle* Änderung der Impulsdichte steht, geben die räumlichen Komponenten von T nicht die elastischen Spannungen an. Die substantielle Änderung $\underset{\cdots}{\dot{\mathfrak{g}}_i}$ der Impulsdichte ist nun bestimmt durch

$$\underset{\cdots}{\dot{\mathfrak{g}}_i} = \dot{\mathfrak{g}}_i + \sum_{1}^{3} \frac{\partial}{\partial x^k} (\mathfrak{g}_i \mathfrak{u}_k),$$

also wird

$$\underset{\cdots}{\dot{\mathfrak{g}}_i} = -\sum_{1}^{3} \frac{\partial \overline{T}_i^k}{\partial x^k}, \tag{358b}$$

mit

$$\overline{T}_{ik} = T_{ik} - \mathfrak{g}_i u_k. \qquad (i, k = 1, 2, 3) \tag{359}$$

Es ist zu beachten, daß die relativen Spannungen $\overline{T}_{ik}$ nicht symme-

249) *G. Herglotz,* Ann. d. Phys. 36 (1911), p. 493.

250) *M. v. Laue,* l. c. Anm. 228), ferner: Das Relativitätsprinzip, Braunschweig 1911, § 26. — In der Elektrodynamik bewegter Korper hatte schon früher *M. Abraham* in genau analoger Weise relative Spannungen eingeführt [Rend. Pal. 28 (1909), p. 1].

trisch sind. Die Transformationsgesetze für dieselben lauten einfach

$$(360)\quad \begin{cases} \overline{T}_{xx} = T^0_{xx}, & \overline{T}_{yy} = T^0_{yy}, & \overline{T}_{zz} = T^0_{zz}, \\ \overline{T}_{xy} = \dfrac{T^0_{xy}}{\sqrt{1-\beta^2}}, & \overline{T}_{xz} = \dfrac{T^0_{xz}}{\sqrt{1-\beta^2}}, & \overline{T}_{yz} = T^0_{yz}, \\ \overline{T}_{yx} = \sqrt{1-\beta^2}\, T^0_{yx}, & \overline{T}_{zx} = \sqrt{1-\beta^2}\, T^0_{zx}, & \overline{T}_{zy} = T^0_{zy}. \end{cases}$$

Zum Unterschied von den entsprechenden Relationen für die absoluten Spannungen kommt hier die Energiedichte W_0 nicht vor. Ist speziell im Ruhsystem der (dreidimensionale) Spannungstensor ein Skalar

$$T^0_{ik} = p_0 \delta_i^k, \qquad (i,k = 1, 2, 3)$$

so gilt auch

$$\overline{T}_{ik} = p_0 \delta_i^k.$$

Der skalare Druck ist eine Invariante:

$$(361)\qquad p = p_0.$$

Es folgt dies auch schon direkt aus den Transformationsformeln für Kraft und Flächengröße, wenn man den Druck als Kraft pro Flächeneinheit definiert.[251]) [Vgl. auch das in Nr. **37** d) über die Invarianz des Lichtdruckes Gesagte.]

Eine verhältnismäßig einfache Form nehmen die Bewegungsgleichungen bei Flüssigkeiten an, wo der dreidimensionale Spannungstensor zu einem Skalar degeneriert. Mit diesem Spezialfall beschäftigten sich außer *Herglotz*[252]) *Ignatowsky*[253]) und *Lamla*[254]); die Resultate dieser Autoren stimmen überein. Bedeutet μ_0 die Ruhmassendichte, p den Druck, P wie in der Hydrodynamik üblich das Integral $\int \frac{dp}{\mu_0}$ und beschränken wir uns auf adiabatische Vorgänge, so ist der Impuls-Energietensor gegeben durch

$$(362)\qquad T_i^k = \mu_0 \left(1 + \frac{P}{c^2}\right) u_i u^k + p \delta_i^k.$$

Aus den Gleichungen

$$\frac{\partial T_i^k}{\partial x^k} = 0$$

folgt dann zunächst durch skalare Multiplikation mit u^i die Kontinuitätsgleichung

$$(363)\qquad \frac{\partial \mu_0 u^k}{\partial x^k} = 0$$

---

251) *A. Einstein*, Jahrb. f. Rad. u. El. 4 (1907), p. 441, § 13; *A. Sommerfeld*, Ann. d. Phys. 32 (1910), p. 775. Zum erstenmal ausgesprochen bei *M. Planck*, l. c. Anm. 225).

252) *G. Herglotz*, l. c. Anm. 249).

253) *W. v. Ignatowsky*, Phys. Ztschr. 12 (1911), p. 441.

254) *E. Lamla*, Berl. Diss. 1911; Ann. d. Phys. 37 (1912), p. 772.

und hernach die Bewegungsgleichung

$$\mu_0\left(1+\frac{P}{c^2}\right)\frac{du_i}{d\tau}=-\left(\frac{\partial p}{\partial x^i}+u_i\frac{d}{d\tau}\frac{p}{c^2}\right). \tag{364}$$

Im Fall der Ruhe gibt $T_0^{\,0}$ den gewöhnlichen Ausdruck für die Energiedichte.

Die besprochenen Überlegungen haben nur den Wert, daß sie die *Möglichkeit* einer widerspruchsfreien relativistischen Hydrodynamik und Elastizitätstheorie zeigen. In physikalischer Hinsicht bringen sie nichts Neues. Denn für Substanzen, in denen die Geschwindigkeit der elastischen Wellen klein gegenüber der Lichtgeschwindigkeit ist, unterscheiden sich die Gleichungen der relativistischen Elastizitätstheorie praktisch nicht von denen der gewöhnlichen.

Sowohl *Herglotz* wie *Lamla* folgern aus ihren Gleichungen, daß es für die Kompressibilität eine untere Grenze geben muß, weil sonst die elastischen Wellen sich mit Überlichtgeschwindigkeit ausbreiten würden. Es scheint uns jedoch, daß das Relativitätsprinzip über die Größe der Kohäsionskräfte gar nichts aussagen kann. Rückt die statische Kompressibilität in die Nähe der von *Herglotz* und *Lamla* angegebenen Grenze, so werden wohl die phänomenologischen Gleichungen unrichtig werden. Es wird dann zu einer *Dispersion* der elastischen Wellen kommen, und die Verhältnisse werden sich ähnlich gestalten wie es in Nr. **36**d) für die Lichtwellen besprochen wurde.

d) Thermodynamik und Statistik.

46. Das Verhalten der thermodynamischen Zustandsgrößen bei einer Lorentz-Transformation. Wie sich die thermodynamischen Zustandsgrößen beim Übergang zu einem bewegten Koordinatensystem transformieren, wurde von *Planck*[255]) in seiner grundlegenden Arbeit über die Dynamik bewegter Systeme hergeleitet. Er geht dabei aus von einem Variationsprinzip. Man kann aber, wie *Einstein*[256]) gezeigt hat, die Transformationsformeln auch direkt herleiten; das Variationsprinzip ergibt sich dann als Folgerung.

Wir stellen zuerst die Relationen für Volumen, Druck, Energie und Bewegungsgröße nochmals zusammen, wobei wir annehmen, daß die elastischen Spannungen bloß aus einem skalaren Druck bestehen:

$$V=V_0\sqrt{1-\beta^2}, \tag{7a}$$

255) *M. Planck*, l. c. Anm. 225). Vgl. auch die Arbeit von *F. Hasenöhrl*, Wien. Ber. 116 (1907), p. 1391, der unabhängig von *Planck* auf anderem Wege zu ähnlichen Resultaten gelangte.

256) *A. Einstein*, Jahrb. f. Rad. u. El. 4 (1907), p. 411, § 15, 16.

(361)
$$p = p_0,$$

(346a)
$$\left\{\begin{aligned} \mathfrak{G} &= \frac{\mathfrak{u}}{c^2}\frac{1}{\sqrt{1-\beta^2}}(E_0 + p_0 V_0) \\ E &= \frac{1}{\sqrt{1-\beta^2}}\left(E_0 + \frac{u^2}{c^2} p_0 V_0\right). \end{aligned}\right.$$

Daraus folgt noch

(346b)
$$E + pV = \frac{E_0 + p_0 V_0}{\sqrt{1-\beta^2}}, \quad \mathfrak{G} = \frac{\mathfrak{u}}{c^2}(E + pV).$$

Wir müssen nun noch die entsprechenden Relationen für Wärmemenge, Temperatur und Entropie ableiten. Ist dQ die zugeführte Wärme, dA die von äußeren Kräften am System geleistete Arbeit, so ist

(365)
$$\left\{\begin{aligned} dQ &= dE - dA, \\ dA &= -p\,dV + \mathfrak{u}\,d\mathfrak{G}. \end{aligned}\right.$$

Der zweite Term ist wesentlich, er verschwindet nach (346) auch dann nicht, wenn die Geschwindigkeit des Systems bei der Zustandsänderung konstant bleibt, was im folgenden angenommen werden soll. Man erhält

$$dQ = \frac{1}{\sqrt{1-\beta^2}}dE_0 + \frac{\frac{u^2}{c^2}}{\sqrt{1-\beta^2}}d(p_0V_0) - \frac{u^2}{c^2}\frac{1}{\sqrt{1-\beta^2}}[dE_0 + d(p_0V_0)]$$
$$+ \sqrt{1-\beta^2}\,p_0\,dV_0$$
$$= \sqrt{1-\beta^2}(dE_0 + p_0\,dV_0) = \sqrt{1-\beta^2}\,dQ_0,$$

also

(366)
$$Q = Q_0\sqrt{1-\beta^2}.$$

Diese Bestimmung stimmt überein mit der früher abgeleiteten Transformation für die Joulesche Wärme [vgl. (293)].

Erteilt man einem System eine Geschwindigkeit $\mathfrak{u}$, so kann dies als ein adiabatischer Vorgang aufgefaßt werden. Die *Entropie* bleibt dabei also unverändert, sie ist für ein bewegtes System ebenso groß wie für ein ruhendes: daß heißt aber, sie ist eine *Invariante* gegenüber Lorentz-Transformationen.

(367)
$$S = S_0.$$

Wird eine Wärmemenge dQ unendlich langsam zugeführt, so ist

$$dQ = T\,dS.$$

Aus (366) und (367) folgt daraus sofort

(368)
$$T = T_0\sqrt{1-\beta^2}.$$

Die angegebenen Relationen gestatten, zu jeder Beziehung zwischen den Zustandsgrößen p_0, V_0, E_0, $\mathfrak{G}_0$, T_0 im ruhenden System die entsprechende Beziehung zwischen den Zustandsgrößen im bewegten System anzugeben. Insbesondere kann die Abhängigkeit der Zustandsgleichung einer Substanz von ihrer Geschwindigkeit ermittelt werden.

47. Prinzip der kleinsten Wirkung. In der alten Thermodynamik kann man die Zustandsgleichung aus dem Wirkungsprinzip[257]

$$\int_{t_1}^{t_2} \{\delta(-F + E_{\text{kin.}}) + \delta A\}\, dt = 0$$

bestimmen, wo F die freie Energie bedeutet:

$$F = E - TS.$$

Unabhängige Variable sind die Lagenkoordinaten des Systems, Volumen und Temperatur. δA bedeutet dabei die bei der Variation dieser Parameter geleistete Arbeit. Bei Änderung der unabhängigen Variablen ändert sich die zu variierende Funktion in bekannter Weise. Die Wirkungsfunktion

$$L = -F + E_{\text{kin.}}$$

zerfällt hier in zwei Teile, von denen der eine bloß von der Geschwindigkeit, der andere nur vom inneren Zustand (V, T) des Körpers abhängt. Auch in der relativistischen Mechanik existiert eine solche Wirkungsfunktion. Sie läßt sich jedoch nicht in dieser Weise in zwei Teile zerlegen. In der Tat wird für

$$L = -E + TS + (\mathfrak{u}\mathfrak{G}) \tag{369}$$

$$\left\{\begin{aligned} &\frac{d}{dt}\frac{\partial L}{\partial \dot{x}} = \mathfrak{K}_x, \quad \frac{d}{dt}\frac{\partial L}{\partial \dot{y}} = \mathfrak{K}_y, \quad \frac{d}{dt}\frac{\partial L}{\partial \dot{z}} = \mathfrak{K}_z, \\ &\qquad \frac{\partial L}{\partial V} = p, \quad \frac{\partial L}{\partial T} = S. \end{aligned}\right. \tag{370}$$

Aus $dE = (\mathfrak{K}\, d\mathfrak{r}) - p\,dV + T\,dS = (\mathfrak{u}\, d\mathfrak{G}) - p\,dV + T\,dS$ folgt nämlich

$$dL = (\mathfrak{G}\, d\mathfrak{u}) + p\,dV + S\,dT.$$

(370) sind aber gerade die aus dem Wirkungsprinzip folgenden Gleichungen. Wir bemerken auch noch, daß nach (318a, b) und (325) für den materiellen Punkt

$$L = -E_{\text{kin.}} + (\mathfrak{u}\mathfrak{G})$$

zu setzen ist, was als Spezialfall von (369) betrachtet werden kann. Im mitbewegten Koordinatensystem K_0 wird L mit der (negativen) freien Energie identisch $L_0 = -E_0 + T_0 S_0$. Nach (346), (367), (368) gilt ferner für L die Transformationsformel

$$L = \sqrt{1 - \beta^2}\, L_0, \tag{371}$$

das Wirkungsintegral $\int L\,dt$ ist also eine Invariante, wie es sein muß.

257) *H. v Helmholtz*, Crelles J. 100 (1886), p. 137 und 213 [Ges. Abh. 3 (1895), p. 225].

48. Die Anwendung der relativistischen Mechanik auf die Statistik. Im Raum der kanonischen Variablen p_k, q_k (vgl. Nr. **40**) gilt der *Liouville*sche Satz

$$dp_1 \dots dq_N = dp_1^0 \dots dq_N^0, \tag{372}$$

da er eine unmittelbare Folge der *Hamilton*schen Gleichungen ist. Er gilt natürlich auch in einem Raum von anderen Variablen $x_1 \dots x_{2N}$, die aus den kanonischen durch eine Substitution von der Funktionaldeterminante 1 hervorgehen:

$$dx_1 \dots dx_{2N} = dx_1^0 \dots dx_{2N}^0. \tag{372a}$$

Die allgemeinen Theoreme der Statistik haben keine andere Voraussetzung als den *Liouville*schen Satz, bleiben also in der auf der relativistischen Mechanik basierenden Statistik unverändert bestehen.[258]) Wir formulieren sie so:

1. Die Energie sei als Funktion der Variablen $x_1 \dots x_{2N}$ — von denen im folgenden stets vorausgesetzt wird, daß sie die Bedingung (372a) befriedigen — gegeben durch

$$H(x_1, \dots x_{2N}) = E. \tag{373}$$

Dann ist die *Entropie* gegeben durch

$$S = k \log V, \tag{374}$$

wo V das von der Energiefläche $H = E$ oder auch das von der Energieschale $E < H < E + dE$ eingeschlossene Volumen bedeutet:

$$V = \int\limits_{H<E} dx_1 \dots dx_{2N} \quad \text{oder auch} \quad V = \int\limits_{E<H<E+dE} dx_1 \dots dx_{2N}. \tag{375}$$

2. Die *freie Energie* $F = E - TS$ ist gegeben durch

$$\left\{\begin{aligned} F &= -kT \log Z \\ Z &= \int e^{-\frac{H}{kT}} dx_1 \dots dx_{2N}. \end{aligned}\right. \tag{376}$$

3. *Gleichverteilungssatz:* Es sind die zeitlichen Mittelwerte

$$\overline{x_i \frac{\partial H}{\partial x_i}} = kT, \text{ für alle } i \text{ von } 1, \dots 2N; \quad \overline{x_i \frac{\partial H}{\partial x_j}} = 0 \text{ für } i \neq j, \tag{377}$$

insbesondere für kanonische Variable

$$\overline{p_i \dot{q}_i} = kT, \quad \overline{q_i \frac{\partial H}{\partial q_i}} = kT. \tag{377a}$$

Hier ist gegenüber der gewöhnlichen Mechanik ein Unterschied vorhanden. In dieser ist nämlich $E_{\text{kin.}} = \frac{1}{2} \sum p_i \dot{q}_i$, so daß die erste Gleichung (377a) einfach aussagt, daß die zeitlichen Mittelwerte der-

258) Von denjenigen Modifikationen der statistischen Theoreme, die durch die Quantentheorie gefordert werden, sehen wir ab.

jenigen Anteile der kinetischen Energie, die den einzelnen Freiheitsgraden entsprechen, untereinander gleich und gleich $\frac{1}{2}kT$ sind. *In der relativistischen Mechanik geht der Zusammenhang des Gleichverteilungssatzes mit der mittleren kinetischen Energie verloren.*

4. *Maxwell-Boltzmannsches Verteilungsgesetz:* Die Energiefunktion H unseres Systems zerfalle in zwei Teile

$$H = H_1(x_1 \ldots x_{2n}) + H_2(X_1 \ldots X_{2N}), \tag{378}$$

die von verschiedenen Variablen abhängen. Die Zahl $2n$ der Variablen des ersten Teiles sei viel kleiner als die Zahl $2N$ der Variablen des zweiten Teiles. Ferner sollen beide Variablengruppen unabhängig voneinander aus verschiedenen kanonischen Variablen durch eine Substitution der Funktionaldeterminante 1 hervorgehen. Dann ist die Wahrscheinlichkeit dafür, daß die ersten Variablen ungeachtet der Werte der zweiten Variablen innerhalb des durch $dx_1 \ldots dx_{2n}$ bezeichneten Spielraums bestimmte vorgegebene Werte $x_1 \ldots x_{2n}$ annehmen, gegeben durch

$$w(x_1 \ldots x_{2n})\, dx_1 \ldots dx_{2n} = A e^{-\frac{H_1(x)}{kT}} dx_1 \ldots dx_{2n}. \tag{379}$$

Die von den x unabhängige Größe A ist aus der Bedingung

$$\int w(x_1 \ldots x_{2n})\, dx_1 \ldots dx_{2n} = 1 \tag{379a}$$

zu bestimmen. Voraussetzung des Verteilungsgesetzes (379) ist, daß der Wert H_1 klein ist gegenüber dem (konstanten) Wert von H.

49. Spezialfälle. α) *Die Strahlung im bewegten Hohlraum.* Dieser Fall hat ein historisches Interesse, da er allein auf Grund der Elektrodynamik, auch ohne Relativitätstheorie, behandelt werden kann. Man kommt dann notwendig dazu, der bewegten Strahlungsenergie Impuls, also auch träge Masse zuzuschreiben. Es ist interessant, daß dieses Resultat schon vor Aufstellung der Relativitätstheorie von *Hasenöhrl*[259]) gefunden wurde. Seine Schlüsse waren allerdings in einigen Punkten verbesserungsbedürftig. Eine vollständige Lösung des Problems gab zuerst *K. v. Mosengeil*[260]). *Planck*[261]) leitet seine Formeln für die Dynamik bewegter Systeme mehrfach durch Verallgemeinerung der *Mosengeil*schen Ergebnisse her.

Die Relativitätstheorie gestattet, die Abhängigkeit von Strahlungsdruck, Bewegungsgröße, Energie und Entropie von der Temperatur

---

259) *F. Hasenöhrl,* Wien. Ber. 113 (1904), p. 1039; Ann. d. Phys. 15 (1904), p. 344 und 16 (1905), p. 589.

260) *K. v. Mosengeil,* Berl. Diss. 1906; Ann. d. Phys. 22 (1907), p. 867; vgl. auch die Darstellung bei *M. Abraham,* Theorie der Elektrizität, 2, 2. Aufl., p. 44.

261) *M. Planck,* l. c. Anm. 225).

sowie die Abhängigkeit der spektralen Verteilung von Temperatur und Richtung sofort anzugeben, indem sie den Fall des bewegten Hohlraumes auf den des ruhenden zurückführt. Für letzteren gilt

$$E_0 = aT_0^4 V_0, \quad p_0 = \tfrac{1}{3} a T_0^4, \quad S_0 = \tfrac{4}{3} a T_0^3 V_0 \tag{380a}$$

und nach (369):

$$L = \tfrac{1}{3} a T_0^4 V_0,$$

endlich für die Intensität der Strahlung im Frequenzbereich $d\nu$ und im Kegel $d\Omega$:

$$\mathfrak{K}_{0\nu_0} d\nu_0 d\Omega_0 = \frac{2h}{c^2} \frac{\nu_0^3 d\nu_0}{e^{\frac{h\nu_0}{kT_0}} - 1} d\Omega_0. \tag{381a}$$

Nach den Formeln der Nr. **46** folgt daraus zunächst

$$\left\{\begin{aligned} E &= E_0 \frac{1 + \frac{1}{3}\beta^2}{\sqrt{1-\beta^2}} = aT^4 V \frac{1+\frac{1}{3}\beta^2}{(1-\beta^2)^3}, \\ p &= p_0 = \frac{1}{3} a T^4 \frac{1}{(1-\beta^2)^2}, \quad S = S_0 = \frac{4}{3} a T^3 V \frac{1}{(1-\beta^2)^2}, \\ L &= \sqrt{1-\beta^2}\, L_0 = \frac{1}{3} a T^4 V \frac{1}{(1-\beta^2)^2}, \\ \mathfrak{G} &= \frac{\mathfrak{u}}{c^2} \frac{1}{\sqrt{1-\beta^2}} \cdot \frac{4}{3} E_0 = \frac{4}{3} a T^4 V \frac{1}{(1-\beta^2)^3} \frac{\mathfrak{u}}{c^2}. \end{aligned}\right. \tag{380b}$$

Um auch noch die spektrale Verteilung im bewegten Hohlraum zu ermitteln, bedienen wir uns der aus (15), (17) und (253) leicht abzuleitenden Beziehungen

$$\nu' = \nu \frac{1 - \beta\cos\alpha}{\sqrt{1-\beta^2}}, \quad d\nu' = d\nu \frac{1-\beta\cos\alpha}{\sqrt{1-\beta^2}},$$

$$d\Omega' = \frac{1-\beta^2}{(1-\beta\cos\alpha)^2} d\Omega,$$

$$\mathfrak{K}'_{\nu'} d\nu' d\Omega' = \mathfrak{K}_\nu d\nu d\Omega \frac{(1-\beta\cos\alpha)^2}{1-\beta^2}.$$

Letztere Größe muß sich nämlich wie das Quadrat der Amplitude A transformieren. Es folgt daraus weiter

$$\mathfrak{K}_\nu' = \mathfrak{K}_\nu \frac{(1-\beta\cos\alpha)^3}{(1-\beta^2)^{\frac{3}{2}}},$$

also

$$\mathfrak{K}_\nu d\nu d\Omega = \frac{2h}{c^2} \frac{\nu^3 d\nu}{e^{\frac{h\nu}{kT}(1-\beta\cos\alpha)} - 1} d\Omega. \tag{381b}$$

Weiter gilt wegen

$$\mathfrak{K}'_{\nu'} d\nu' = \mathfrak{K}_\nu d\nu \frac{(1-\beta\cos\alpha)^4}{1-\beta^2}$$

$$K = \frac{ac}{4\pi} T^4 \frac{1}{(1-\beta\cos\alpha)^4}. \tag{382}$$

Diese Formel gibt die Abhängigkeit der gesamten (über alle Frequenzen integrierten) Strahlungsintensität von der Richtung an. Man erhält sie natürlich auch aus (381b) durch Integration über $d\nu$. Die Gesamtenergie ergibt sich aus (382) vermöge der Beziehung

$$E = V\int \frac{1}{c} K d\Omega$$

in Übereinstimmung mit der ersten Gl. (380b).

Eine Möglichkeit, die Trägheit der Strahlungsenergie experimentell nachzuweisen, scheint wegen des äußerst kleinen Betrages der zu erwartenden Effekte nicht zu bestehen.

β) *Das ideale Gas.* Eine Abweichung des Verhaltens des idealen Gases von dem nach der alten Mechanik berechneten infolge von relativistischen Effekten (Massenveränderlichkeit) ist naturgemäß erst zu erwarten, wenn die mittlere Geschwindigkeit der Moleküle mit der Lichtgeschwindigkeit vergleichbar wird. Maßgebend dafür ist die Größe

$$\sigma = \frac{m_0 c^2}{kT}. \tag{383}$$

Bei normalen Temperaturen ist sie enorm groß, erst bei ca. 1 Billion Grad wird sie von mäßiger Größenordnung. Die Frage nach den von der relativistischen Mechanik geforderten Abweichungen des idealen Gases von seinem klassischen Verhalten hat deshalb nicht praktisches, sondern bloß theoretisches Interesse. Sie wurde von *Jüttner*[262]) beantwortet. Am einfachsten gelangt man durch Berechnung der freien Energie nach Theorem 2, Nr. 48 zum Ziel. Da die Energie eines Massenpunktes durch die Impulse ausgedrückt

$$E = m_0 c^2 \sqrt{1 + \frac{1}{m_0^2 c^2}(p_x^2 + p_y^2 + p_z^2)}$$

lautet, folgt

$$F = -RT \log \bar{Z},$$

$$\bar{Z} = Z^{\frac{1}{L}} = V \cdot \iiint e^{-\frac{m_0 c^2}{kT}\sqrt{1 + \frac{1}{m_0^2 c^2}(p_x^2 + p_y^2 + p_z^2)}}\, dp_x\, dp_y\, dp_z.$$

Dabei ist angenommen, daß die vorhandene Gasmenge gleich 1 Mol ist; L bedeutet die *Loschmidt*sche Zahl für das Mol, V das Molvolumen. Die Ausrechnung ergibt

$$\left\{\begin{aligned} \bar{Z} &= V m_0^3 c^3 \cdot 2\pi^2 (-i) \frac{H_2^{(1)}(i\sigma)}{\sigma}, \\ F &= -RT\left\{\log V + \log\left(-\frac{i H_2^{(1)}(i\sigma)}{\sigma}\right) + \text{konst.}\right\}. \end{aligned}\right. \tag{384}$$

[$H^{(i)}$ bedeutet die *Hankel*sche Zylinderfunktion i^{ter} Art von der n^{ten} Ordnung mit $i = 1, 2$.]

---

262) *F. Jüttner,* Ann. d. Phys. 34 (1911), p. 856.

Alle anderen thermodynamischen Größen folgen aus der freien Energie in bekannter Weise, z. B.

$$p = -\frac{\partial F}{\partial V}, \quad E = F - T\frac{\partial F}{\partial T} = -T^2 \frac{\partial}{\partial T}\frac{F}{T}$$

(unabhängige Variable V, T). Aus der ersten Gleichung folgt

$$(385) \qquad p = \frac{RT}{V}.$$

Die Zustandsgleichung des idealen Gases bleibt in der relativistischen Mechanik unverändert bestehen. Es hängt dies damit zusammen, daß die Abhängigkeit der freien Energie und des Zustandsintegrals Z vom Volumen durch die relativistische Mechanik nicht modifiziert wird, was man auch a priori sofort einsehen kann. Anders ist es mit der Abhängigkeit der Energie von der Temperatur. Es ergibt sich

$$(386) \qquad E = RT\left\{1 - \frac{i H_2'^{(1)}(i\sigma)}{H_2^{(1)}(i\sigma)}\sigma\right\}.$$

Für großes σ kann man die *Hankel*sche Zylinderfunktion durch ihre asymptotische Darstellung

$$-i H_2^{(1)}(i\sigma) = \frac{e^{-\sigma}}{\sqrt{\frac{1}{2}\pi\sigma}}$$

ersetzen. Durch logarithmisches Differenzieren folgt daraus

$$-\frac{i H_2'^{(1)}(i\sigma)}{H_2^{(1)}(i\sigma)} = 1 + \frac{1}{2\sigma},$$

was in (386) eingesetzt, gibt:

$$(386\text{a}) \qquad E = RT(\sigma + \tfrac{3}{2}) = Lmc^2 + \tfrac{3}{2}RT,$$

in Übereinstimmung mit der alten Theorie, wie es sein muß. Man hätte den Ausdruck (386) für die Energie auch aus dem *Maxwell*schen Geschwindigkeitsverteilungsgesetz entnehmen können. Nach Theorem 4, Nr. **48** unterscheidet sich dieses nur durch die Art der Abhängigkeit des Faktors A von der Temperatur von dem Verteilungsgesetz der alten Mechanik.

Jüttner[263]) hat auch den Einfluß der *Bewegung* eines idealen Gases auf seine thermodynamischen Eigenschaften vom Standpunkt der relativistischen Dynamik aus untersucht. Die entsprechenden Beziehungen lassen sich auf Grund der Transformationsformeln der Nr. **46** sofort anschreiben. Das ideale Gas erweist sich als noch viel ungünstiger zur experimentellen Prüfung des Satzes von der Trägheit der Energie als der mit schwarzer Strahlung erfüllte Hohlraum.

---

263) *F. Jüttner*, Ann. d. Phys. 35 (1911), p. 145.

IV. Allgemeine Relativitätstheorie.

50. Historisches bis zu Einsteins Arbeit von 1916.[264]) Das Newtonsche Gravitationsgesetz, das eine *momentan* in die Ferne wirkende Kraft fordert, ist mit der speziellen Relativitätstheorie unvereinbar. Diese fordert eine Ausbreitung, die höchstens mit Lichtgeschwindigkeit erfolgt[265]), und Kovarianz der Gravitationsgesetze gegenüber Lorentz-Transformationen. Schon *Poincaré*[266]) befaßte sich mit der Aufgabe, das Newtonsche Gravitationsgesetz so abzuändern, daß diese Forderungen erfüllt sind. Es kann dies auf mehrere Weisen geschehen. Allen Ansätzen ist gemeinsam, daß die Kraft zweier Massenpunkte aufeinander nicht von ihren *gleichzeitigen*, sondern von den um die Zeit $t = \frac{r}{c}$ verschiedenen Lagen sowie von ihren Geschwindigkeiten (evtl. auch Beschleunigungen) abhängen. Die Abweichungen vom Newtonschen Gesetz sind immer von 2. Ordnung in $\frac{v}{c}$, bleiben also stets sehr klein und widersprechen der Erfahrung nicht.[266a]) *Minkowski*[267]) und *Sommerfeld*[268]) haben die *Poincaré*schen Ansätze auf eine dem vierdimensionalen Vektorkalkül entsprechende Form gebracht; ein spezielles Gesetz diskutiert *H. A. Lorentz*[268a]).

Gegen alle diese Betrachtungen ist einzuwenden, daß sie vom Elementargesetz für die Kraft ausgehen statt von der *Poisson*schen Differentialgleichung. Ist einmal die endliche Ausbreitung einer Wirkung erwiesen, so darf man nur dann erwarten, auf *einfache* allgemeingültige Gesetze zu kommen, wenn man sie durch kontinuierlich in Ort und Zeit variierende Zustandsgrößen (ein *Feld*) beschreibt und die *Differentialgleichungen* dieses Feldes aufsucht. Das Problem be-

---

264) Über die älteren Versuche, das Newtonsche Gravitationsgesetz abzuändern, vgl. man die Artikel von *J. Zenneck*, V 2, und *S. Oppenheim*, VI 2, 22, insbes. Abschn. V. Wir geben die historische Entwicklung nur in großen Umrissen; wegen mancher Einzelheiten sei auch auf den Artikel von *F. Kottler*, VI 2, 22 verwiesen.

265) Nimmt man an, daß die Ausbreitungsgeschwindigkeit der Gravitationswirkungen vom Bewegungszustand der Körper, von denen diese Wirkungen ausgehen, unabhängig ist, so folgt sogar, daß sie *exakt* gleich der Vakuumlichtgeschwindigkeit sein muß.

266) *H. Poincaré*, Rend. Pal., l. c. Anm. 11).

266a) Genauere Diskussion bei *W. de Sitter*, Monthly Not. 71 (1911), p. 388.

267) *H. Minkowski*, III, l, c. Anm. 54).

268) *A. Sommerfeld*, Ann. d. Phys. 33, l. c. Anm. 55).

268a) *H. A. Lorentz*, Phys. Ztschr. 11 (1910), p. 1234; sowie Das Relativitätsprinzip, 3 Haarlemer Vorträge, p. 19.

stand also darin, die *Poisson*sche Gleichung

$$\Delta \Phi = 4 \pi k \mu_0$$

und die Bewegungsgleichung des Massenpunktes

$$\frac{d^2 \mathfrak{r}}{dt^2} = - \operatorname{grad} \Phi$$

so abzuändern, daß sie gegenüber Lorentz-Transformationen invariant werden.

Bevor dieses Problem gelöst wurde, schlug die Entwicklung jedoch bereits einen anderen Weg ein. Als die physikalischen Folgerungen der speziellen Relativitätstheorie bis zu einem gewissen Abschluß gelangt waren, machte *Einstein*[269]) sofort den Versuch, das Relativitätsprinzip auch auf anders als gleichförmig translatorisch bewegte Bezugssysteme auszudehnen. Auch in anderen Systemen als den Galileischen (Nr. **2**) sollten die allgemeinen Naturgesetze ihre Form behalten. Die Möglichkeit hierzu bietet das sogenannte *Äquivalenzprinzip.* In der Newtonschen Theorie ist ein in einem homogenen Schwerefeld befindliches System in *mechanischer* Hinsicht vollständig gleichwertig einem gleichförmig beschleunigten Bezugssystem.[269a]) Die Forderung, daß auch alle anderen Vorgänge sich in beiden Systemen in gleicher Weise abspielen sollen, bildet den Inhalt des *Einstein*schen Äquivalenzprinzips, das einen Grundpfeiler der von ihm später entworfenen allgemeinen Relativitätstheorie bildet (vgl. Nr. **51**). Da man den Ablauf der Vorgänge in einem beschleunigten System durch Rechnung ermitteln kann, gibt es zugleich die Möglichkeit, den Einfluß eines homogenen Schwerefeldes auf irgendeinen Vorgang zu ermitteln. Dies ist die heuristische Kraft des Äquivalenzprinzips. Auf diese Weise leitete *Einstein* das Resultat ab, daß Uhren an Orten niedrigeren Gravitationspotentials langsamer gehen als an Orten höheren Gravitationspotentials, und wies bereits darauf hin, daß dies eine Verschiebung der auf der Sonne emittierten Spektrallinien gegenüber den irdischen nach Rot zur Folge hat (vgl. Nr. **53**b). Ferner ergab sich, daß die Lichtgeschwindigkeit im Schwerefeld veränderlich ist, die Lichtstrahlen infolgedessen gekrümmt sein müssen, sowie daß jeder Energie E nicht nur eine *träge,* sondern auch eine *schwere* Masse $m = \frac{E}{c^2}$ zugeschrieben werden müsse. In einer folgenden Arbeit zeigte

---

269) *A. Einstein,* Jahrb. f. Rad. u. El. 4 (1907), p. 411, Kap. V.

269a) Streng genommen ist die gleichförmig beschleunigte Bewegung durch eine Hyperbelbewegung (Nr. **26**) zu ersetzen, weshalb die Transformationsformeln für die Koordinaten komplizierter werden. Siehe darüber *H. A. Lorentz,* Haarlemer Vorträge, p. 36 und *P. Ehrenfest,* Amst. Proc. 15 (1913), p. 1187.

Einstein[270]), daß die Krümmung der Lichtstrahlen eine Verschiebung der am Sonnenrande gesehenen Fixsterne zur Folge hat, die einer Prüfung durch die Erfahrung zugänglich ist. Den Betrag der Verschiebung berechnete er damals zu 0,83 Bogensekunden.

Diese Theorie des homogenen Gravitationsfeldes bedeutete eine Durchbrechung des Rahmens der speziellen Relativitätstheorie. Wegen der Abhängigkeit der Lichtgeschwindigkeit und der Ganggeschwindigkeit einer Uhr vom Gravitationspotential ist hier die in Nr. 4 eingeführte Definition der Gleichzeitigkeit nicht mehr durchführbar, und die Lorentz-Transformation verliert ihren Sinn. *Von diesem Standpunkt aus kann also die spezielle Relativitätstheorie nur bei Abwesenheit von Gravitationsfeldern richtig sein.* Nach Einführung des Gravitationspotentials als physikalische Zustandsgröße wird man dann die Naturgesetze vielmehr als Beziehungen zwischen den übrigen physikalischen Größen und dem Gravitationspotential auffassen und ihre Kovarianz fordern gegenüber einer umfassenderen Gruppe von Transformationen, bei der das Gravitationspotential in geeigneter Weise mittransformiert wird. Es war nun die Aufgabe, eine solche auf dem Äquivalenzprinzip fußende Theorie auch für nicht homogene Gravitationsfelder aufzustellen. *Einstein* und *Abraham*[271]) versuchten, das allgemeine statische Gravitationsfeld zu charakterisieren durch den Wert der Lichtgeschwindigkeit c in jedem Raum-Zeitpunkt, die zugleich die Rolle des Gravitationspotentials spielt, und suchten Differentialgleichungen zu finden, denen c genügen muß. Abgesehen davon, daß diese Theorien nur spezielle Gravitationsfelder in Betracht ziehen, führten sie auch sonst auf Schwierigkeiten.

Es wurde deshalb von *Nordström*[272]) der Versuch gemacht, an der strengen Gültigkeit des speziellen Relativitätsprinzips konsequent festzuhalten: In seiner Theorie ist die Lichtgeschwindigkeit konstant, eine Strahlenablenkung im Schwerefeld findet nicht statt. Sie löst das früher skizzierte Problem, die *Poisson*sche Gleichung und die Be-

270) *A. Einstein*, Über den Einfluß der Schwerkraft auf die Ausbreitung des Lichtes, Ann. d. Phys. 35 (1911), p. 898; auch in der Sammlung „Das Relativitätsprinzip", 3. Aufl. 1920, enthalten.

271) *A. Einstein*, Ann. d. Phys. 38 (1912), p. 355, 443; *M. Abraham*, Phys. Ztschr. 13 (1912), p. 1, 4, 793; Diskussion zwischen *Einstein* und *Abraham*, Ann. d. Phys. 38 (1912), 1056, 1059; 39 (1912), p. 444, 704.

272) *G. Nordström*, Phys. Ztschr. 13 (1912), p 1126; Ann. d. Phys. 40 (1913) p. 856; 42 (1913), p. 533; 43 (1914), p. 1101; Finska Vetensk. Verh. 57 (1914 u. 1915); ferner *M. Behacker*, Phys. Ztschr. 14 (1913), p. 989; *A. Einstein* u. *A. D. Fokker*, Ann. d. Phys. 44 (1914), p. 321. Zusammenfassende Darstellung bei *M. v. Laue*, Jahrb. f. Rad. u. El. 14 (1917), p. 263, sowie das Referat über alle älteren Gravitationstheorien bei *M. Abraham*, Jahrb. f. Rad. u. El. 11 (1914), p. 470.

wegungsgleichung des Massenpunktes auf eine gegenüber Lorentz-Transformationen kovariante Form zu bringen, in logisch vollkommen einwandfreier Weise. Auch wird dem Impuls-Energiesatz sowie dem Satz von der Gleichheit der schweren und trägen Masse genügt. Wenn sie dennoch nicht akzeptiert wird, so geschieht dies erstens deshalb, weil sie dem *allgemeinen* Relativitätsprinzip nicht genügt (oder jedenfalls nicht in einfacher und natürlicher Weise genügt, vgl. Nr. **56**), und zweitens, weil sie der Erfahrung widerspricht: sie liefert keine Krümmung der Lichtstrahlen und eine Perihelbewegung des Merkur mit verkehrtem Vorzeichen. (Hinsichtlich der Rotverschiebung stimmt sie mit der *Einstein*schen Theorie überein.) Auch *Mie*[273]) hat eine Gravitationstheorie aufgestellt, die auf dem speziellen Relativitätsprinzip fußt. Da sie aber dem Satz von der Gleichheit der trägen und schweren Masse nicht *streng* genügt, hatte sie immer nur eine sehr geringe Wahrscheinlichkeit für sich.

Einstein ließ sich jedoch in seinem Bestreben, den Naturgesetzen eine solche Gestalt zu geben, daß sie gegenüber einer möglichst umfassenden Gruppe von Transformationen kovariant werden, durch die Schwierigkeiten des Problems nicht irre machen. In einer gemeinsam mit *Großmann* ausgeführten Arbeit[274]) gelang es ihm, in dieser Richtung einen wesentlichen Fortschritt zu erzielen. Wenn man das Quadrat des Linienelements auf beliebige krummlinige Raum-Zeitkoordinaten transformiert, so wird es eine quadratische Form der Koordinatendifferentiale mit 10 Koeffizienten g_{ik} (vgl. Nr. **51**). Das Gravitationsfeld wird jetzt durch diesen Zehnertensor der g_{ik}, nicht mehr durch die skalare Lichtgeschwindigkeit bestimmt. Zugleich wurden die Bewegungsgleichung des materiellen Punktes, der Impuls-Energiesatz und die elektromagnetischen Feldgleichungen für das Vakuum durch Einführung der g_{ik} auf die endgültige, *allgemein* kovariante Form gebracht.[275]) Nur die damals aufgestellten Differentialgleichungen der g_{ik} selbst waren nicht allgemein kovariant. In einer folgenden Arbeit[276]) suchte *Einstein*

273) *G. Mie*, Ann. d. Phys. 40 (1913), p. 1, V. Kap. Gravitation; Elster-Geitel-Festschr. 1915, p. 251.

274) *A. Einstein* u. *M. Großmann*, Ztschr. Math. Phys. 63 (1914), p. 215. Zusammenfassender Vortrag: *A. Einstein*, Zum gegenwärtigen Stand des Gravitationsproblems, Phys. Ztschr. 14 (1913), p. 1249; anschließende Diskussion *Mie, Einstein, Nordström:* Phys. Ztschr. 15 (1914), p. 115, 169, 176, 375.

275) Es ist interessant, daß ohne Zusammenhang mit der Gravitationstheorie die betreffenden formalen Entwickelungen sowie die Schreibweise der elektromagnetischen Feldgleichungen in allgemein kovarianter Form schon vorher von *F. Kottler*, Wien. Ber. 121 (1912), p. 1659, angegeben wurden.

276) *A. Einstein*, Die formale Grundlage der allgemeinen Relativitätstheorie, Berl. Ber. 1914, p. 1030.

diese Differentialgleichungen eingehender zu begründen und glaubte sogar einen Beweis dafür gefunden zu haben, daß die Gleichungen, welche die g_{ik} selbst bestimmen, nicht allgemein kovariant sein können. Im Jahre 1915 erkannte er jedoch, daß die invariantentheoretischen Forderungen, die er früher an seine Feldgleichungen der Gravitation stellte, diese gar nicht eindeutig festlegen. Um die Möglichkeiten einzuschränken, kam er auf die Forderung der allgemeinen Kovarianz zurück, die er früher „nur schweren Herzens verlassen hatte". Im Anschluß an die *Riemann*sche Krümmungstheorie gelang es ihm nun in der Tat, auch für die g_{ik} selbst allgemein kovariante Gleichungen aufzustellen, die allen physikalischen Anforderungen entsprechen[277]) (vgl. Nr. 56). In einer weiteren Mitteilung[278]) konnte er zeigen, daß seine Theorie die Perihelbewegung des Merkur quantitativ richtig erklärt und eine Krümmung der Lichtstrahlen im Gravitationsfeld der Sonne fordert, die doppelt so groß ist, wie er sie früher auf Grund des Äquivalenzprinzips für *homogene* Felder abgeleitet hatte. Bald darauf erschien *Einsteins* abschließende Arbeit „Die Grundlagen der allgemeinen Relativitätstheorie".[279]) Im folgenden sollen nun die Prinzipien und der weitere Ausbau dieser Theorie dargelegt werden.

51. Allgemeine Formulierung des Äquivalenzprinzips. Zusammenhang zwischen Gravitation und Metrik. Das Äquivalenzprinzip wurde ursprünglich nur für *homogene* Schwerefelder aufgestellt. Im allgemeinen Fall läßt es sich so formulieren: *Es gibt für ein unendlich kleines Weltgebiet (d. h. ein so kleines Weltgebiet, daß die örtliche und zeitliche Variation der Schwere in ihm vernachlässigt werden kann) stets ein solches Koordinatensystem* $K_0(X_1, X_2, X_3, X_4)$, *in welchem ein Einfluß der Schwere weder auf die Bewegung von Massenpunkten noch auf irgendwelche anderen physikalischen Vorgänge vorhanden ist.* Kurz gesagt, in einem unendlich kleinen Weltgebiet läßt sich jedes Schwerefeld wegtransformieren. Das lokale Koordinatensystem

277) *A. Einstein*, Berl. Ber. 1915, p. 778, 799, 844. — Gleichzeitig wie *Einstein* und unabhängig davon hat auch *Hilbert* die allgemein kovarianten Feldgleichungen aufgestellt [*D. Hilbert*, Grundlagen der Physik, 1. Mitt.; Gött. Nachr. 1915, math.-nat. Kl., p. 395]. Seine Darstellung dürfte jedoch aus zwei Gründen bei den Physikern wenig Anklang finden. Erstens wird die Existenz eines Variationsprinzips als Axiom eingeführt und zweitens, was noch schwerwiegender ist, werden die Feldgleichungen nicht für ein beliebiges materielles System abgeleitet, sondern speziell unter Zugrundelegung der (im Abschn. V näher besprochenen) *Mie*schen Theorie der Materie. Auf die anderen Ergebnisse der *Hilbert*schen Arbeit kommen wir noch in Nr. 56 und 57 zurück.

278) *A. Einstein*, Berl. Ber. 1915, p. 831.

279) *A. Einstein*, Ann. d. Phys. 49 (1916), p. 769. Auch separat als Broschüre erschienen und in der Sammlung „Das Relativitätsprinzip".

K_0 kann man sich realisiert denken durch einen frei schwebenden, hinreichend kleinen Kasten, der keinen äußeren Kräften außer der Schwere unterworfen ist und dieser folgend frei fällt.

Es ist klar, daß dieses Wegtransformieren nur deshalb möglich ist, weil das Schwerefeld die fundamentale Eigenschaft hat, allen Körpern dieselbe Beschleunigung zu erteilen; oder, was nur ein anderer Ausdruck dafür ist, weil die schwere und die träge Masse stets gleich sind. Diese Aussage ruht nun auf sehr sicheren experimentellen Grundlagen. *Eötvös*[280]) wies bei einer Untersuchung der Frage, ob die Richtung der Resultierenden aus Erdanziehung und Zentrifugalkraft der Erdrotation vom Material abhängt, nach, daß schwere und träge Masse mit einem Genauigkeitsgrade von $\frac{1}{10^8}$ gleich sind. Im Hinblick auf den Satz von der Trägheit der Energie ist ferner eine Untersuchung von *Southerns*[281]) von Interesse, in der gezeigt wird, daß das Verhältnis zwischen Masse und Gewicht bei Uranoxyd von dem entsprechenden Verhältnis bei Bleioxyd höchstens um $\frac{1}{2 \cdot 10^5}$ verschieden ist. Aus dem Äquivalenzprinzip folgt nämlich im Verein mit dem Satz von der Trägheit der Energie, daß *jeder Energieform* auch ein *Gewicht* zuzuschreiben ist. Hätte nun die beim radioaktiven Zerfall von Uran freiwerdende innere Energie zwar Trägheit aber kein Gewicht, so müßte das genannte Verhältnis einen Unterschied von $\frac{1}{26\,000}$ aufweisen. *Eötvös*[280]) fand dies bestätigt, wobei sich die Genauigkeit noch erheblich steigern ließ.

Es ist offenbar naturgemäß anzunehmen, daß in K_0 die spezielle Relativitätstheorie gilt. Alle Sätze dieser Theorie sollen also bestehen bleiben, nur muß an Stelle des Galileischen Koordinatensystems der Nr. 2 das für einen unendlich kleinen Bereich definierte System K_0 treten. Alle Systeme K_0, die durch Lorentz-Transformationen auseinander hervorgehen, sind gleichberechtigt. In diesem Sinne kann man also sagen, daß die Invarianz der physikalischen Gesetze gegenüber Lorentz-Transformationen im Unendlichkleinen fortbesteht. Wir können nun zwei unendlich benachbarten Punktereignissen eine bestimmte durch Messungen ermittelbare Zahl, ihren Abstand ds, zuordnen. Hierzu brauchen wir nur das Schwerefeld wegzutransformieren und dann in K_0 die Größe

$$ds^2 = dX_1^2 + dX_2^2 + dX_3^2 - dX_4^2 \tag{387}$$

280) *R. Eötvös*, Math. u. naturw. Ber. aus Ungarn 8 (1890), p. 65; *R. Eötvös, D. Pekár* u. *E. Fekete*, Abh. der XVI. allgemeinen Konferenz der internat. Erdmessung 1909; vgl. auch Gött. Nachr. 1909, geschäftliche Mitteilungen p. 37 und *D. Pekár*, Naturw. 7 (1919), p. 327.

281) *L. Southerns*, Proc. Roy. Soc. A 84 (1910), p. 325.

zu bilden.[282]) *Die Koordinalendifferentiale $dx_1 \ldots dx_4$ sind dabei unmittelbar mit dem Einheitsmaßstab und der Einheitsuhr zu bestimmen.* Wir betrachten nun irgendein anderes Koordinatensystem K, in welchem die Zuordnung der Koordinatenwerte $x^1 \ldots x^4$ zu den Weltpunkten — abgesehen von der Bedingung der Eindeutigkeit und Stetigkeit — eine ganz beliebige sei. Dann werden an jeder Raumzeitstelle die zugehörigen Differentiale dX_i linear-homogene Ausdrücke in den dx^k sein, und das Linienelement ds^2 geht über in eine quadratische Form

$$ds^2 = g_{ik}\, dx^i\, dx^k, \tag{388}$$

deren Koeffizienten g_{ik} Funktionen der Koordinaten sind. Es ist ferner klar, daß beim Übergang zu neuen Koordinaten die g_{ik} sich so transformieren, daß ds^2 invariant bleibt. Die Verhältnisse sind also völlig analog zu denjenigen, die in der Geometrie nichteuklidischer, mehrdimensionaler Mannigfaltigkeiten auftreten (Nr. **15**). Das System K_0 im frei schwebenden Kasten übernimmt die Rolle des geodätischen Systems der Nr. **16**; in ihm sind die g_{ik} konstant, solange ihre *zweiten* Differentiale vernachlässigt werden können und das Linienelement hat bis auf Größen *zweiter* Ordnung die Form (387). Die Gesamtheit der Werte der g_{ik} in allen Weltpunkten wollen wir das *G-Feld* nennen.

Das Bewegungsgesetz eines Massenpunktes, der keinen anderen Kräften als der Gravitation ausgesetzt ist, läßt sich nun einfach so formulieren. *Die Weltlinie eines solchen Massenpunktes ist eine geodätische Linie* (Nr. **17**), und es gilt nach (81) und (80):

$$\delta \int ds = 0, \tag{81}$$

$$\frac{d^2 x^i}{ds^2} + \Gamma^i_{rs} \frac{dx^r}{ds} \frac{dx^s}{ds} = 0, \tag{80}$$

wo Γ^i_{rs} durch (66) und (69) definiert ist. Im System K_0 bewegt sich nämlich der Massenpunkt im betreffenden Augenblick geradlinig-gleichförmig, $\frac{d^2 X^i}{ds^2} = 0$, was zugleich das Gleichungssystem der geodätischen Linie in K_0 ist. Die Aussage, die Weltlinie des Massenpunktes ist eine geodätische Linie, ist aber invariant, also gilt sie allgemein. (Dabei ist allerdings angenommen, daß im Bewegungsgesetz für den Massenpunkt die *zweiten* Ableitungen der g_{ik} nach den Koordinaten nicht auftreten.) Die Gültigkeit dieses einfachen Satzes ist nicht verwunder-

282) Zum Unterschied von den anderen Autoren geben wir auch in der allgemeinen Relativitätstheorie dem Linienelement 3 positive und *eine* negative Dimension, nicht umgekehrt. Dies ist auch beim Vergleich der im folgenden vorkommenden Formeln mit den üblichen zu berücksichtigen.

lich. Wir haben eben das Linienelement schon so definiert, daß die Weltlinie eines Massenpunktes eine geodätische wird. Wir sehen also: *Die 10 Tensorkomponenten* g_{ik} *übernehmen in der Einsteinschen Theorie die Rolle des skalaren Newtonschen Potentials* Φ; *die aus ihren Ableitungen gebildeten Komponenten* Γ^i_{rs} *bestimmen die Größe der Schwerkraft.*

Eine genau analoge Betrachtung läßt sich für die Lichtstrahlen durchführen. Im System K_0 sind die Lichtstrahlen gerade Linien[282a]) und erfüllen außerdem die Relation

$$d X_1^2 + d X_2^2 + d X_3^2 - d X_4^2 = 0 .$$

Also sind die Weltlinien der Lichtstrahlen allgemein geodätische Nulllinien (Nr. 22):

$$\frac{d^2 x^i}{d\lambda} + \Gamma^i_{rs} \frac{dx^r}{d\lambda} \frac{dx^s}{d\lambda} = 0, \tag{80a}$$

$$ds^2 = g_{ik}\, dx^i dx^k = 0 . \tag{81a}$$

Kretschmann[283]) und *Weyl*[284]) haben überdies gezeigt, daß schon die Beobachtung der Ankunft von Lichtsignalen genügt, um das *G*-Feld in einem bestimmten Koordinatensystem zu ermitteln, auch ohne daß die Bewegung von Massenpunkten herangezogen wird.

Es gibt jedoch noch eine dritte Art, das *G*-Feld zu messen. Man kann mit Hilfe von Maßstäben (oder besser von Maßfäden) und Uhren bei einem bestimmten gegebenen Koordinatensystem die Abhängigkeit der Größe ds des Linienelementes von den Koordinatendifferentialen dx^k auf allen von einem beliebig herausgegriffenen Punkte ausgehenden Weltlinien bestimmen. Das *G*-Feld folgt daraus unmittelbar. *Es charakterisiert also nicht nur das Gravitationsfeld, sondern auch das Verhalten von Maßstäben und Uhren, die Maßverhältnisse (Metrik) der vierdimensionalen Welt, welche die Geometrie des gewöhnlichen dreidimensionalen Raumes als Spezialfall enthält.* Diese Verschmelzung zweier vorher vollständig getrennter Gebiete — Metrik und Gravitation — muß als die schönste Leistung der allgemeinen Relativitätstheorie bezeichnet werden. Wie wir gesehen haben und wie auch an einfachen Beispielen erläutert werden kann, ist sie eine zwingende Konsequenz des Äquivalenzprinzips und der Gültigkeit der speziellen Relativitätstheorie im Unendlichkleinen. Es kann jetzt die Bewegung eines Massenpunktes unter dem alleinigen Einfluß eines Gravitationsfeldes auch so aufgefaßt

---

282a) Dabei ist natürlich angenommen, daß wir uns im Gültigkeitsbereich der geometrischen Optik befinden. Sobald Beugung vorhanden ist, trifft dies nicht zu. Vgl. dazu auch Anm. 310a) unten.

283) *E. Kretschmann*, Ann. d. Phys. 53 (1917), p. 575.

284) *H. Weyl*, Raum — Zeit — Materie, 1. Aufl. (1918), p. 182; 3. Aufl. (1919), p. 194.

werden: Die Bewegung des Massenpunktes ist *kräftefrei*. Sie ist deshalb nicht geradlinig-gleichförmig, weil das vierdimensionale Raum-Zeit-Kontinuum *nichteuklidisch* ist und in einem solchen die geradlinig-gleichförmge Bewegung keinen Sinn hat und durch die Bewegung auf der geodätischen Linie zu ersetzen ist. Entsprechend ist das Galileische Trägheitsgesetz durch

$$\delta \int ds = 0$$

zu ersetzen. Dieses hat vor jenem den großen Vorzug, daß es *allgemein* kovariant ist. Die Gravitation ist in der *Einstein*schen Theorie genau so eine *Scheinkraft* wie die Coriolis- und Zentrifugalkraft in der *Newton*schen Theorie. (Man kann die Sache allerdings mit dem gleichen Recht auch so auffassen, daß in der *Einstein*schen Theorie keine von beiden Kräften als Scheinkraft zu bezeichnen ist.) Daß sich erstere im allgemeinen nicht in endlichen Bereichen wegtransformieren läßt, diese aber wohl, tut nichts zur Sache. In unendlich kleinen Bereichen läßt sich die Gravitation stets wegtransformieren, und das allein ist entscheidend. Daß der nichteuklidische Charakter der Raum-Zeitwelt sich im Verhalten der Maßstäbe und Uhren nur äußerst wenig, in der Abweichung der Bewegung der Massenpunkte von der geradlinig-gleichförmigen, das ist in der Gravitation, sehr stark äußert, liegt an der Größe der Lichtgeschwindigkeit, wie wir in Nr. **53** sehen werden.

Durch die Verschmelzung von Gravitation und Metrik findet nicht nur das Gravitationsproblem, sondern auch das Problem der Geometrie eine befriedigende Lösung. Die Fragen nach der Wahrheit der geometrischen Sätze und nach der tatsächlich im Raum herrschenden Geometrie sind sinnlos, solange sich die Geometrie nur mit Gedankendingen und nicht mit den Gegenständen der Erfahrungswelt beschäftigt. Fügt man jedoch den Sätzen der Geometrie die Definition hinzu, daß als Länge einer (unendlich kleinen) Strecke, die mit einem starren Stab oder Maßfaden in bekannter Weise ermittelte Zahl gelten soll, so wird die Geometrie zu einem Zweig der Physik, und die genannten Fragen bekommen einen bestimmten Sinn.[284a]) Hier gestattet nun die allgemeine Relativitätstheorie sofort eine allgemeine Aussage zu machen: Da die Gravitation von der Materie bestimmt wird, müssen wir dasselbe auch für die Geometrie postulieren. *Die Geometrie des Raumes ist nicht a priori gegeben, sondern wird erst durch die Materie bestimmt.* (Wie dies im einzelnen geschieht, wird in Nr. **56** dargelegt.) Eine

---

284a) *A. Einstein*, Über die spezielle und die allgemeine Relativitätstheorie, 1. Aufl., Braunschweig 1917, p. 2.

ähnliche Auffassung hatte schon *Riemann.*[285]) Sie konnte jedoch damals nur ein kühnes Projekt bleiben, denn die Ermittelung des Zusammenhanges zwischen Geometrie und Gravitation ist nur möglich, wenn die metrische Zusammengehörigkeit von Raum und Zeit bereits erkannt ist.

52. Das Postulat der allgemeinen Kovarianz der Naturgesetze. Dieses Postulat ist es, welches den eigentlichen Antrieb zur allgemeinen Relativitätstheorie gegeben hat und welchem diese ihren Namen verdankt. Es hat verschiedene Wurzeln. Erstens sind beliebig bewegte Bezugssysteme *kinematisch* vollkommen gleichwertig, und dies legt die Vermutung nahe, daß die Gleichwertigkeit auch in dynamischer und physikalischer Hinsicht zutreffe. A priori ist das natürlich nicht beweisbar, nur der Erfolg kann lehren, ob die Vermutung richtig ist.

Es ist jedoch leicht einzusehen, daß man sich nicht damit begnügen kann, *beliebig bewegte* Bezugssysteme einzuführen. Wie *Einstein*[286]) am Beispiel des rotierenden Bezugssystems zeigt, können in den nicht Galileischen Systemen Zeit und räumliche Entfernungen nicht einfach mit der Uhr und dem starren Einheitsmaßstab bestimmt werden; die euklidische Geometrie muß aufgegeben werden. Es bleibt also nichts übrig, als alle denkbaren Koordinatensysteme zuzulassen. Die Koordinaten sind als völlig willkürliche Parameter aufzufassen, die den Weltpunkten irgendwie in eindeutiger und stetiger Weise zugeordnet werden (*Gauß*sches Koordinatensystem). Daß eine solche Beschreibung der Welt ausreichend ist, geht aus folgender Überlegung *Einsteins*[287]) hervor. Alle physikalischen Messungen laufen auf die Konstatierung von raum—zeitlichen Koinzidenzen hinaus; außer diesen Koinzidenzen ist nichts beobachtbar. Entsprechen aber in *einem* Gaußschen Koordinatensystem zwei Punktereignissen dieselben Koordinaten, so ist dies auch in jedem anderen Gaußschen Koordinatensystem der Fall. Wir müssen also das Relativitätspostulat erweitern: *Die allgemeinen Naturgesetze sollen auf eine solche Form gebracht werden, daß sie in jedem Gaußschen Koordinatensystem gleichlauten, d. h. gegenüber beliebigen Transformationen der Koordinaten kovariant sind.*[287a])

285) *Riemann,* Habilitationsvortrag, l. c. Anm. 65).

286) *A. Einstein,* Ann. d. Phys. 49 l. c. Anm. 279).

287) *A. Einstein,* l. c. Anm. 286) und 279). Vgl. dazu auch *E. Kretschmann,* Ann. d. Phys. 48 (1915), 907 und 943.

287a) *P. Lenard,* Über Relativitätsprinzip, Äther, Gravitation, Leipzig 1918; 2. Aufl. 1920. Siehe auch die Nauheimer Diskussion, Phys. Ztschr. 21 (1920), p. 666) erhebt Bedenken gegen die Benützung so allgemeiner Koordinatensysteme und gegen die Realität von Gravitationsfeldern, die nach *Einsteins* Theorie in ihnen auftreten würden. Ref. kann sich diesen Bedenken nicht anschließen.

Diese Kovarianz wird dadurch ermöglicht, daß die g_{ik} in die physikalischen Gesetze eingefügt werden. (Mathematisch gesprochen: Die allgemeinen Naturgesetze gestatten *nach Adjunktion der invarianten quadratischen Form*

$$ds^2 = g_{ik}\,dx^i\,dx^k$$

beliebige Punkttransformationen.) In der Tat kann jedes Gesetz der speziellen Relativitätstheorie nach dem im Abschnitt II angegebenen Schema durch formale Einführung der g_{ik} allgemein kovariant gemacht werden, wie in Nr. **54** noch an einzelnen Beispielen gezeigt werden wird. Es ist deshalb von *Kretschmann*[288]) die Ansicht vertreten worden, daß das Postulat der allgemeinen Kovarianz überhaupt nichts über den physikalischen *Inhalt* der Naturgesetze aussagt, sondern bloß etwas über ihre mathematische *Formulierung;* und *Einstein*[289]) stimmte dieser Ansicht durchaus zu. Einen physikalischen Inhalt bekommt die allgemein kovariante Formulierung der Naturgesetze erst durch das Äquivalenzprinzip, welches zur Folge hat, daß die Gravitation durch die g_{ik} *allein* beschrieben wird, und daß diese nicht unabhängig von der Materie gegeben, sondern selbst durch Feldgleichungen bestimmt sind. Erst deshalb können die g_{ik} als *physikalische Zustandsgrößen* bezeichnet werden.[290]) Das Postulat der allgemeinen Kovarianz hat jedoch, wie *Einstein*[289]) betont hat, auch noch eine andere Bedeutung. Die Differentialgleichungen des G-Feldes selbst werden so zu bestimmen sein, daß sie vom Standpunkt der allgemeinen Kovariantentheorie möglichst einfach und durchsichtig sind. Diese heuristische Seite des Kovarianzpostulates hat sich aufs beste bewährt (Nr. **56**).

Es ist versucht worden, trotz der allgemeinen Kovarianz das Koordinatensystem in gewisser Weise zu normieren. Insbesondere beschäftigen sich Untersuchungen von *Kretschmann*[288]) und *Mie*[291]) mit dieser Frage. Es scheinen jedoch alle vorgeschlagenen Normierungen nur in Spezialfällen möglich bzw. von praktischer Bedeutung zu sein. Im allgemeinen Falle und bei prinzipiellen Fragen ist die allgemeine Kovarianz unentbehrlich.

53. Einfache Folgerungen aus dem Äquivalenzprinzip. a) *Die Bewegungsgleichungen des Massenpunktes bei langsamen Geschwindigkeiten*[292]) *und schwachen Gravitationsfeldern.* Die Bewegungsgleichung

288) *E. Kretschmann,* Ann. d. Phys. 53, l. c. Anm. 283).

289) *A. Einstein,* Ann. d. Phys. 55 (1918), p. 241.

290) *H. Weyl,* Raum — Zeit — Materie, 1. Aufl. 1918, p. 180, 181; 3. Aufl. 1919, p. 192, 193.

291) *G. Mie,* Ann. d. Phys. 62 (1920), p. 46.

292) Vgl. dazu *A. Einstein,* Ann. d. Phys. 49, l. c. Anm. 279), § 21.

(80) für den Massenpunkt läßt eine beträchtliche Vereinfachung zu, wenn die *Geschwindigkeit* des Massenpunktes *klein gegenüber der Lichtgeschwindigkeit ist,* so daß Größen von der Ordnung $\frac{v^2}{c^2}$ vernachlässigt werden können. Es werde überdies vorausgesetzt, daß das *Gravitationsfeld schwach* ist. Das heißt, die g_{ik} sollen nur äußerst wenig von ihren Normalwerten

$$g_{ik} = +1\,, \quad \text{für} \quad i = k = 1, 2, 3\,, \quad g_{44} = -1$$

$$g_{ik} = 0 \quad \text{für} \quad i \neq k$$

abweichen, so daß die Quadrate dieser Abweichungen vernachlässigt werden können. Es wird dann

$$\text{(389)} \qquad \frac{d^2 x^i}{d t^2} = - c^2 \Gamma^i_{44} \quad \text{für} \quad i = 1, 2, 3, x^4 = ct\,.$$

Außerdem sei das Feld statisch oder quasistatisch, so daß auch die zeitlichen Ableitungen der g_{ik} vernachlässigt werden können. Dann kann für Γ^i_{44} gesetzt werden $\Gamma_{i,44}$ oder auch $-\frac{1}{2}\frac{\partial g_{44}}{\partial x^i}$, und *die Bewegungsgleichungen* (389) *gehen in die Newtonschen über:*

$$\text{(399)} \qquad \frac{d^2 x^i}{d t^2} = - \frac{\partial \Phi}{\partial x^i},$$

wenn man setzt

$$\text{(391)} \qquad \Phi = - \frac{1}{2} c^2 (g_{44} + 1)\,, \quad g_{44} = -1 - \frac{2\Phi}{c^2}\,.$$

Die zunächst unbestimmte additive Konstante im Potential Φ ist hier so festgelegt, daß Φ verschwindet, wenn g_{44} seinen Normalwert -1 annimmt.

Es ist interessant, daß bei der hier angewandten Näherung in die Bewegungsgleichungen nur g_{44} eingeht, obwohl die Abweichungen der übrigen g_{ik} von ihren Normalwerten von derselben Größenordnung sein können wie die von g_{44}. Auf diesem Umstand beruht die Möglichkeit, das Gravitationsfeld näherungsweise durch ein *skalares* Potential zu beschreiben.

b) *Die Rotverschiebung der Spektrallinien.* Der eben erwähnte Umstand hat auch zur Folge, daß über den Einfluß des Gravitationsfeldes auf Uhren eine allgemeine Aussage gemacht werden kann, auch wenn die Gesetze des G-Feldes noch nicht gegeben sind, denn dieser Einfluß ist durch g_{44} bestimmt. Über das Verhalten der Maßstäbe kann dagegen eine derartige Aussage erst gemacht werden, wenn die übrigen g_{ik} bekannt sind.

Man denke sich ein relativ zum Galileischen System K_0 mit der Winkelgeschwindigkeit ω rotierendes Bezugssystem K. Eine in K ruhende Uhr geht dann wegen des transversalen Dopplereffektes um so langsamer, je weiter sie von der Drehungsachse entfernt ist, wie sofort erhellt, wenn man den Vorgang vom System K_0 aus betrachtet. Die Zeitdilatation ist gegeben durch

$$t = \frac{\tau}{\sqrt{1 - \frac{v^2}{c^2}}} = \frac{\tau}{\sqrt{1 - \frac{1}{c^2}\,\omega^2 r^2}}.$$

Der mitrotierende Beobachter in K wird diese Zeitverkürzung nicht als transversalen Dopplereffekt deuten, da ja die Uhr relativ zu ihm ruht. Aber es herrscht in K ein Gravitationsfeld (Zentrifugalkraftfeld) vom Potential

$$\Phi = -\tfrac{1}{2}\,\omega^2 r^2.$$

Der Beobachter in K wird also zu dem Schluß kommen, daß die Uhren um so langsamer gehen, je kleiner das Gravitationspotential an der betreffenden Stelle ist. Und zwar ist die Zeitdilatation Δt in erster Näherung gegeben durch

$$t = \frac{\tau}{\sqrt{1 + \frac{2\Phi}{c^2}}} \sim \tau\left(1 - \frac{\Phi}{c^2}\right), \quad \frac{\Delta t}{\tau} = -\frac{\Phi}{c^2}.$$

Einstein[293]) führte eine analoge Betrachtung für gleichförmig beschleunigte System durch. Transversaler Dopplereffekt und Zeitdilatation durch Gravitation erscheinen demnach als zwei verschiedene Ausdrucksweisen desselben Sachverhalts, daß nämlich eine Uhr stets die Eigenzeit

$$\tau = \frac{1}{ic}\int ds$$

anzeigt.

Allgemein unterscheidet sich die Zeit $t = \frac{x^4}{c}$ von der normalen Eigenheit τ einer ruhenden Uhr. Denn das Weltlinienelement einer ruhenden Uhr ist

$$ds^2 = g_{44}(dx^4)^2,$$

also nach (39c):

$$t = \frac{\tau}{\sqrt{-g_{44}}} = \frac{\tau}{\sqrt{1 + \frac{2\Phi}{c^2}}} \sim \tau\left(1 - \frac{\Phi}{c^2}\right), \quad \frac{\Delta t}{\tau} = -\frac{\Phi}{c^2}. \tag{392}$$

Die Gleichung (392) hat folgenden physikalischen Inhalt: Versetzt man eine von zwei ruhenden, gleich beschaffenen, ursprünglich synchron gehenden Uhren eine Zeitlang in ein Gravitationsfeld, so gehen sie nachher nicht mehr synchron, sondern die Uhr, die im Gravitationsfeld war, geht nach. Hierauf beruht auch, wie *Einstein*[294]) bemerkt hat, die Aufklärung des in Nr. 5 erwähnten Uhrenparadoxons. Im Koordinatensystem K^*, in welchem die Uhr U_2 dauernd ruht, herrscht

---

293) *A. Einstein,* Ann. d. Phys. 35, l. c. Anm. 270).

294) *A. Einstein,* Naturw. 6 (1918), p. 697.

während der Bremsungsperiode ein Gravitätsfeld, welches der Beobachter in K^* für das Nachgehen der ruhenden Uhr U_2 verantwortlich machen kann.

Die Beziehung (392) hat eine wichtige Konsequenz, die sich durch die Erfahrung prüfen läßt. Man kann den Uhrentransport auch durch einen Lichtstrahl besorgen lassen, indem man als Uhr den Schwingungsvorgang des Lichtes annimmt. Ist nämlich das Gravitationsfeld statisch, so kann man immer die Zeitkoordinate so festlegen, daß die g_{ik} von ihr nicht abhängen. Dann muß die Zahl der Wellen eines Lichtstrahles zwischen zwei Punkten P_1 und P_2 ebenfalls von der Zeit unabhängig sein, und daher ist dann die Frequenz des Lichtstrahles mit der angegebenen Zeitskala gemessen in P_1 und P_2 dieselbe, also vom Ort unabhängig.[295] Dagegen ist die in Eigenzeit gemessene Frequenz vom Ort abhängig. Beobachtet man also eine auf der Sonne erzeugte Spektrallinie auf der Erde, so muß ihre Frequenz zufolge (392) gegenüber den entsprechenden terrestrischen nach Rot verschoben sein, und zwar um den Betrag

$$\frac{\Delta \nu}{\nu} = \frac{\Phi_E - \Phi_S}{c^2}, \tag{393}$$

worin Φ_E den Wert des Gravitätspotentials auf der Erde, Φ_S den auf der Sonnenoberfläche bedeutet. Die numerische Ausrechnung gibt

$$\frac{\Delta \nu}{\nu} = 2{,}12 \cdot 10^{-6} \tag{393a}$$

entsprechend einem Dopplereffekt von $0{,}63\ \frac{\text{km}}{\text{sec}}$.

Es sind sehr zahlreiche Versuche gemacht worden, diese Beziehung experimentell zu prüfen. Schon *Jewell*[296] fand Verschiebungen von Spektrallinien der Sonne nach Rot, deutete sie jedoch als Druckeffekte. Als *Evershed*[297] später nachwies, daß die Verschiebung mit der experimentell bestimmten Druckverschiebung nicht übereinstimmt, lag es nahe, den Einsteineffekt zur Erklärung heranzuziehen.[298] Es zeigt sich jedoch bei genauerer Prüfung, daß die verschiedenen Linien um verschiedene Beträge verschoben erscheinen, so daß der Einsteineffekt jedenfalls nicht ausreicht, um alle Einzelheiten der Erscheinung zu erklären. Viel besser geeignet zur Prüfung der Einsteinschen Theorie sind die neueren Beobachtungen an der Stickstoffbande $\lambda = 3883$ Å (sogenannte Cyan-

295) *M. v. Laue*, Phys. Ztschr. 21 (1920), p. 659, hat dies durch direktes Ausrechnen auf Grund der Wellengleichung des Lichtes bestätigt.

296) *L. E. Jewell*, Astroph. J. 3 (1896), p. 89.

297) *J. Evershed*, Kodaik. Obs. Bull. 36, 1914.

298) *A. Einstein*, Ann. d. Phys. 35, l. c. Anm. 270); *E. Freundlich*, Phys. Ztschr. 15 (1914), p. 369.

bande). Diese zeichnet sich nämlich dadurch aus, daß sie keinen merklichen Druckeffekt zeigt. Der Vergleich der Absorptionslinien dieser Bande im Sonnenspektrum mit den entsprechenden terrestrischen Emissionslinien wurde zuerst von *Schwarzschild*[299]) und hernach mit größerer Genauigkeit von *St. John*[300]) am Mount-Wilson-Observatorium sowie von *Evershed* und *Royds*[301]) vorgenommen. Diese Autoren fanden alle eine wesentlich kleinere Verschiebung der Linien, als von der Theorie gefordert wird, *St. John* stellte sogar fast überhaupt keine Verschiebung fest. Es schien deshalb eine Zeit lang die Theorie durch das Experiment widerlegt zu sein.[302]) In einer Reihe von neueren Untersuchungen haben jedoch *Grebe* und *Bachem*[303]) darauf hingewiesen, daß die gemessenen Verschiebungen bei verschiedenen Linien ganz verschiedene Werte haben und sodann durch Ausmessen der Linien mit dem registrierenden *Koch*schen Mikrophotometer bewiesen, daß die Übereinanderlagerung verschiedenen Linien im Sonnenspektrum die Ursache dieses zunächst sehr merkwürdig erscheinenden Umstandes ist. *Bei den ungestörten Linien ergaben sich nun Verschiebungen, die innerhalb der Beobachtungsfehler mit dem theoretischen Wert* (393a) *übereinstimmen.* Allerdings sind nur verhältnismäßig wenige Linien ungestört. Kürzlich fand jedoch *Grebe*[304]), daß auch der Mittelwert der Verschiebungen aus 100 gestörten und ungestörten Linien der genannten Stickstoffbande der Theorie entspricht. *Perot*[304a]) untersuchte ebenfalls diese Bande auf Rotverschiebung und fand ein positives Resultat. Doch kann man diesem keine große Beweiskraft zuerkennen, da auf eine eventuelle Überlagerung der Linien keine Rücksicht genommen wurde.

Freundlich[305]) versuchte, auch bei den Fixsternen die Gravitationsverschiebung der Spektrallinien nachzuweisen. Es ist jedoch bei Fixsternen nur auf Grund ziemlich unsicherer Hypothesen möglich, den

---

299) *K. Schwarzschild,* Berl. Ber. (1914), p. 120.

300) *Ch. E. St. John,* Astroph. J. 46 (1917), p. 249.

301) *J. Evershed* und *Royds,* Kodaik. Obs. Bull. 39.

302) *Wiechert* ersann, durch diese Diskrepanz der *Einstein*schen Theorie mit den genannten Beobachtungen veranlaßt, eine Theorie der Gravitation, die so viele unbestimmte Konstante enthält, daß sie beliebigen empirischen Werten für Rotverschiebung, Lichtstrahlkrümmung und Perihelbewegung des Merkur angepaßt werden kann: *E. Wiechert,* Gött. Nachr., math.-naturw. Klasse 1910, p. 101; Astr. Nachr., Nr. 5054, 211, Spalte 275; Ann. d. Phys. 63 (1920), p. 301.

303) *L. Grebe* und *A. Bachem,* Verh. d. deutsch. phys. Ges. 21 (1919), p. 454; Ztschr. f. Phys. 1 (1920), p. 51 und 2 (1920), p. 415.

304) *L. Grebe,* Phys. Ztschr. 21 (1920), p. 662 und Ztschr. f. Phys. 4 (1921), p. 105.

304a) *A. Perot,* Paris C. R. 171 (1920), p. 229.

305) *E. Freundlich,* Phys. Ztschr. 16 (1915), p. 115; 20 (1919), p. 561.

Gravitationseffekt vom Dopplereffekt zu trennen. *Freundlichs* erste Resultate haben überdies eine Zurückweisung durch *Seeliger*[306]) erfahren.

Zusammenfassend kann man also sagen, daß die experimentellen Ergebnisse über die Rotverschiebung jetzt für die Theorie günstig stehen, diese aber noch keine endgültige Bestätigung erfahren hat.

c) *Fermats Prinzip der kürzesten Lichtzeit in statischen Gravitationsfeldern.* Wir nehmen an, daß wir es mit einem *statischen* Gravitationsfeld zu tun haben, d. h. das Koordinatensystem soll so wählbar sein, daß alle g_{ik} von der Zeit unabhängig werden und das vierdimensionale Linienelement die Form annimmt

$$ds^2 = d\sigma^2 - f^2 dt^2, \tag{394}$$

worin $d\sigma$ eine positiv definite quadratische Form der drei räumlichen Koordinatendifferentiale und f die vom Ort abhängige Lichtgeschwindigkeit bedeute. Es ist dann also

$$g_{14} = g_{24} = g_{34} = 0, \quad g_{44} = -\frac{f^2}{c^2}. \tag{394a}$$

Das Bestehen der ersten drei angeschriebenen Relationen in allen statischen G-Feldern ist eine besondere Hypothese, die sich nur durch die Differentialgleichung des G-Feldes selbst rechtfertigen läßt. Im Spezialfall der *kugelsymmetrischen*, statischen Felder kann man allerdings a priori einsehen, daß das Verschwinden der Komponenten g_{i4} ($i = 1, 2, 3$) durch passende Normierung der Zeit stets erzielt werden kann.[306a])

Wir wollen speziell die Bahn der Lichtstrahlen in einem solchen Feld untersuchen. Nach Nr. **51** ist sie durch die Bedingung bestimmt, daß sie eine geodätische Nullinie sein muß. Diese läßt sich in dem hier betrachteten Spezialfall auf die Form des Fermatschen Prinzips bringen, wie *Levi-Civita*[307]) und *Weyl*[308]) gezeigt haben. Um dies

306) *H. v. Seeliger,* Astr. Nachr. 202, Spalte 83, 1916; vgl. dazu auch *E. Freundlich,* ebenda Spalte 147.

306a) Die italienischen Mathematiker unterscheiden den statischen Fall, in welchem $g_{i4} = 0$ für $i = 1, 2, 3$, vom allgemeineren stationären Fall, in welchem die g_{ik} bloß von der Zeit unabhängig sind, aber $g_{i4} \neq 0$ ist. Vgl. dazu insbesondere *A. Palatini,* Atti del reale instituto Vineto di science, lettere ed arti, 78, 2. Teil (1919), p. 589, wo die Bahnen von Massenpunkten und Lichtstrahlen im stationären Fall allgemein diskutiert werden und *A. De-Zuani,* Nuovo Cimento (6) 18 (1919), p. 5.

307) *T. Levi-Civita,* Statica Einsteiniana, Rend. Acc. Linc. (5) 26 (1917), p. 458; Nuovo Cimento (6) 16 (1918), p. 105.

308) *H. Weyl,* Ann. d. Phys. 54 (1917), p. 117; Raum — Zeit — Materie, 1. Aufl. 1918, p. 195, 196; 3. Aufl. 1920, p. 209, 210.

nachzuweisen, gehen wir aus von dem Variationsprinzip (83) der Nr. **15**.

$$L = \frac{1}{2} g_{ik} \frac{dx^i}{d\lambda} \frac{dx^k}{d\lambda}, \qquad \delta \int L\, d\lambda = 0.$$

Dabei sind die Koordinaten in den Endpunkten des Integrationsweges nicht mitzuvariieren. Setzen wir nun für die g_{ik} die aus (394) folgenden Werte ein, so wird

$$L = \frac{1}{2} \left(\frac{d\sigma}{d\lambda}\right)^2 - f^2 \left(\frac{dt}{d\lambda}\right)^2,$$

und das Variationsprinzip liefert speziell beim Variieren von t die Gleichung

$$\frac{d}{d\lambda}\left(f^2 \frac{dt}{d\lambda}\right) = 0, \qquad f^2 \frac{dt}{d\lambda} = \text{const.},$$

und bei geeigneter Normierung des Parameters λ kann man setzen

$$f^2 \frac{dt}{d\lambda} = 1. \tag{395}$$

Wir ändern nun die Bedingung für die Variation folgendermaßen ab.

1. Nur die *räumlichen* Endpunkte der Bahn sollen fix bleiben, die Zeitkoordinate soll im Anfangs- und Endpunkt variiert werden.

2. Die variierte Bahn soll ebenfalls eine Nullinie sein (aber nicht notwendig geodätisch). Infolge der letzteren Bedingung wird natürlich

$$L \equiv 0 \quad \text{und} \quad \delta L \equiv 0$$

in allen Bahnpunkten. Andererseits ist aber beim Variieren der Zeitkoordinate

$$\delta \int L\, d\lambda = - f^2 \frac{dt}{d\lambda} \delta t \Big|_{t_1}^{t_2} + \int \frac{d}{d\lambda}\left(f^2 \frac{dt}{d\lambda}\right) \delta t\, d\lambda,$$

welcher Ausdruck somit ebenfalls identisch verschwinden muß, wenn die variierte Bahn eine Nullinie ist. Die Bedingung (395) dafür, daß die Nullinie eine geodätische ist, kann deshalb ersetzt werden durch

$$\delta t \Big|_{t_1}^{t_2} = \delta \int_{t_1}^{t_2} dt = 0$$

oder auch durch Elimination der Zeit vermöge der Beziehung $L = 0$ durch

$$\delta \int \frac{d\sigma}{f} = 0. \tag{396}$$

Es ist dies nichts anderes als das Fermatsche Prinzip der kürzesten Lichtzeit. Es geht daraus hervor, daß selbst, wenn das Gravitationsfeld statisch ist, der *Lichtstrahl im dreidimensionalen Raum keine geodätische Linie* ist. Denn diese wäre ja durch

$$\delta \int d\sigma = 0$$

charakterisiert. Nur die Weltlinie des Lichtstrahls in der vierdimensionalen Welt ist geodätisch. Der Lichtstrahl wird also im Gravitationsfeld gekrümmt. Der Betrag der Krümmung hängt jedoch auch von der Gestalt von $d\sigma$ ab und kann zum Unterschied vom Betrag der Rotverschiebung erst ermittelt werden, wenn die Feldgleichungen des G-Feldes selbst bekannt sind (Nr. 58c).

Auch für die Bahn des Massenpunktes im statischen Gravitationsfeld läßt sich in analoger Weise ein Variationsprinzip finden, das die Zeitkoordinate nicht mehr enthält.[309]) Es entbehrt jedoch der anschaulichen Bedeutung.

54. Der Einfluß des Schwerefeldes auf materielle Vorgänge.[310]) Es ist bequem, mit *Einstein* alles außer dem G-Feld als Materie zu bezeichnen. Die Aufgabe besteht dann darin, die Naturgesetze der materiellen Vorgänge auf eine allgemein kovariante Form zu bringen. Sie wird im Prinzip durch folgende Betrachtung gelöst. Es sei zunächst ein Koordinatensystem K_0 gegeben, in welchem in einem endlichen Weltgebiet die g_{ik} ihre Normalwerte haben. Dann haben hier die Naturgesetze die Form, welche in der speziellen Relativitätstheorie als gültig angenommen wird. Nun führt man irgendein anderes beliebig bewegtes Gaußsches Koordinatensystem K ein und ermittelt durch bloße Rechnung die Form der Naturgesetze in K. Auf Grund des Äquivalenzprinzips ist klar, daß auf diese Weise zugleich der Einfluß von Gravitationsfeldern auf die materiellen Vorgänge gefunden ist. Das Ergebnis überträgt man dann auch auf den Fall, daß sich kein Koordinatensystem K_0 finden läßt, in welchem in endlichen Gebieten das Gravitationsfeld wegtransformiert ist. Diese Übertragung ist nur auf Grund der allerdings bis zu einem gewissen Grade willkürlichen Hypothese möglich, daß die zweiten Ableitungen der g_{ik} in die betreffenden Naturgesetze nicht eingehen.

In mathematischer Hinsicht entspricht die Situation vollkommen derjenigen beim Übergang vom Tensorkalkül der euklidischen zu dem der Riemannschen Geometrie (Nr. **13**, **20**). Wir können also auf Grund der im Abschnitt II angegebenen Methoden zu einem jeden Gesetz der speziellen Relativitätstheorie seine allgemein kovariante Form sofort angeben, indem wir die dort vorkommenden Tensoroperationen durch die entsprechenden verallgemeinerten Operationen der Riemannschen Geometrie ersetzen. Es ist hier natürlich der Unterschied von kontra- und kovarianten Komponenten eines Tensors sowie der zwischen Tensoren und Tensordichten zu beachten.

---

309) Vgl. die in Anm. 307) und 308) zitierten Arbeiten.

310) Vgl. dazu *A. Einstein* und *M. Großmann*, l. c. Anm. 274), I. Teil § 6; *A. Einstein*, Berl. Ber. 1914, l. c. Anm. 276), Abschn. C; Ann. d. Phys. l. c. Anm. 279), Abschn. D.

Diese allgemeinen Vorschriften sollen nun am Beispiel der *Maxwell-Lorentz*schen Feldgleichungen für das Vakuum erläutert werden. Wir definieren wieder den Feldvektor F_{ik} durch (202). Dann bleiben nach Nr. **19** (140b) die Gleichungen (203) bestehen:

(203) $$\frac{\partial F_{ik}}{\partial x^l} + \frac{\partial F_{li}}{\partial x^k} + \frac{\partial F_{kl}}{\partial x^i} = 0 .$$

Das zweite System (208) der *Maxwell*schen Gleichungen muß aber nach (141b) etwas anders geschrieben werden. Wir führen die kontravarianten Komponenten der zu F_{ik} gehörigen Tensordichte ein:

(397) $$\mathfrak{F}^{ik} = \sqrt{-g}\, g^{\alpha i} g^{\beta k} F_{\alpha\beta},$$

ebenso die zum Stromvektor gehörige Tensordichte

(398) $$\mathfrak{s}^i = \sqrt{-g}\, s^i.$$

Dann gilt

(208a) $$\frac{\partial \mathfrak{F}^{ik}}{\partial x^k} = \mathfrak{s}^i,$$

woraus noch die Verallgemeinerung

(197a) $$\frac{\partial \mathfrak{s}^i}{\partial x^i} = 0$$

der Kontinuitätsgleichung (197) folgt.[310a)]

Die ponderomotorische Kraft berechnet sich genau wie früher nach (216):

$$f_i = F_{ik} s^k$$

und die zugehörige Tensordichte nach

(216a) $$\mathfrak{f}_i = \sqrt{-g}\, f_i = F_{ik}\mathfrak{s}^k.$$

Die gemischten Komponenten der Energie-Impuls-Tensordichte sind nach (222) gegeben durch

(222a) $$\mathfrak{S}_i^k = F_{ir}\mathfrak{F}^{kr} - \tfrac{1}{4} F_{rs}\mathfrak{F}^{rs}\delta_i^k.$$

Wichtig ist die Verallgemeinerung von (225). Auf Grund der Regel (150a) der allgemeinen Tensoranalysis folgt

(225a) $$\left\{\begin{aligned} &\frac{\partial \mathfrak{S}_i^k}{\partial x^k} - \mathfrak{S}_r^s \Gamma_{is}^r = -\mathfrak{f}_i \\ &\text{oder auch} \\ &\frac{\partial \mathfrak{S}_i^k}{\partial x^k} - \tfrac{1}{2}\mathfrak{S}^{rs}\frac{\partial g_{rs}}{\partial x^i} = -\mathfrak{f}_i . \end{aligned}\right.$$

Das zweite Glied der linken Seite ist für den Einfluß des Gravitationsfeldes charakteristisch. Daß wirklich auch im allgemeinen Fall (225a)

310a) Eine Anwendung dieser Gleichungen gibt *M. v. Laue*, Phys. Ztschr. 21 (1920), p. 659. Er zeigt, daß für die Weltlinien der Lichtstrahlen im leeren Raum innerhalb des Gültigkeitsbereiches der geometrischen Optik aus ihnen die Gleichungen (80), (81) der geodätischen Nullinie in der Tat folgen.

eine Folge von (203), (208a) und (216) ist, geht aus der in Nr. **23**a) ausgeführten Rechnung hervor.

In analoger Weise lassen sich auch die Bewegungsgleichungen für Flüssigkeiten allgemein kovariant schreiben.[311]) Die allgemeinen Gleichungen von *Herglotz* für elastische Medien behandelt *G. Nordström*.[312]) So wie (225a) aus dem Ausdruck (225) für die ponderomotorische Kraft hervorgeht, geht aus dem allgemeinen Impuls-Energiesatz (341) der *Impuls-Energiesatz der Materie bei Vorhandensein von Gravitationsfeldern hervor:*

$$(341\,\mathrm{a})\qquad \frac{\partial \mathfrak{T}_i^k}{\partial x^k} - \frac{1}{2}\mathfrak{T}^{rs}\frac{\partial g_{rs}}{\partial x^i} = 0.$$

Er unterscheidet sich in physikalischer Hinsicht sehr wesentlich von der früheren Form des Impuls-Energiesatzes. Während nämlich aus dieser durch Integration für Gesamtenergie und Gesamtimpuls ein Erhaltungssatz abgeleitet werden konnte, ist dies bei der neuen Form (341a) wegen des zweiten Gliedes der linken Seite nicht mehr möglich. Es kann eben Impuls und Energie von der Materie auf das Gravitationsfeld übergehen und umgekehrt (Näheres vgl. Nr. **61**). Wirken keine äußeren Kräfte, so kann speziell für T_{ik} der durch (322) gegebene kinetische Impuls-Energietensor Θ_{ik} eingeführt werden, also für $\mathfrak{T}_i^k$ der Ausdruck $\mu_0 \sqrt{-g}\, g_{i\alpha} \frac{dx^\alpha}{d\tau}\frac{dx^k}{d\tau}$. Die Gleichungen (341a) reduzieren sich dann auf die der geodätischen Linie.

55. Die Wirkungsprinzipien für materielle Vorgänge bei Vorhandensein von Gravitationsfeldern. Wie zuerst von *Hilbert*[313]) gezeigt wurde, hängt der Impuls-Energietensor T_{ik} mit der Wirkungsfunktion in einer einfachen Weise zusammen, die erst in der allgemeinen Relativitätstheorie deutlich zutage tritt. Wir zeigen dies am Beispiel des mechanisch-elektrodynamischen Wirkungsprinzips der Nr. **31**, welches wir in der *Weyl*schen Form (231a) schreiben:

$$(231\,\mathrm{b})\quad \left\{\begin{aligned} W_1 &= \int \left\{ \tfrac{1}{2} F_{ik}F^{ik} - 2\varphi_i s^i + 2\mu_0 c^2 \right\} d\Sigma \\ &= \int \tfrac{1}{2} F_{ik}F^{ik}\, d\Sigma - \int de \int 2\varphi_i\, dx^i + 2\mu_0 c \int \sqrt{-g_{ik}u^i u^k}\, d\Sigma; \\ \delta W_1 &= 0. \end{aligned}\right.$$

Dieses Wirkungsprinzip bleibt auch im Schwerefeld gültig[313]), wenn die g_{ik} nicht mitvariiert werden. (Zu variieren sind wieder unabhängig

311) *A. Einstein,* l. c. Anm. 310).

312) *G. Nordström,* Amst. Versl. 25 (1916), p. 836.

313) *D. Hilbert,* Grundlagen der Physik, 1. Mitt., l. c. Anm. 101). Vgl. auch *H. A. Lorentz,* l. c. Anm. 100) und *H. Weyl,* Ann. d. Phys. 54, l. c. Anm. 308); Raum — Zeit — Materie, 1. Aufl. 1918, p. 215 ff., § 32; 3. Aufl. 1920, p. 197.

voneinander die Weltlinien der materiellen Teilchen und die Feldpotentiale φ_i.)

Etwas Neues tritt jedoch auf, wenn die g_{ik} variiert werden. Die Weltlinien der Substanz und die Potentiale φ_i können wir jetzt konstant lassen. Dann liefert das erste Integral nach Nr. **23a**) den Beitrag

$$-\int \mathfrak{S}^{ik} \delta g_{ik} dx = -\int S^{ik} \delta g_{ik} d\Sigma,$$

das zweite liefert den Beitrag Null und das dritte

$$-\int \mu_0 u^i u^k \delta g_{ik} d\Sigma = -\int \Theta^{ik} \delta g_{ik} d\Sigma.$$

Also wird insgesamt

$$\delta W = -\int \mathfrak{T}^{ik} \delta g_{ik} dx = +\int \mathfrak{T}_{ik} \delta g^{ik} dx. \tag{399}$$

Man erhält also den Energietensor der Materie durch Variieren des G-Feldes im Wirkungsintegral.[313]) Diese Regel gilt allgemein, nicht nur in dem hier betrachteten Fall. Für den elastischen Energietensor wurde sie von *Nordström*[314]) nachgewiesen, über die Theorie von *Mie* siehe Abschn. V, Nr. **64**.

Der Zusammenhang zwischen dem materiellen Impuls-Energietensor und der Wirkungsfunktion, der hier zutage tritt, erweist sich als äußerst wichtig für die Anwendung des Hamiltonschen Prinzips in der allgemeinen Relativitätstheorie (s. Nr. **57**). Setzt man ferner für δg_{ik} eine bloß durch Variation des Koordinatensystems erzeugte Variation $\delta^* g_{ik}$, für die δW identisch verschwindet (Nr. **23**), so kann man auf Grund von (169) folgende allgemeine Aussage machen. *Immer, wenn sich die Feldgesetze der materiellen Vorgänge aus einem Wirkungsprinzip ableiten lassen und sich gleichzeitig der Energietensor durch Variieren des G-Feldes in der angegebenen Weise aus dem Wirkungsintegral ergibt, ist der Impuls-Energiesatz* (341a) *eine Folge dieser Feldgesetze.* Für diesen Schluß ist wesentlich, daß die von der *Variation* δ^* *der materiellen Zustandsgrößen* herrührenden Anteile zufolge des Hamiltonschen Prinzips verschwinden.

56. Die Feldgleichungen der Gravitation. Die eigentliche und wichtigste Aufgabe der allgemeinen Relativitätstheorie besteht darin, die Gesetze des G-Feldes selbst aufzustellen. Von diesen Gesetzen muß natürlich verlangt werden, daß sie allgemein kovariant sein sollen. Um jedoch zu einer eindeutigen Festlegung dieser Gesetze zu gelangen, müssen noch weitere Forderungen gestellt werden. Die leitenden Gesichtspunkte sind hierbei folgende:

---

314) *G. Nordström*, l. c. Anm. 312).

1. Nach dem Äquivalenzprinzip ist die schwere Masse gleich der trägen Masse, also proportional der Gesamtenergie. Das gleiche gilt daher auch von der Kraft, die im Schwerefeld auf ein materielles System wirkt. Es liegt deshalb nahe anzunehmen, daß umgekehrt auch nur die Gesamtenergie für das von einem materiellen System erzeugte Gravitationsfeld maßgebend ist. Nach der speziellen Relativitätstheorie läßt sich jedoch die Energiedichte nicht durch einen Skalar charakterisieren, sondern nur als 44-Komponente eines Tensors T_{ik}, indem zur Energie Impuls und Spannungen als gleichberechtigt hinzutreten. Wir formulieren deshalb unsere Annahme so:

In die Feldgleichungen der Gravitation sollen keine anderen materiellen Zustandsgrößen eingehen als der totale Impuls-Energietensor T_{ik}.

2. Darüber hinausgehend macht *Einstein* in Analogie zur Poissonschen Gleichung

$$\Delta\Phi = 4\pi k \mu_0$$

den Ansatz, *daß der Energietensor* T_{ik} *proportional sein soll einem aus den* g_{ik} *allein gebildeten Differentialausdruck zweiter Ordnung.* Da dieser offenbar wegen der allgemeinen Kovarianz ein Tensor sein muß, folgt daraus nach Nr. **17**, (113) für die Differentialgleichungen des G-Feldes die Form

$$c_1 R_{ik} + c_2 R g_{ik} + c_3 g_{ik} = k T_{ik}. \tag{400}$$

R_{ik} ist hierin der durch (94) definierte (verjüngte) Krümmungstensor, R die zugehörige Invariante (95). Über ihre geometrische Bedeutung vgl. Nr. **17**.

Das Wesentliche der hier gemachten Annahmen tritt deutlich hervor beim Vergleich mit der *Nordström*schen Theorie, die nach *Einstein* und *Fokker*[314a]) ebenfalls auf eine allgemeine kovariante Form gebracht werden kann. In dieser geht bloß der Skalar $T = T_i^i$ in die Gravitationsgleichungen ein, und zwar ist er proportional der Krümmungsinvariante R. Die übrigen Gleichungen, die bisher noch nicht explizite aufgestellt wurden, müssen die Aussage enthalten, daß das Linienelement bei geeigneter Koordinatenwahl stets auf die Form

$$ds^2 = \Phi \Sigma (dx^i)^2$$

gebracht werden kann, wo also die Konstanz der Lichtgeschwindigkeit gilt. Man sieht, daß diese Feldgleichungen vom Standpunkt des absoluten Differentialkalküls ganz künstlich und verwickelt erscheinen gegenüber den Gleichungen der Einsteinschen Theorie, in denen alle Komponenten von T_{ik} in gleichberechtigter Weise auftreten.

314a) *A. Einstein* und *A. D. Fokker*, l. c. Anm. 272).

3. Um in (400) die zunächst noch unbestimmt gebliebenen Konstanten c_1, c_2, c_3 festzulegen, bedarf es einer Überlegung über das Verhältnis einer allgemein relativistischen Theorie zur Kausalität. Haben wir irgendwelche Lösungen der allgemein kovarianten Feldgleichungen gefunden, so können wir durch andere Koordinatenwahl daraus beliebig viele andere Lösungen finden. *Die allgemeine Lösung der Feldgleichungen muß deshalb 4 willkürliche Funktionen enthalten. Zwischen den 10 Feldgleichungen* (400) *für die 10 Unbekannten g_{ik} müssen demnach 4 Identitäten bestehen. Allgemein dürfen in einer relativistischen Theorie für m Unbekannte nur m — 4 unabhängige Gleichungen vorhanden sein.* Der Widerspruch mit dem Kausalitätsprinzip ist nur scheinbar. Denn die vielen möglichen Lösungen der Feldgleichungen sind nur formal verschieden, physikalisch sind alle vollkommen gleichwertig. Die hier dargelegten Verhältnisse wurden zuerst von *Hilbert*[315]) erkannt.

Wir sind also zu der Forderung gelangt, daß zwischen den 10 Gleichungen (400) 4 Identitäten bestehen müssen. Nun wissen wir, daß der Tensor T_{ik} den Impuls-Energiesatz (341a) der Nr. **54** befriedigt. Dieser besteht gerade aus 4 Gleichungen. Es ist deshalb äußerst einleuchtend, über den Inhalt der 4 verlangten Identitäten die folgende Annahme zu machen: *Der Impuls-Energiesatz* (341a), p. 720, *soll zufolge der Feldgleichungen der Gravitation identisch erfüllt sein.* Er ist dann also sowohl eine Folge der Gravitationsgleichungen als auch eine Folge der materiellen Feldgesetze. Dieses Postulat kommt offenbar darauf hinaus, daß die (im Sinne des Tensorkalküls für den Riemannschen Raum nach (150) verallgemeinerte) Divergenz der linken Seite von (400) identisch verschwinden soll. Wendet man diese Operation auf sie an, so erhält man nun nach (182), (109) und (75):

$$(\tfrac{1}{2}c_1 + c_2)\sqrt{-g}\,\frac{\partial R}{\partial x^i}.$$

Es muß also $c_2 = -\frac{1}{2}c$ sein, so daß außer dem Glied $c_3 g_{ik}$ in (400)

---

315) *D. Hilbert,* Grundlagen der Physik I, Gött. Nachr., math.-naturw. Kl., 1915, p. 395. In historischer Hinsicht muß bemerkt werden, daß schon *E. Mach* auf Grund relativistischer Betrachtungen zum Resultat kam, die Zahl der Gleichungen, welche die physikalischen Gesetze ausdrücken, müsse in Wirklichkeit geringer sein als die Zahl der Unbekannten. (Die Geschichte und die Wurzel des Satzes von der Erhaltung der Arbeit, Prag 1877, p. 36, 37; Mechanik, Leipzig 1883.)

Ferner verdient bemerkt zu werden, daß *Einstein* eine Zeit lang irrtümlich die Ansicht vertrat, aus der erwähnten Nichteindeutigkeit der Lösung könne gefolgert werden, daß die Gravitationsgleichungen nicht allgemein kovariant sein können (siehe Berl. Ber. 1914, l. c. Anm. 276).

bloß der durch (124) definierte Tensor

(124) $$G_{ik} = R_{ik} - \frac{1}{2} g_{ik} R$$

vorkommt. Über die physikalische Bedeutung des letzten Gliedes in (400) wird in Nr. **62** gesprochen werden; wir wollen es zunächst fortlassen, was sich nachträglich dadurch wird rechtfertigen lassen, daß sein Einfluß in den zunächst zu besprechenden Fällen äußerst gering ist. Mit diesem Vorbehalt können wir also die Gravitationsgleichungen jezt schreiben

(401) $$G_{ik} = -\varkappa T_{ik}.$$

Über den Grund des negativen Vorzeichens der rechten Seite siehe Nr. **58**a). Durch Verjüngung folgt daraus noch

(402) $$R = +\varkappa T$$

und

(401 a) $$R_{ik} = -\varkappa(T_{ik} - \frac{1}{2} g_{ik} T).$$

Dies ist die allgemein kovariante Form der Feldgleichungen der Gravitation, die *Einstein* nach langen Irrwegen im Jahr 1915 endlich gefunden hat.[316])

Wie bereits in Nr. **50**, Anm. 277) erwähnt wurde, sind dieselben Gleichungen gleichzeitig auch von *Hilbert* hergeleitet worden. Während dort den Ausgangspunkt das Variationsprinzip bildet, erscheint dieses bei *Einstein* und in unserer Darstellung als mathematische Folgerung, wie in der folgenden Nr. dargelegt wird.

57. Herleitung der Gravitationsgleichungen aus einem Variationsprinzip.[317]) Daß der Tensor G_{ik} der Divergenzgleichung (182) genügt, hängt nach Nr. **23** damit zusammen, daß er durch Variieren des G-Feldes aus einer Integralinvariante hervorgeht:

(180) $$\delta \int \mathfrak{R}\, dx = \int \mathfrak{G}_{ik}\, \delta g^{ik}\, dx,$$

wenn am Rande die Variation der Feldgrößen verschwindet. Ferner haben wir in Nr. **55** gesehen, daß diejenige Integralinvariante $\int \mathfrak{M}\, dx$, welche beim Variieren der materiellen Feldgrößen die Differentialgleichungen der mechanischen (elastischen) und elektromagnetischen Felder liefert, beim Variieren des G-Feldes auf den materiellen Impuls-Energietensor führt

(399 a) $$\delta \int \mathfrak{M}\, dx = \int \mathfrak{T}_{ik}\, \delta g^{ik}\, dx.$$

Diese zwei Beziehungen führen dazu, alle physikalischen Gesetze in

316) *A. Einstein,* Berl. Ber. **1915**, p. 844. — Vorher hatte *Einstein* auch den Ansatz $R_{ik} = \varkappa T_{ik}$ gemacht: Berl. Ber. 1915, p. 778.

317) Vgl. dazu die in Nr. **23**, Anm. 100) bis 104) zitierten Arbeiten.

das *eine* Wirkungsprinzip

$$\delta \int \mathfrak{W}\, dx = 0, \tag{403}$$

$$\mathfrak{W} = \mathfrak{R} + \varkappa \mathfrak{M} \tag{404}$$

zusammenzufassen. An der Grenze des Integrationsgebietes müssen dabei die Variationen der Feldgrößen verschwinden. Es ist eine Besonderheit dieser Wirkungsfunktion, daß sie in zwei Teile zerlegt werden kann, von denen der eine von den materiellen Zustandsgrößen, der andere von den Ableitungen der g_{ik} unabhängig ist. (Über allgemeinere Wirkungsfunktionen, welche diese Eigenschaft nicht zeigen, siehe Abschn. V.)

Das Wirkungsprinzip (403) liefert nach Nr. **55**, **56** zugleich eine übersichtliche Zusammenfassung der Beziehungen zwischen den Feldgleichungen der materiellen Vorgänge und der Gravitation: Aus beiden folgt der Impuls-Energiesatz (341a), Nr. **54**. Nach Nr. **23**, Gl. (184), folgt jedoch der Impuls-Energiesatz auch noch in einer anderen Form. Setzt man

$$t_i^k = -\frac{1}{\varkappa} U_i^k, \tag{405}$$

worin U_i^k die durch (183), (185) definierten Größen bedeuten, so gilt nämlich wegen (184) und (401):

$$\frac{\partial(\mathfrak{T}_i^k + t_i^k)}{\partial x^k} = 0. \tag{406}$$

Diese Gleichungen sind gemäß ihrer Herleitung allgemein kovariant, obwohl die Größen t_i^k sich nur gegenüber linearen Transformationen wie die Komponenten eines Tensors transformieren. Im Gegensatz zur Form (341a) des Impuls-Energiesatzes lassen sich aus (406) *Erhaltungssätze* für Energie und Impuls in *Integralform* herleiten. *Einstein*[318]) nennt deshalb die Größen t_i^k *Energie-Impulskomponenten des Gravitationsfeldes* und stellt sie den Energie-Impulskomponenten T_i^k der Materie als in gewisser Hinsicht gleichwertig an die Seite. Über die weiteren physikalischen Konsequenzen dieser Auffassung siehe Nr. **61**.

Das Wirkungsprinzip (403) hat endlich noch einen *praktischen* Wert bei der Integration der Feldgleichungen in speziellen Fällen. Indem es einem erspart, auf die allgemeinen Differentialgleichungen zurückzugreifen, gestattet es bisweilen die Rechnungen bedeutend abzukürzen. Näheres siehe Nr. **58**b).

318) *A. Einstein,* Berl. Ber. 1915, p. 778, l. c. Anm. 277); Ann. d. Phys. l. c. Anm. 279), Abschn. C, § 15 ff.; Berl. Ber. 1916, l. c. Anm. 100), § 3.

58. Vergleich mit der Erfahrung. a) *Newtons Theorie als erste Näherung.*[319]) In Nr. **53** a) haben wir gesehen, daß in schwachen, quasistatischen Gravitationsfeldern die Bewegungsgleichungen in die Newtonschen übergehen. Um den Nachweis, daß die Newtonsche Theorie in der relativistischen als Grenzfall enthalten ist, vollständig zu machen, muß noch gezeigt werden, daß in dem genannten Spezialfall das durch (391) gegebene skalare Potential der Poissonsschen Gleichung

$$\Delta \Phi = 4\pi k \mu_0 \tag{407a}$$

genügt. Zu diesem Zweck bilden wir die 44-Komponente der Gleichung (401a). Für T_{ik} können wir den kinetischen Impuls-Energietensor $\mu_0 u_i u_k$ einführen. Bei Vernachlässigung von Größen der Ordnung $\frac{u}{c}$ sind offensichtlich außer T_{44} alle Komponenten von T_{ik} gleich Null zu setzen. Erstere wird

$$T_{44} = \mu_0 c^2$$

und daraus $$T = g^{ik} T_{ik} = g^{44} T_{44} = -\mu_0 c^2.$$

Die Gleichung (401 a) gibt also zunächst

$$R_{44} = -\tfrac{1}{2} \varkappa \mu_0 c^2. \tag{408a}$$

Der Wert von R_{44} ist aus (94) zu entnehmen. Da zeitliche Ableitungen und Produkte der Γ^i_{rs} vernachlässigt werden, kommt einfach

$$R_{44} = -\frac{\partial \Gamma^\alpha_{44}}{\partial x^\alpha}.$$

Und wegen $\Gamma^\alpha_{44} \sim \Gamma_{\alpha,44} \sim -\frac{1}{2}\frac{\partial g_{44}}{\partial x^\alpha}$

$$R_{44} = +\tfrac{1}{2} \sum_\alpha \frac{\partial^2 g_{44}}{\partial x_\alpha^2} = \tfrac{1}{2} \Delta g_{44} = -\frac{\Delta \Phi}{c^2}, \tag{408b}$$

letzteres nach (391). In (408a) eingesetzt gibt dies

$$\Delta \Phi = \tfrac{1}{2} \varkappa c^4 \cdot \mu_0. \tag{407b}$$

Es gilt also in der Tat die Poissonsche Gleichung. Es ist eine große Leistung des allgemeinen Relativitätsprinzips, daß es auf Grund der ganz allgemeinen Postulate der Nr. **56** ohne weitere Hypothesen zum Newtonschen Gravitationsgesetz führt. Wir sind aber jetzt überdies imstande, über die Bedeutung und den Zahlenwert der Konstante $\varkappa$ etwas auszusagen. Durch Vergleich von (407 a) und (407 b) folgt nämlich

$$\varkappa c^2 = \frac{8\pi k}{c^2} = \frac{8\pi}{c^2} 6{,}7 \cdot 10^{-8} = 1{,}87 \cdot 10^{-27}\ \text{cm}\,\text{gr}^{-1}. \tag{409}$$

Zugleich ergibt sich, daß $\varkappa$ positiv ist, womit das negative Vorzeichen der rechten Seite von (401) gerechtfertigt ist. Die allgemeine Relativi-

---

319) *A. Einstein,* Berl. Ber 1915, p. 831 l. c. Anm. 278); Ann. d. Phys. l. c Anm. 279), Abschn. E, § 21.

tätstheorie gibt also keine physikalische Interpretation für das Vorzeichen (Gravitationsanziehung und nicht Abstoßung) und den Zahlenwert der Gravitationskonstanten, sondern sie entnimmt diese Daten der Erfahrung.[320])

b) *Strenge Lösung für das Gravitationsfeld eines Massenpunktes.* Um die Perihelbewegung des Merkur und die Krümmung der Lichtstrahlen zu ermitteln, ist es nötig, für das Feld eines Massenpunktes nicht nur g_{44}, sondern auch die übrigen g_{ik} und außerdem g_{44} um eine Größenordnung genauer zu berechnen. Schon im Jahr 1915 hat *Einstein*[321]) dieses Problem durch sukzessive Approximationen gelöst. Als erster gab *Schwarzschild*[322]) und hernach unabhängig davon *Droste*[323]) eine *strenge* Lösung für das G-Feld des Massenpunktes. Perihelbewegung und Strahlenablenkung folgen praktisch genau so wie bei *Einstein.* Große mathematische Vereinfachungen brachte eine Arbeit von *Weyl*[324]), der statt Polarkoordinaten cartesische einführte und statt auf die allgemeinen Differentialgleichungen des G-Feldes auf das Wirkungsprinzip zurückgriff.

Da das Feld eines Massenpunktes statisch und kugelsymmetrisch ist, kann das Quadrat des Linienelements auf die Form gebracht werden:

$$(410)\qquad \begin{aligned} ds^2 = {} & \gamma[(dx^1)^2 + (dx^2)^2 + (dx^3)^2] \\ & + l(x^1dx^1 + x^2dx^2 + x^3dx^3)^2 + g_{44}(dx^4)^2, \end{aligned}$$

worin γ, l und g_{44} Funktionen von $r = \sqrt{(x^1)^2 + (x^2)^2 + (x^3)^2}$ allein sind. Dadurch ist aber das Koordinatensystem noch nicht eindeutig festgelegt. Denn bei der Transformation

$$(411)\qquad x'^i = \frac{f(r)}{r}\, x^i \quad \left[\text{und somit } r' = \sqrt{(x'^1)^2 + (x'^2)^2 + (x'^3)^2} = f(r)\right],$$

welche die willkürliche Funktion $f(r)$ enthält, behält das Quadrat des Linienelements die Form (410) bei. Man kann also die Koordinaten noch weiter normieren. Besonders zwei Arten von Normierungen erweisen sich oft als bequem:

a) $\gamma = 1$:

$$(410\text{a})\qquad \begin{aligned} ds^2 = {} & (dx^1)^2 + (dx^2)^2 + (dx^3)^2 \\ & + l(x^1dx^1 + x^2dx^2 + x^3dx^3)^2 + g_{44}(dx^4)^2; \end{aligned}$$

---

320) Daß bei uns in (409) $\varkappa c^2$ an Stelle von $\varkappa$ wie bei den meisten anderen Autoren steht, liegt daran, daß hier T_{44} definitionsgemäß die Dimension einer Energiedichte, dort aber die einer Massendichte hat.

321) *A. Einstein,* Berl. Ber. 1915, l. c. Anm. 278).

322) *K. Schwarzschild,* Berl. Ber. 1916, p. 189.

323) *J. Droste,* Amst. Versl. 25 (1916), p. 163.

324) *H. Weyl,* Ann. d. Phys. 54 (1917), p. 117; Raum—Zeit—Materie, 1. Aufl. 1918, p. 199 ff., 3. Aufl. 1920, p. 217 ff.

b) $l = 0$:

(410b) $$ds^2 = \gamma[(dx^1)^2 + (dx^2)^2 + (dx^3)^2] + g_{44}(dx^4)^2.$$

Wir führen die Integration der Feldgleichungen in demjenigen Koordinatensystem aus, in welchem das Quadrat des Linienelements die Form (410a) annimmt. Im Raum außerhalb der Masse, den wir hier allein in Betracht zu ziehen haben, lauten diese nach (401a) einfach

(412) $$R_{ik} = 0.$$

Die Komponenten R_{ik} des Krümmungstensors drücken sich nun in unserem Fall, wie man durch Rechnung aus (410a) findet, nach Einführung der Abkürzungen

(413) $$h^2 = 1 + lr^2, \quad \Delta = \sqrt{-g} = h\sqrt{-g_{44}}$$

folgendermaßen aus:

(414) $$R_{ik} = [R_{22}]\delta_i^k + ([R_{11}] - [R_{22}])\frac{x^i x^k}{r^2} \quad \text{für } i, k = 1, 2, 3.$$

(415) $$\begin{cases} [R_{11}] = \dfrac{\Delta}{r^2 g_{00}} \cdot \dfrac{1}{2}\dfrac{d}{dr}\dfrac{r^2 g'_{44}}{\Delta} - \dfrac{2}{r}\dfrac{\Delta'}{\Delta} \\ [R_{22}] = -\dfrac{1}{r^2 \Delta}\dfrac{d}{dr}\dfrac{r g_{44}}{\Delta} - \dfrac{1}{r^2} \\ R_{44} = -\dfrac{g_{44}}{r^2 \Delta} \cdot \dfrac{1}{2}\dfrac{d}{dr}\dfrac{r^2 g'_{44}}{\Delta}. \end{cases}$$

Ersichtlich sind $[R_{11}]$ und $[R_{22}]$ die Werte von R_{11} bzw. von R_{22} und R_{33} im Punkt $x^1 = r$, $x^2 = x^3 = 0$. Diese Werte für R_{ik} sind in (412) einzutragen. Es folgt aus der ersten und dritten Gleichung (415) zunächst

$$\Delta' = 0, \quad \Delta = \text{konst.}$$

Wenn wir noch die Bedingung hinzunehmen, daß im Unendlichen die g_{ik} ihre Normalwerte annehmen, wodurch das Problem überhaupt erst bestimmt wird (vgl. Nr. **62**), folgt weiter

(416) $$\Delta = 1,$$

und aus der zweiten Gleichung (415) ergibt sich sodann

(417) $$g_{44} = -1 + \frac{2m}{r},$$

wo m eine Integrationskonstante ist. Durch Vergleich mit dem Newtonschen Potential Φ nach (391) erhellt, daß diese Konstante m mit der Masse M des felderzeugenden Massenpunktes gemäß der Formel

(418) $$m = \frac{kM}{c^2}$$

zusammenhängt. Da m die Dimension einer Länge hat, nennen wir diese Größe den Gravitationsradius der Masse. Man überzeugt sich leicht davon, daß durch (416) und (417) tatsächlich *alle* Feldgleichungen befriedigt werden.

Nach *Weyl* kann man sich die Berechnung der Krümmungskomponenten (415) ersparen, wenn man das Variationsprinzip (403) verwendet. Nach (177) können wir es für den materiefreien Raum auch schreiben

$$\delta \int \mathfrak{G}\, dx = 0. \tag{419}$$

Wir brauchen hier aber in unserem Fall weder die Zeit noch die Koordinaten x^1, x^2, x^3 einzeln einzuführen, sondern können $\mathfrak{G}$ als Funktion von r allein betrachten. Die Ausrechnung gibt

$$\mathfrak{G} = -\frac{2lr}{h^2}\Delta' = \left(\frac{1}{h^2} - 1\right)\frac{2\Delta'}{r},$$

also liefert (419) wegen $dx = 4\pi r^2 dr$:

$$\delta \int \left(\frac{1}{h^2} - 1\right) r \Delta' dr = 0. \tag{420}$$

Variieren von h gibt $\Delta' = 0$, $\Delta =$ konst., Variieren von Δ

$$\frac{d}{dr}\left(\frac{1}{h^2} - 1\right) r = 0, \quad \left(\frac{1}{h^2} - 1\right) r = \text{konst.},$$

woraus gemäß der Definition (413) von Δ wieder das Feld (416), (417) folgt.

Das Quadrat des Linienelements nimmt nach (413) die Form an

$$ds^2 = (dx^1)^2 + (dx^2)^2 + (dx^3)^2 \tag{421a}$$
$$+ \frac{2m}{r^2(r-2m)}(x^1 dx^1 + x^2 dx^2 + x^3 dx^3)^2 - \left(1 - \frac{2m}{r}\right)(dx^4)^2.$$

Den ersten Teil dieses Ausdruckes, der sich auf den dreidimensionalen Raum bezieht, kann man mit *Flamm*[375]) anschaulich in folgender Weise deuten. Auf jeder durch das Zentrum gehenden Ebene (etwa $x^3 = 0$) ist die Geometrie dieselbe wie im euklidischen Raum auf der Fläche 4. Ordnung

$$z = \sqrt{8m(r - 2m)},$$

die durch Rotation der Parabel

$$z^2 = 8m(x^1 - 2m), \quad x^{(2)} = 0$$

um die z-Achse entsteht. In der Tat ist auf dieser Ebene

$$ds^2 = (dx^1)^2 + (dx^2)^2 + \frac{2m}{r^2(r-2m)}(x^1 dx^1 + x^2 dx^2)$$
$$= (dx^1)^2 + (dx^2)^2 + dz^2.$$

Für $r = 2m$ wird das Koordinatensystem singulär.

Die zweite Normalform (410b) erhält man nach (411) durch die Transformation

$$r = \left(1 + \frac{m}{2r'}\right)^2 r', \quad x'^i = \frac{r'}{r} x^i. \qquad (i = 1, 2, 3) \tag{422}$$

325) *L. Flamm*, Phys. Ztschr. 17 (1916), p. 448.

Es wird dann nämlich

$$(421\text{b})\quad ds^2 = \left(1+\frac{m}{2r}\right)^4 [(dx^1)^2 + (dx^2)^2 + (dx^3)^2] - \frac{1-\frac{m}{2r}}{1+\frac{m}{2r}}(dx^4)^2.$$

Dieses Koordinatensystem reicht bis $r = \frac{m}{2}$.

c) *Perihelbewegung des Merkur und Krümmung der Lichtstrahlen.* Wir kommen nun zur Berechnung der Bahnen der Massenpunkte und Lichtstrahlen im Gravitationsfeld (421). Diese sind in der vierdimensionalen Welt geodätische Linien, bestimmt durch das Variationsprinzip

$$(81)\quad \delta\int ds = 0$$

oder die Differentialgleichungen (80). Aus letzteren folgt durch einfache Rechnung

$$(423)\quad \frac{d^2x^1}{d\tau^2} : \frac{d^2x^2}{d\tau^2} : \frac{d^2x^3}{d\tau^2} = x^1 : x^2 : x^3.$$

τ bedeutet für die Bahn des Massenpunktes die Eigenzeit, für die des Lichtstrahles einen beliebigen Parameter, bei welchem die Differentialgleichung (105) befriedigt ist. Daraus kann man zunächst schließen, daß die *Bahnkurve* von Massenpunkt und Lichtstrahl *eben* ist und weiter, wenn man x^3 senkrecht zu dieser Ebene legt und Polarkoordinaten

$$(424)\quad x^1 = r\cos\varphi, \quad x^2 = r\sin\varphi$$

einführt, das Bestehen des Flächensatzes

$$(425)\quad r^2\frac{d\varphi}{d\tau} = \text{konst.} = B.$$

Andererseits folgt aus (81) durch Variieren der Zeit ebenso wie in Nr. **53**c

$$g_{44}\frac{dx^4}{d\tau} = \text{konst.}$$

Quadriert man diese Gleichung und eliminiert $\frac{dx^4}{d\tau}$ mittels der Relationen $g_{ik}\frac{dx^i}{d\tau}\frac{dx^k}{d\tau} = -c^2$ für den Massenpunkt und $g_{ik}\frac{dx^i}{d\tau}\frac{dx^k}{d\tau} = 0$ für den Lichtstrahl, so kommt für ersteren

$$(426\text{a})\quad \left(\frac{dr}{d\tau}\right)^2 + r^2\left(\frac{d\varphi}{d\tau}\right)^2 - \frac{2mc^2}{r} - 2mr\left(\frac{d\varphi}{d\tau}\right)^2 = \text{konst.} = 2E$$

und

$$(426\text{b})\quad \left(\frac{dr}{d\tau}\right)^2 + r^2\left(\frac{d\varphi}{d\tau}\right)^2 - 2mr\left(\frac{d\varphi}{d\tau}\right)^2 = \text{konst.}$$

für den letzteren. Es ist klar, daß (426a) den Energiesatz enthält. Beide Gleichungen unterscheiden sich von den Newtonschen nur durch den letzten Term. Führt man noch gemäß (425) φ statt τ als unabhängige Variable ein, so kommt

(427a) $$B^2\left[\frac{1}{r^4}\left(\frac{dr}{d\varphi}\right)^2+\frac{1}{r^2}\right]-\frac{2mc^2}{r}-\frac{2mB^2}{r^3}=2E,$$

(427b) $$\frac{1}{r^4}\left(\frac{dr}{d\varphi}\right)^2+\frac{1}{r^2}-\frac{2m}{r^3}=\text{konst.}=\frac{1}{\varDelta^2}.$$

Durch diese Gleichungen sind die gesuchten Bahnkurven vollständig bestimmt. Das letzte Glied der linken Seite von (427a) bewirkt eine Perihelbewegung der Planetenbahnen im Sinne der Umlaufsrichtung des Planeten und vom Betrag

(428a) $$\varDelta\pi=\frac{6\pi m}{a(1-e^2)}\qquad \begin{matrix}(a = \text{große Halbachse})\\(e = \text{Exzentrizität})\end{matrix}$$

pro Bahnumlauf, was nach (418) und dem 3. Keplerschen Gesetz

$$\frac{4\pi^2a^3}{T^2}=kM=mc^2\qquad (T = \text{Umlaufszeit})$$

auch geschrieben werden kann

(428b) $$\varDelta\pi=\frac{24\pi^3a^2}{c^2T^2(1-e^2)}.$$

Es bleibt noch die Gleichung (427b) für den Lichtstrahl zu diskutieren. Wäre das letzte Glied der linken Seite nicht vorhanden, so wäre der Lichtstrahl eine Gerade im Abstand $\varDelta$ vom Zentrum. Das Störungsglied bewirkt eine nach dem Massenzentrum konkave Krümmung des Lichtstrahls, die eine gesamte Ablenkung um den Winkel

(429) $$\varepsilon=\frac{4m}{\varDelta}$$

zur Folge hat, wo $\varDelta$ jetzt den Abstand des Zentrums von den Asymptotenrichtungen der Bahn bedeutet. Die hier verwendete Methode der Berechnung der Strahlenkrümmung rührt von *Flamm*[326]) her. Die Berechnung von *Einstein*[327]) nach dem Huyghensschen Prinzip führt zum gleichen Resultat, wie es nach Nr. 53c) sein muß.

Die beiden hier entwickelten Konsequenzen der *Einstein*schen Gravitationstheorie sind einer Prüfuug durch die Erfahrung zugänglich. Was zunächst die durch (428) gegebene Perihelbewegung anlangt, so ist sie nur beim Merkur, wo die Verhältnisse wegen seiner geringen Distanz von der Sonne und der großen Exzentrizität seiner Bahn besonders günstig liegen, von meßbarem Betrage. Ihr theoretischer Wert ist

$$\varDelta\pi = 42{,}89'',\quad e\varDelta\pi = 8{,}82''\ \text{pro Jahrhundert}$$[328]).

---

326) *L. Flamm*, l. c. Anm. 325).

327) *A. Einstein*, Berl. Ber. 1915, l. c. Anm. 278); Ann. d. Phys., l. c. Anm. 279), § 22.

328) Vgl. dazu die Zahlentabelle im Art. VI 2, 17 (*J. Bauschinger*), p. 887.

Nun ist den Astronomen seit *Leverrier*[329]) bekannt, daß in der Perihelbewegung des Merkur ein Restbetrag vorhanden ist, der durch die Störungen von seiten der übrigen Planeten nicht verursacht sein kann. Nach der erneuten Durchrechnung von *Newcomb*[330]) hat er die Größe

$$\Delta\pi = 41{,}24'' \pm 2{,}09'', \quad e\Delta\pi = 8{,}48'' \pm 0{,}43''.$$

Der theoretische Wert fällt also innerhalb die Fehlergrenzen von *Newcomb*. Wie weit der Newcombsche Wert selbst gesichert (evtl., wie von astronomischer Seite geäußert wurde, durch Rechenfehler entstellt) ist, wird in dem Art. VI 2, 22 dieser Enzyklopädie von *F. Kottler* zu diskutieren sein. Ebendort wird auf die Einflüsse nicht relativistischen Ursprunges auf das Merkurperihel einzugehen sein, z. B. Abplattung der Sonne, Drehung des empirischen gegen das Inertialsystem, nicht planetarische störende Massen, namentlich die des Zodiakallichtes (*Seeliger*[330a])). Von der *Seeliger*schen Erklärung unterscheidet sich die *Einstein*sche jedenfalls dadurch zu ihrem Vorteil, daß sie keine unbestimmten Parameter nötig hat. Wenn also auch der Grad der numerischen Übereinstimmung zurzeit vielleicht noch nicht sicher beurteilt werden kann, so bedeutet jedenfalls die Übereinstimmung des Einsteinschen und Newcombschen Wertes einen großen Erfolg.

Neuerdings wurde wiederholt ein älterer Versuch von *P. Gerber*[331]) diskutiert, die Perihelbewegung des Merkur durch die endliche Ausbreitungsgeschwindigkeit der Gravitation zu erklären, der jedoch als theoretisch völlig mißglückt bezeichnet werden muß. Er führte nämlich — aber auf Grund von falschen Schlüssen — zwar zur richtigen Formel (428), jedoch ist zu betonen, daß auch damals an dieser nur der Zahlenfaktor neu war.

Eine noch endgültigere Bestätigung wie beim Merkurperihel hat die Relativitätstheorie neuerdings bei der Strahlenablenkung erfahren. Nach (429) erfährt nämlich ein am Sonnenrand vorbeigehender Lichtstrahl eine Ablenkung von

$$\varepsilon = 1{,}75''.$$

329) *U. J. Leverrier,* Ann. de l'Obs. Paris, vol. V, 1859.

330) *S. Newcomb,* Wash. Astr. pap. 6 (1898), p. 108.

330a) *H. v. Seeliger,* Münch. Ber. 36 (1906), p. 595.

331) *P. Gerber,* Ztschr. Math. Phys. 43 (1898), p. 93; Jahresb. Real-Progymn. Stargard 1902. Wieder abgedruckt in Ann. d. Phys. 52 (1917), p. 415; Diskussion: *H. v. Seeliger,* Ann. d. Phys. 53 (1917), p. 31; 54 (1917), p. 38; *S. Oppenheim,* Ann. d. Phys. 53 (1917), p. 163; *M. v. Laue,* Ann. d. Phys. 53 (1917), p. 214; Naturw. 8 (1920), p. 735. Vgl. dazu auch *J. Zenneck,* Art. V 2, Nr. 24 und *S. Oppenheim,* Art. VI 2, 22, Nr. 31 b) dieser Encyklopädie.

Dies läßt sich prüfen durch Beobachtung von Fixsternen in der Nähe der Sonne bei totalen Sonnenfinsternissen. Die anläßlich der totalen Sonnenfinsternis vom 29. Mai 1919 ausgerüsteten Expeditionen in Brasilien und auf der Insel Principe fanden nun in der Tat, daß der von *Einstein* vorausgesagte Effekt vorhanden ist.[332]) Auch quantitativ ist die Übereinstimmung eine gute. Die erstgenannte Expedition fand nämlich im Mittel für die auf den Sonnenrand reduzierte Sternablenkung 1,98″ $\pm$ 0,12″, die zweite Expedition 1,61″ $\pm$ 0,30″. Über die Reduktionsmethoden, durch welche diese Zahlen gewonnen wurden, vgl. den Art. VI 2, 22 von *Kottler*.

Der ursprünglich von *Einstein* berechnete halbe Wert (vgl. Nr. 50), der sich auch auf Grund der Newtonschen Theorie für einen mit Lichtgeschwindigkeit bewegten Massenpunkt ergibt, erwies sich als mit den Beobachtungen unvereinbar.

59. Andere spezielle, strenge Lösungen im statischen Fall. Das Feld (421) für den Massenpunkt wird singulär für $r = 2m$ bzw. $r = \frac{m}{2}$, und es ist deshalb von theoretischem Interesse zu untersuchen, wie sich das G-Feld in das Innere der Masse fortsetzt. Hierzu ist nötig, bestimmte Annahmen über die physikalische Beschaffenheit der felderzeugenden Masse zu machen, da der Energietensor T_{ik} sonst nicht bestimmt ist. Die einfachste Annahme ist die einer *inkompressiblen Flüssigkeitskugel*. Für diesen Fall hat *Schwarzschild*[333]) die Feldgleichungen integriert, von *Weyl*[334]) wurde die Rechnung vereinfacht. Der Energietensor ist hier nach (362) gegeben durch

$$T_{ik} = \left(\mu_0 + \frac{p}{c^2}\right) u_i u_k + p g_{ik},$$

da $\mu_0 =$ konst., $P = \frac{p}{\mu_0}$ wird. Die Grenzbedingungen der Elastizitätstheorie verlangen die Stetigkeit aller g_{ik} und das Verschwinden des Druckes p auf der Kugeloberfläche. Mit Rücksicht hierauf ist das Feld eindeutig bestimmt. Im Außenraum ($r > r_0$, $r_0 =$ Kugelradius), ergibt sich das nämliche Feld wie beim Massenpunkt. Der Gravitationsradius m ist dabei

$$m = \frac{k\mu_0}{c^2} \cdot \frac{4\pi r_0^3}{3}. \tag{430}$$

---

332) *F. W. Dyson, A. S. Eddington* u. *C. Davidson*, A determination of the deflection of light by the sun's gravitational field, from observations made ad the total eclipse of may 29, 1919, Phil. Trans. Roy. Soc. A 220 (1920), p. 291.

333) *K. Schwarzschild*, Berl. Ber. 1916, p. 424.

334) *H. Weyl*, Raum—Zeit—Materie, 1. Aufl. 1918, p. 208; 3. Aufl. 1920, p. 225.

Im Innern der Kugel dagegen gilt, wenn wir das Quadrat des Linienelements in der Normalform (410a) schreiben und h dieselbe Bedeutung hat wie in (413):

$$(431) \quad \frac{1}{h^2} = 1 - \frac{2m}{r_0^3} r^2, \quad \sqrt{-g_{44}} = \frac{3h - h_0}{2hh_0}, \quad p = \mu_0 c^2 \cdot \frac{h_0 - h}{3h - h_0}$$

(h_0 = Wert von h an der Oberfläche).

Das Quadrat des Linienelements wird hiernach im Innern der Kugel

$$(432) \quad \begin{cases} ds^2 = (dx^1)^2 + (dx^2)^2 + (dx^3)^2 + \dfrac{(x^1dx^1 + x^2dx^2 + x^3dx^3)^2}{a^2 - r^2} \\ \qquad - \left(\dfrac{3h - h_0}{2hh_0}\right)^2 (dx^4)^2 \end{cases}$$

mit

$$(433) \quad a = r_0 \sqrt{\frac{r_0}{2m}}.$$

Damit das Linienelement außerhalb der Kugel regulär bleibt, muß $r_0 > 2m$ sein. Wie der Vergleich mit (132a) zeigt, ist die Geometrie des dreidimensionalen Raumes innerhalb der Flüssigkeitskugel von konstanter positiver Krümmung (sphärisch oder elliptisch); a hat die Bedeutung des Krümmungsradius. Mit der Berechnung des G-Feldes von *kompressiblen* Flüssigkeitskugeln beschäftigt sich *Bauer*[334]).

Ein weiteres Problem, welches eine strenge Lösung zuläßt, ist das Feld einer elektrisch geladenen Kugel. Es ist für die Frage nach der Natur des Elektrons (s. Abschn. V) von Interesse zu untersuchen, inwiefern das elektrostatische Feld einer geladenen Kugel durch ihr Gravitationsfeld beeinflußt und umgekehrt durch die elektrostatische Energie ein Gravitationsfeld erzeugt wird. Diese Aufgabe ist zuerst von *Reißner*[335]), hernach, ausgehend vom Wirkungsprinzip, von *Weyl*[336]) gelöst worden. Es zeigt sich, daß das elektrostatische Potential φ exakt dem Coulombschen gleich ist:

$$(434) \quad \varphi = \frac{e}{r},$$

wenn wir hier nicht Heavisidesche, sondern gewöhnliche C.G.S.-Einheiten verwenden. Das G-Feld in der Normalform (410a) ist jedoch nicht mehr durch (416), (417) bestimmt, sondern durch

$$(435) \quad \Delta = 1, \quad -g_{44} = \frac{1}{h^2} = 1 - \frac{2m}{r} + \varkappa \frac{e^2}{r^2}.$$

Das letzte Glied ist das von der elektrostatischen Energie erzeugte

334) *H. Bauer*, Wien. Ber., math.-nat. Kl., Abt. IIa, 127 (1918), p. 2141.

335) *H. Reißner*, Ann. d. Phys. 50 (1916), p. 106.

336) *H. Weyl*, Ann. d. Phys. 54, l. c. Anm. 324); Raum — Zeit — Materie, 1. Aufl. 1918, p. 207; 3. Aufl. 1920, p. 223.

Gravitationsfeld. Es wird erst in Entfernungen von der Größenordnung $a = \frac{\varkappa e^2}{m} = \frac{e^2}{Mc^2}$ mit dem Newtonschen Glied $\frac{2m}{r}$ vergleichbar. Beim Elektron ist a die in den älteren Theorien als „Elektronenradius" auftretende Größe $\sim 10^{-13}$ cm. Die von einem Elektron auf ein zweites oder auf ein eigenes Ladungselement ausgeübte Gravitationsanziehung ist jedoch immer viel kleiner als die elektrostatische Coulombsche Abstoßung — das Verhältnis beider ist

$$\frac{kM^2}{e^2} \sim 10^{-40} \text{ —}$$

so daß durch das Gravitationsfeld (435) das Elektron gegenüber seinen eigenen Abstoßungskräften durchaus nicht im Gleichgewicht gehalten wird.

Levi-Civita[337]) untersuchte auch das von einem *homogenen* elektrischen oder magnetischen Feld erzeugte Gravitationsfeld. Ist x^3 in der Richtung des ersteren Feldes gezählt, F dessen Stärke, so nimmt das Quadrat des Linienelements die Form an

$$(436) \quad \left\{ \begin{aligned} & ds^2 = (dx^1)^2 + (dx^2)^2 + (dx^3)^2 + \frac{(x^1 dx^1 + x^2 dx^2)^2}{a^2 - r^2} \\ & \qquad - \left(c_1 e^{\frac{x^{(3)}}{a}} + c_2 e^{-\frac{x^{(3)}}{a}}\right)^2 (dx^4)^2, \\ & \text{mit } r = \sqrt{(x^1)^2 + (x^2)^2}, \quad c_1, c_2 \text{ Konstanten}, \quad a = \frac{c^2}{\sqrt{k}\,F}. \end{aligned} \right.$$

Der Raum ist zylindersymmetrisch um die Feldrichtung, und auf jeder Ebene senkrecht zur Feldrichtung herrscht dieselbe Geometrie wie im euklidischen Raum auf einer Kugel vom Radius a. Der Krümmungsradius a ist bei Feldern von normaler Größe außerordentlich groß, z. B. ist bei $F = 25000$ Gauß, $a = 1{,}5 \cdot 10^{15}$ km.

Weyl[338]) und in einer Reihe von Abhandlungen *Levi-Civita*[339]) haben auch allgemeine Lösungen für beliebige *zylindersymmetrische* Verteilungen von geladenen und ungeladenen Massen gegeben. Das G-Feld ist dann selbst zylindersymmetrisch und statisch. Entsprechend dem nicht linearen Charakter der Differentialgleichungen verhält sich g_{44} nicht additiv in den Massen.

337) *T. Levi-Civita,* Realtà fisica di alcuni spazî normali del Bianchi, Rend. Acc. Linc. (5) 26 (1917), 1. Hälfte, p. 458.

338) *H. Weyl,* Ann. d. Phys. 54, l. c. Anm. 324) und die Ergänzung Ann. d. Phys. 59 (1919), p. 185.

339) *T. Levi-Civita,* ds^2 einsteiniani in campi newtoniani I—IX, Rend. Acc. Linc. (5) 26 (1917); (5) 27 (1918); (5) 28 (1919). Die allgemeine Form der Differentialgleichungen des G-Feldes für den statischen Fall gibt *Levi-Civita* in der Anm. 307) zitierten Abhandlung Statica Einsteiniana.

60. Einsteins allgemeine Näherungslösung und ihre Anwendungen. Nur im statischen Fall ist es bisher gelungen, strenge Lösungen der Feldgleichungen der Gravitation zu finden. Es ist deshalb von großer Wichtigkeit, daß *Einstein*[340]) ein Verfahren angegeben hat, welches gestattet, bei beliebig schnell bewegten Massen das G-Feld näherungsweise zu ermitteln, wenn nur die Massen hinreichend klein sind. Die g_{ik} weichen dann nämlich nur wenig von ihren Normalwerten ab, so daß die Quadrate dieser Abweichungen vernachlässigt werden können, und von den Differentialgleichungen (401) des Gravitationsfeldes braucht nur der *lineare* Teil beibehalten zu werden, so daß die Integration leicht vollzogen werden kann.

Führen wir hier wieder die *imaginäre* Zeitkoordinate $x^4 = ict$ ein, so können wir setzen

$$g_{ik} = \delta_i^k + \gamma_{ik}, \tag{437}$$

woraus wegen $g_{i\alpha} g^{k\alpha} = \delta_i^k$ bis auf Größen höherer Ordnung

$$g^{ik} = \delta_i^k - \gamma_{ik} \tag{437a}$$

folgt. Es sei gleich bemerkt, daß die Größen γ_{ik} nur gegenüber Lorentz-Transformationen Tensorcharakter haben. Gemäß dem Ausdruck (94) für den verjüngten Krümmungstensor nehmen dann die Feldgleichungen (401) in der gewünschten Näherung die Form an:

$$\begin{aligned}\frac{\partial^2 \gamma}{\partial x^i \partial x^k} + \sum_\alpha \Big[\frac{\partial^2 \gamma_{ik}}{\partial x^{\alpha 2}} - \frac{\partial^2 \gamma_{i\alpha}}{\partial x^k \partial x^\alpha} - \frac{\partial^2 \gamma_{k\alpha}}{\partial x^i \partial x^\alpha} \\ - \Big(\frac{\partial^2 \gamma}{\partial x^{\alpha 2}} - \sum_\beta \frac{\partial^2 \gamma_{\alpha\beta}}{\partial x^\alpha \partial x^\beta} \Big) \delta_i^k \Big] = - 2\varkappa T_{ik}.\end{aligned} \tag{438}$$

Darin ist die Abkürzung eingeführt

$$\gamma = \sum_\alpha \gamma_{\alpha\alpha}. \tag{439}$$

Zur Vereinfachung führen wir zunächst die Größen

$$\gamma'_{ik} = \gamma_{ik} - \tfrac{1}{2} \delta_i^k \gamma \tag{440}$$

ein und fügen gleich noch die inversen, nach den ungestrichenen Größen aufgelösten Gleichungen

$$\gamma_{ik} = \gamma'_{ik} - \tfrac{1}{2} \delta_i^k \gamma', \tag{440a}$$

$$\gamma' = \sum \gamma'_{\alpha\alpha} = -\gamma \tag{439a}$$

hinzu. Dann ergibt sich aus (438)

$$\sum_\alpha \Big[\frac{\partial^2 \gamma'_{ik}}{\partial x^{\alpha 2}} - \frac{\partial^2 \gamma'_{i\alpha}}{\partial x^k \partial x^\alpha} - \frac{\partial^2 \gamma'_{k\alpha}}{\partial x^i \partial x^\alpha} + \delta_i^k \sum_\beta \frac{\partial^2 \gamma'_{\alpha\beta}}{\partial x^\alpha \partial x^\beta} \Big] = - 2\varkappa T_{ik}. \tag{438a}$$

---

340) *A. Einstein,* Berl. Ber. 1916, p. 688.

Diese Gleichungen lassen sich noch wesentlich weiter vereinfachen, wenn wir das Koordinatensystem in geeigneter Weise normieren. Durch die Forderung, daß sich die g_{ik} nur wenig von ihren Normalwerten unterscheiden, ist nämlich das Koordinatensystem selbst nur bis auf Größen von der Ordnung der γ_{ik} festgelegt. Man kann nun speziell die Koordinatenwahl so treffen, daß im normierten System die Gleichungen

$$\sum_\alpha \frac{\partial \gamma'_{i\alpha}}{\partial x^\alpha} = 0 \tag{441}$$

gelten. *Hilbert*[341]) hat den mathematischen Beweis dafür erbracht, daß bei beliebig vorgegebenen Werten der γ'_{ik} im ursprünglichen System stets ein solches Koordinatensystem gefunden werden kann, daß sich die neuen Koordinatenwerte von den alten nur um Größen von der Ordnung der γ'_{ik} unterscheiden und zugleich die Forderung (441) befriedigt wird. Man hat gerade vier Funktionen zur Verfügung, um die vier Gleichungen (441) zu erfüllen.

Offensichtlich werden die Differentialgleichungen (438 a) dann einfach

$$\square \gamma'_{ik} = -2\varkappa T_{ik}, \tag{442}$$

worin, wie in der speziellen Relativitätstheorie, $\square \gamma'_{ik}$ für $\sum_\alpha \frac{\partial^2 \gamma'_{ik}}{\partial x^{\alpha 2}}$ geschrieben ist. Die Integration erfolgt in bekannter Weise durch retardierte Potentiale:

$$\gamma'_{ik}(x, y, z, t) = \frac{\varkappa}{2\pi}\int \frac{T_{ik}\left(\bar{x}, \bar{y}, \bar{z}, t - \frac{r}{c}\right)}{r}\, d\bar{x}\, d\bar{y}\, d\bar{z}\,. \tag{443}$$

Wegen des Energiesatzes (341 a), p. 720, ist hierdurch auch (441) mit der hier erstrebten Genauigkeit befriedigt.

Aus (443) geht hervor, daß sich die Gravitationswirkungen ebenso wie elektromagnetische Störungen mit Lichtgeschwindigkeit ausbreiten. Die Form der Gravitationswellen im leeren Raum folgt aus (441), (442), wenn man $T_{ik} = 0$ setzt. Speziell für eine ebene in der x_1-Achse fortschreitende Welle

$$\gamma_{ik} = a_{ik} e^{i\nu\left(t - \frac{x}{c}\right)} \tag{444}$$

folgt aus (441):

$$a_{k4} = -i a_{k1}, \tag{445}$$

(442) ist identisch erfüllt. *Einstein*[342]) zeigt überdies, daß durch ge-

---

341) *D. Hilbert*, Gött. Nachr., math.-phys. Kl. 1917, p. 53, l. c. Anm. 98).

342) *A. Einstein*, Über Gravitationswellen, Berl. Ber. 1918, p. 154.

eignete Koordinatenwahl erzielt werden kann, daß außerdem noch gilt:

$$a_{11} = a_{12} = a_{13} = 0, \quad a_{22} = -a_{33}. \tag{446}$$

Über die Emission und Absorption von Gravitationswellen siehe die folgende Nr.

Für das Feld eines ruhenden Massenpunktes ergibt (443)

$$\gamma'_{44} = -\frac{4m}{r}, \text{ alle übrigen } \gamma'_{ik} = 0,$$

somit

$$\gamma_{44} = -\frac{2m}{r}, \quad \gamma_{11} = \gamma_{22} = \gamma_{33} = +\frac{2m}{r}.$$

Man erkennt darin die Größen erster Ordnung des Feldes (421 b) wieder. Auch die Berechnung des Feldes von n bewegten Punkten läßt sich ohne weiteres ausführen.[343]) Es ergibt sich vor allem, daß die Abweichungen ihrer Bewegung von den Gesetzen der Newtonschen Mechanik nur von zweiter Ordnung in $\frac{v}{c}$ sind, wie es von der Erfahrung verlangt wird.

Auch der folgende Umstand bewirkt eine Abweichung von der Newtonschen Mechanik. Die relativistische Gravitationstheorie stimmt mit der Newtonschen darin überein, daß das Gravitationsfeld einer *ruhenden* Kugel dasselbe ist wie das Feld eines Massenpunktes. Dies gilt jedoch nicht für eine *rotierende* Kugel. Auf diesen Fall haben *Thirring* und *Lense*[344]) die Einsteinschen Formeln angewandt und die zugehörigen durch die Eigenrotation der Zentralkörper verursachten Störungen der Planeten- und Mondbahnen berechnet. Sie sind wohl alle zu klein, um beobachtet werden zu können. Eine allgemeine Diskussion der nach der *Einstein*schen Theorie zu erwartenden Abweichungen in den Störungen der Planeten- und Mondbahnen von denen der klassischen Mechanik gibt *De Sitter*[345]). Außer der Perihelbewegung des Merkur gibt es keine Abweichung, die der Beobachtung zugänglich ist.

Die wichtigste Anwendung der Einsteinschen Näherungslösung (443) stellt jedoch die Untersuchung von *Thirring*[346]) über die *Relativität der Zentrifugalkraft* dar. Da in der allgemeinen Relativitätstheorie die Vorgänge auch auf ein relativ zu einem Galileischen Be-

343) Sie wird nach einer von der *Einstein*schen etwas abweichenden Integrationsmethode von *J. Droste* gegeben: Amst. Proc. 19 (1916), p. 447.

344) *H. Thirring* u. *J. Lense*, Phys. Ztschr. 19 (1918), p. 156.

345) *W. De Sitter*, Monthly Not. Roy. Ast. Soc. 76 (1916), p. 699 u. 77 (1916), p. 155. Vgl. auch *De Sitters* Abhandlung Planetary motion and the motion of the moon according to Einsteins theory, Amst. Proc. 19 (1916), p. 367.

346) *H. Thirring*, Phys. Ztschr. 19 (1918), p. 33. Vgl. auch den Nachtrag Phys. Ztschr. 22 (1921), p. 29.

zugssystem rotierendes System bezogen werden können, muß sich die Zentrifugalkraft auch als eine von der relativen Rotation der Fixsternmassen herrührende Gravitationswirkung auffassen lassen. Man könnte nun meinen, die Möglichkeit einer solchen Auffassung sei in der allgemeinen Relativitätstheorie bereits durch die allgemeine Kovarianz der Feldgleichungen gewährleistet. Wie in Nr. 62 noch ausführlich erörtert werden wird, ist dies jedoch nicht der Fall, weil die Grenzbedingungen im Unendlichen dabei wesentlich mitspielen. *Thirring* stellte sich deshalb nicht die Aufgabe, die volle Äquivalenz der relativen Rotation des Fixsternhimmels mit einer Rotation des Bezugssystems gegenüber einem Galileiischen System nachzuweisen, sondern modifizierte die Fragestellung so, daß die Schwierigkeit der Festlegung der Grenzbedingungen eliminiert wird.

Wir denken uns in einem Inertialsystem der Newtonschen Gravitationstheorie außer den weit entfernten, ruhenden (bzw. mit sehr kleiner Geschwindigkeit geradlinig gleichförmig bewegten) Fixsternen eine rotierende Hohlkugel. Vom relativistischen Standpunkt aus ist es klar, daß im Innern der Hohlkugel Zentrifugal- und Corioliskräfte auftreten werden, wenn die Masse der Hohlkugel mit der Masse des Fixsternsystems vergleichbar wird. Dem Prinzip der Kontinuität gemäß wird man anzunehmen haben, daß solche Kräfte, wenn sie auch sehr klein sein werden, auch dann vorhanden sind, wenn die Masse der Hohlkugel klein ist. In diesem letzteren Fall dürfen wir aber ohne weiteres die Formeln (443) anwenden, weil dann die g_{ik} offensichtlich nur wenig von ihren Normalwerten abweichen. Die Ausrechnung zeigt nun, daß in der Tat ein Massenpunkt im Innern der Hohlkugel Beschleunigungen erfährt, die den Coriolis- und Zentrifugalbeschleunigungen der klassischen Mechanik vollständig analog sind. Ist ω der Vektor der Winkelgeschwindigkeit, $\mathfrak{r}$ das Lot von der Drehachse auf den Massenpunkt, $\mathfrak{v}$ dessen Geschwindigkeit, so sind diese Beschleunigungen natürlich nicht direkt gleich

$$2[\omega\mathfrak{v}] + \omega^2\mathfrak{r},$$

wie es nach der klassischen Mechanik in einem relativ zum Inertialsystem mit der Winkelgeschwindigkeit ω rotierenden Bezugssystem der Fall wäre; sondern diese zwei Terme sind noch mit Faktoren multipliziert, die von der Größenordnung des Verhältnisses des Gravitationsradius $m = \frac{kM}{c^2}$ der Hohlkugel zu ihrem Radius a sind. Da dieses Verhältnis für alle verfügbaren Massen winzig klein ist, besteht keine Aussicht, dieses prinzipiell wichtige Ergebnis experimentell zu prüfen; und man versteht auch, warum der primitive *Newton*sche Versuch mit dem rotierenden Wassergefäß sowie auch der verfeinerte Versuch von *B.* und *T. Friedländer*[347]), innerhalb eines schweren rotierenden Schwungrades Zentrifugalkräfte nachzuweisen, negativ ausfallen mußten.

61. Die Energie des Gravitationsfeldes. Bereits in Nr. 54 haben wir gesehen, daß bei Vorhandensein eines Gravitationsfeldes die Differentialgesetze für den materiellen Energietensor nicht wie in der speziellen Relativitätstheorie die Form annehmen

$$\frac{\partial \mathfrak{T}_i^k}{\partial x^k} = 0, \tag{341}$$

sondern

$$\frac{\partial \mathfrak{T}_i^k}{\partial x^k} - \frac{1}{2}\mathfrak{T}^{rs}\frac{\partial g_{rs}}{\partial x^i} = 0, \tag{341a}$$

so daß aus ihnen für ein abgeschlossenes System nicht die Erhaltungssätze

$$\int \mathfrak{T}_i^4\, dx^1\, dx^2\, dx^3 = \text{konst.}$$

gefolgert werden können. In Nr. 57 zeigten wir jedoch, daß auf Grund der Feldgleichungen der Gravitation (401) der Impuls-Energiesatz (341a) das Gleichungssystem

$$\frac{\partial(\mathfrak{T}_i^k + \mathfrak{t}_i^k)}{\partial x^k} = 0 \tag{406}$$

zur Folge hat, wo $\mathfrak{t}_i^k$ die durch (405), (183), (185) definierten Größen sind. Aus diesem Gleichungssystem resultieren nunmehr für ein abgeschlossenes System wieder Erhaltungssätze

$$J_i = \int (\mathfrak{T}_i^4 + \mathfrak{t}_i^4)\, dx^1 dx^2 dx^3 = \text{konst.} \tag{447}$$

Aus diesem Grunde nennt *Einstein* das Größensystem $\mathfrak{t}_i^k$ die Energiekomponenten des Gravitationsfeldes und J_i Gesamtimpuls und Gesamtenergie des abgeschlossenen Systems (vgl. Nr. 57).

Bei näherer Prüfung wurden jedoch große Schwierigkeiten offenbar, die dieser Auffassung zunächst entgegenstehen. Sie rühren letzten Endes daher, daß die t_{ik} keinen Tensor bilden. Da diese Größen von höheren Ableitungen der g_{ik} als den ersten nicht abhängen, kann man sofort schließen, daß sie durch geeignete Koordinatenwahl (geodätisches Bezugssystem) in einem beliebig vorgegebenen Weltpunkt zum Verschwinden gebracht werden können.

Es gilt aber noch mehr: *Schrödinger*[348]) fand, daß für das Feld (421a) eines Massenpunktes, welches zugleich das Feld im Außenraum einer Flüssigkeitskugel darstellt, alle Energiekomponenten identisch verschwinden. Das Resultat läßt sich auch auf das Feld (435)

347) *B.* u. *T. Friedländer*, Absolute und relative Bewegung, Berlin 1896.

348) *E. Schrödinger*, Phys. Ztschr. 19 (1918), p. 4.

einer geladenen Kugel ausdehnen. Andererseits zeigte *Bauer*[349]), daß durch bloße Einführung von Polarkoordinaten in das euklidische Linienelement der speziellen Relativitätstheorie die Energiekomponenten von Null verschiedene Werte annehmen, es wird dann sogar die Gesamtenergie unendlich! Auch sind die t_{ik} keineswegs symmetrisch, und die Energiedichte $-t_4^4$ ist nicht überall positiv. Das Vorzeichen der Energiedichte des Gravitationsfeldes hatte ja schon bei den älteren Feldtheorien der Gravitation immer Schwierigkeiten gemacht.[349a])

Trotz dieser Schwierigkeiten ist aus physikalischen Gründen die Forderung nach einem Analogon zu den Energie- und Schwerpunktsintegralen der Newtonschen Theorie kaum abzuweisen. *Lorentz*[350]) und *Levi-Civita*[351]) haben deshalb vorgeschlagen nicht die Größen t_{ik}, sondern $\frac{1}{\varkappa} G_{ik}$ als die Energiekomponenten des Gravitationsfeldes zu bezeichnen. Denn nach (401) gilt

$$T_{ik} + \frac{1}{\varkappa} G_{ik} = 0,$$

also auch

$$\frac{\partial}{\partial x^k}\left(\mathfrak{T}_i^k + \frac{1}{\varkappa}\mathfrak{G}_i^k\right) = 0.$$

Einstein[352]) hat jedoch dagegen mit Recht eingewendet, daß bei dieser Definition der Gravitationsenergie die Gesamtenergie eines abgeschlossenen Systems stets Null wäre, und die Erhaltung dieses Energiewertes verlangt nicht die Fortexistenz des Systems in irgendeiner Form. Man könnte dann also aus den Erhaltungssätzen nicht solche Folgerungen ziehen, wie wir sie sonst zu ziehen gewohnt sind. In einer Erwiderung auf *Schrödingers* Arbeit konnte *Einstein*[353]) ferner zeigen, daß bei Wechselwirkung von mehreren Massen die t_{ik} sicher nicht überall verschwinden.

Die endgültige Klärung des Sachverhaltes brachte schließlich *Einsteins* Arbeit „Der Energiesatz in der allgemeinen Relativitätstheorie"[354]). Es wird hier der Beweis erbracht, daß die Werte (447)

---

349) *H. Bauer,* Phys. Ztschr. 19 (1918), p. 163.

349a) Vgl. darüber z. B. *M. Abraham,* Jahrb. f. Rad. u. El. 11 (1914), p. 570, l. c. Anm. 272).

350) *H. A. Lorentz,* Amst. Versl. 25 (1916), p. 468, l. c. Anm. 100).

351) *T. Levi-Civita,* Rend. Acc. Linc. (5) 26 (1917), 1. Hälfte, p. 381.

352) *A. Einstein,* Berl. Ber. 1918, p. 154, l. c. Anm. 342), § 6.

353) *A. Einstein,* Phys. Ztschr. 19 (1918), p. 115.

354) *A. Einstein,* Berl. Ber. 1918, p. 448; siehe auch *F. Klein,* Über die Integralform der Erhaltungssätze und die Theorie der räumlich geschlossenen Welt, Gött. Nachr., math.-phys. Kl., 1918, p. 394.

für Gesamtenergie und Gesamtimpuls eines abgeschlossenen Systems in ziemlich weitgehendem Maße vom Koordinatensystem unabhängig sind, obwohl die Lokalisation der Energie in den verschiedenen Koordinatensystemen im allgemeinen völlig verschieden ausfällt. Dieser Beweis wurde hernach von *Klein*[354]) vervollständigt (vgl. Nr. **21**). Man muß hiernach zwar den Werten der t_i^k selbst jede physikalische Bedeutung absprechen, d. h. es gelingt nicht, die Lokalisation von Energie und Impuls im Gravitationsfeld in allgemein kovarianter und physikalisch befriedigender Weise durchzuführen. Aber die Integralwerte (447) haben einen bestimmten physikalischen Sinn Die Bedeutung der Gleichung (406) liegt nur darin, daß sie die Änderung der materiellen Energie eines abgeschlossenen Systems in einfacher Weise zu berechnen gestattet.

Der Beweis der Invarianz der durch (447) definierten Größen J_k bei gewissen, weiter unten angegebenen Koordinatentransformationen ist sehr einfach zu führen. Es sei ein begrenztes abgeschlossenes System gegeben. Außerhalb eines gewissen Bereiches B desselben sei das Linienelement das der speziellen Relativitätstheorie (Galileisches Koordinatensystem). Wir betrachten zunächst nur solche Koordinaten K, die außerhalb B mit einem Galileischen Koordinatensystem übereinstimmen. Polarkoordinaten sind dadurch z. B. ausgeschlossen. Dann verschwindet der Integrand von (447) außerhalb der Weltröhre B und alle Voraussetzungen der Nr. **21** sind erfüllt. Aus dem dort Gesagten folgt: *Erstens:* Die Integralwerte von Impuls und Energie sind unabhängig von der Koordinatenwahl *innerhalb* B, wenn sich die Koordinaten nur stetig an ein Galileisches System außerhalb B anschließen. Und *zweitens:* Die Größen J_i verhalten sich gegenüber *linearen* Koordinatentransformationen — wobei jetzt also auch außerhalb B die Koordinatenwerte verändert werden — wie die kovarianten Komponenten eines Vektors. Über einen analogen Invarianzsatz für die räumlich geschlossene Welt siehe die folgende Nr.

Es bleibt noch die Frage zu erörtern, ob die Größen t_i^k durch die Gleichungen (406) eindeutig bestimmt sind, d. h. ob es nicht noch andere Größen w_i^k als die durch (405), (183), (185) gegebenen Größen t_i^k gibt, welche das Gleichungssystem (406) zufolge der Feldgleichungen (401) identisch befriedigen. Wie zuerst *Lorentz*[350a]) gezeigt hat und wie auch *Klein*[355]) hervorhebt, ist letzteres in der Tat der Fall, sobald man zugibt, daß die w_i^k auch die zweiten Ableitungen der

---

350a) *H. A. Lorentz,* l. c. Anm. 350).

355) *F. Klein,* Gött. Nachr. 1918, p. 235, l. c. Anm. 103).

g_{ik} enthalten dürfen. Physikalische Gründe lassen sich gegen diese Möglichkeit nicht beibringen. Man erhält dann natürlich verschiedene Werte für die Gesamtenergie eines Systems, je nachdem ob die *Einstein*schen t_i^k oder die *Lorentz*schen w_i^k zugrunde gelegt werden.

Von der Gleichung (406) macht *Einstein*[356]) eine wichtige Anwendung auf die Emission und Absorption der Gravitationswellen, deren Feld in Nr. **60** erörtert wurde. Wenn in einem materiellen System Schwingungen oder auch sonstige Bewegungen vor sich gehen, so folgt aus der Theorie, daß das System Wellen ausstrahlt, und zwar ist die Ausstrahlung bestimmt durch die dritten Ableitungen seiner Trägheitsmomente

$$D_{ik} = \int \mu_0 x^i x^k \, dx^1 dx^2 dx^3 \qquad (i, k = 1, 2, 3) \tag{448}$$

nach der Zeit. Der Energiestrom der ausgestrahlten Welle längs der x^1-Achse ist

$$\mathfrak{S}_1 = \frac{k}{8\pi c^5 r^2}\left[\left(\frac{\dddot{D}_{22} - \dddot{D}_{33}}{2}\right)^2 + (\dddot{D}_{23})^2\right] \tag{449}$$

(k = gewöhnliche Gravitationskonstante)

und die gesamte pro Zeiteinheit nach allen Richtungen ausgestrahlte Energie

$$-\frac{dE}{dt} = \frac{k}{10 c^5}\left[\sum_{i,k} \dddot{D}_{ik}^2 - \frac{1}{3}\left(\sum_i \dddot{D}_{ii}\right)^2\right]. \tag{450}$$

Letztere ist nach (449) stets positiv. Die ausgestrahlte Energie ist so klein, daß sie zu keinen astronomischen Effekten Veranlassung gibt, die innerhalb der hierbei in Betracht kommenden Zeiträume bemerkbar wären. Sie ist jedoch von prinzipieller Bedeutung für die Atomphysik. *Einstein* vertritt die Ansicht, daß die Quantentheorie auch die Gravitationstheorie wird modifizieren müssen.

Ähnlich berechnet sich die absorbierte Energie. Es falle eine Gravitationswelle vom Typus (444), (445), (446) längs der x^1-Achse auf ein materielles System, dessen Dimensionen klein seien gegenüber der Wellenlänge der einfallenden Welle. Dann ist die pro Zeiteinheit absorbierte Energie gegeben durch

$$\frac{dE}{dt} = \frac{1}{2}\left[\frac{\partial \gamma_{23}}{\partial t}\ddot{D}_{23} + \frac{1}{2}\frac{\partial(\gamma_{22} - \gamma_{33})}{\partial t} \cdot \frac{1}{2}(\ddot{D}_{22} - \ddot{D}_{33})\right], \tag{451}$$

wobei sich die Größen $\gamma_{23}, \gamma_{22}, \gamma_{33}$ auf das Wellenfeld beziehen.

62. Modifikation der Feldgleichungen. Relativität der Trägheit und räumlich-geschlossene Welt.[357]) a) *Das Machsche Prinzip.*

356) *A. Einstein*, l. c. Anm. 342).

357) Die in diesem Abschnitt dargelegten Gedanken sind in *A. Einsteins* Arbeit „Kosmologische Betrachtungen zur allgemeinen Relativitätstheorie" (Berl.

In Nr. 58 war von der Perihelbewegung des Merkur schlechtweg die Rede, ohne daß eine nähere Angabe gemacht wurde, wodurch das dort verwendete Koordinatensystem K_0, relativ zu welchem diese Perihelbewegung gemessen werden soll, physikalisch bestimmt ist. Dieses ist vor allen anderen relativ zu K_0 gleichförmig rotierenden Bezugssystemen K durch die Kugelsymmetrie des G-Feldes und vor allem durch das Verhalten der g_{ik} im räumlich Unendlichen ausgezeichnet; die g_{ik} nehmen nämlich dort ihre Normalwerte an. Die Grenzbedingungen für das räumlich Unendliche, die zur vollständigen Bestimmung der g_{ik} aus den Lagen und Geschwindigkeiten der Massen, allgemeiner aus dem materiellen Energietensor T_{ik}, den Differentialgleichungen des G-Feldes noch hinzugefügt werden, zeichnen gewisse Koordinatensysteme K_0 vor anderen aus. Bei der Frage der Relativität der Zentrifugalkräfte (Nr. **60**) hatte sich diese Schwierigkeit besonders stark fühlbar gemacht. Diese Auszeichnung von gewissen Koordinatensystemen durch die Grenzbedingungen ist zwar mit dem Postulat der allgemeinen Kovarianz nicht logisch unvereinbar, widerspricht aber dem Geist einer relativistischen Theorie und muß als schwerer erkenntnistheoretischer Mangel bezeichnet werden. *Einstein*[358]) beleuchtet ihn drastisch durch ein Gedankenexperiment mit zwei relativ zueinander um ihre Verbindungslinie rotierenden Flüssigkeitsmassen. Er haftet nicht nur der klassischen Mechanik und der speziellen Relativitätstheorie an, sondern auch der im vorhergehenden entwickelten, auf den Gleichungen (401) basierenden Gravitationstheorie. Er wird erst behoben, wenn die Grenzbedingungen in allgemein kovarianter Weise festgelegt sind.

Wir stellen also die Forderung auf: *Das G-Feld soll durch die Werte des Energietensors* (T_{ik}) *allein in eindeutiger, allgemein kovarianter Weise bestimmt sein.* Da *Mach*[359]) bereits den hier erwähnten Mangel der Newtonschen Mechanik klar erkannt und die absolute Beschleunigung durch eine Relativbeschleunigung gegen die übrigen Massen des Weltalls ersetzt hat, nannte *Einstein*[360]) dieses Postulat gelegentlich *Mach*sches Prinzip. Insbesondere ist zu fordern, daß die Trägheit der Materie durch die umgebenden Massen allein bestimmt ist, also verschwinden soll, wenn alle übrigen Massen entfernt werden,

---

Ber. 1917, p. 142) entwickelt. (Auch abgedruckt in der Sammlung „Das Relativitätsprinzip".)

358) *A. Einstein,* Ann. d. Phys. 49, l. c. Anm. 279), § 2.

359) *E. Mach,* Mechanik, Kap. II, Nr. 6; Die Geschichte und die Wurzel des Satzes von der Erhaltung der Arbeit, Zusatznote 1.

360) *A. Einstein,* Ann. d. Phys. 55 (1918), p. 241.

weil es vom relativistischen Standpunkt aus keinen Sinn hat, von einem Widerstand gegen *absolute* Beschleunigungen zu sprechen (*Relativität der Trägheit*).

b) *Betrachtungen über das statistische Gleichgewicht des Fixsternsystems. Das λ-Glied.* Auch abgesehen von der Frage der Grenzbedingungen im räumlich Unendlichen stößt man noch auf eine weitere Schwierigkeit, wenn man die bisher verwendeten Feldgleichungen auf das Fixsternsystem als Ganzes anwendet. Die Überwindung derselben wird dann auch die Erfüllung der unter a) gestellten Forderungen mit sich bringen.

Schon *C. Neumann*[361]) und *Seeliger*[362]) haben darauf hingewiesen, daß das Newtonsche Gravitationsgesetz nur dann strenge gültig sein kann, wenn die Massendichte des Weltalls für $r \to \infty$ schneller als $\frac{1}{r^2}$ zu Null konvergiert. Sonst würde nämlich die von allen Massen des Weltalls auf einen Massenpunkt ausgeübte Kraft unbestimmt sein. In einer folgenden Abhandlung[363]) diskutiert *Seeliger* weiter die Möglichkeit, daß die Massendichte zwar in beliebigen Entfernungen von Null verschieden bleibt, das Newtonsche Potential dagegen durch das mit der Entfernung rascher abklingende Potential

$$\Phi = A\frac{e^{-\sqrt{\lambda}r}}{r}$$

zu ersetzen sei. Dieses Potential war bereits in anderem Zusammenhange von *C. Neumann*[364]) mathematisch untersucht worden. Es kommt darauf hinaus, die *Poisson*sche Gleichung

(A) $$\Delta\Phi = 4\pi k \mu_0$$

durch

(B) $$\Delta\Phi - \lambda\Phi = 4\pi k \mu_0$$

zu ersetzen. Die Schwierigkeit, die bei der Newtonschen Theorie auftritt, verschwindet dann.

Gegen die erste Möglichkeit — strenge Gültigkeit des Newtonschen Gesetzes und hinreichend schnelles Abnehmen der Massendichte im Unendlichen — lassen sich nun nach *Einstein* gewichtige Gründe vorbringen, wenn man sich auf den Standpunkt stellt, daß sich das

---

361) *C. Neumann*, Abh. d. Kgl. sächs. Ges. d. Wiss. zu Leipzig, math.-nat. Kl. 26 (1874), p. 97.

362) *H. v. Seeliger*, Astr. Nachr. 137 (1895), p. 129.

363) *H. v Seeliger*, Münch. Ber. 26 (1896), p. 373.

364) *C. Neumann*, Allgemeine Untersuchungen über das Newtonsche Prinzip der Fernwirkungen, Leipzig 1896, vgl. insbesondere p. 1.

ganze Sternsystem im statistischen Gleichgewicht befinden muß. Wäre das Potential in großen Entfernungen endlich (also die Massendichte hinreichend stark abnehmend), so müßte es vorkommen, daß ganze Himmelskörper das Fixsternsystem verlassen, dieses müßte also „veröden“, und zwar nach den Gesetzen der statistischen Mechanik so lange, als die gesamte Energie des Sternsystems größer ist als die Arbeit, die erforderlich ist, um einen einzigen Himmelskörper ins Unendliche zu entfernen. Auch der schon durch *C. Neumanns* und *Seeligers* Untersuchungen ausgeschlossene Fall eines unendlich hohen Potentialwertes in sehr großen Entfernungen (also die Massendichte bis ins Unendliche reichend oder nicht genügend schnell abnehmend) verbietet sich nach *Einstein*, weil dies mit der Tatsache im Widerspruch stünde, daß die beobachteten Sterngeschwindigkeiten verhältnismäßig klein sind. Bei Gültigkeit von (B) verschwinden jedoch alle diese Schwierigkeiten. Denn es ist dann eine gleichmäßige Massenverteilung der Materie von der Dichte μ_0 und dem (räumlich konstanten) Potential

$$\Phi = -\frac{4\pi k}{\lambda}\mu_0$$

dynamisch möglich.

Genau analog wie in der Newtonschen stellt sich in der relativistischen Theorie die Sachlage dar. Hält man an den Gleichungen (401) fest, so erweist es sich nach *Einstein* als unmöglich, die Grenzbedingungen so aufzustellen, daß zugleich dem „Verödungseinwand“ begegnet und der Tatsache der geringen Sterngeschwindigkeiten Rechnung getragen wird. Man kann jedoch die Feldgleichungen in einer Weise modifizieren, die dem Übergang von (A) zu (B) völlig analog ist. In der Tat haben wir bei der Aufstellung der Feldgleichungen in Nr. **56** das zu g_{ik} proportionale Glied $c_3 g_{ik}$ in (400) einfach fortgelassen, was weder durch die allgemeine Kovarianz noch durch den Impuls-Energiesatz der Materie geboten war, und können es jetzt in die linke Seite von (401) aufnehmen, wobei wir im Anschluß an *Einstein* $-\lambda$ für c_3 schreiben:

(452) $$G_{ik} - \lambda g_{ik} = -\varkappa T_{ik}.$$

Durch Verjüngung ergibt sich daraus noch

(453) $$R + 4\lambda = +\varkappa T$$

und

(452a) $$R_{ik} + \lambda g_{ik} = -\varkappa(T_{ik} - \tfrac{1}{2} g_{ik} T).$$

Es folgt sofort, daß bei Zugrundelegung der so modifizierten Feldgleichungen eine mit konstanter Massendichte angefüllte Welt im Gleichgewicht ist. Und zwar erweist sie sich als elliptisch oder sphärisch, also *räumlich geschlossen.* Macht man nämlich den besonderen Ansatz

$$(454)\quad g_{ik} = \delta_i^k + \frac{x^i x^k}{a^2 - [(x^1)^2 + (x^2)^2 + (x^3)^2]}, \; g_{i4} = 0, \; g_{44} = -1, \; (i, k = 1, 2, 3)$$

so wird nach Nr. **18**, (117), (118), (119), (130):

$$R_{ik} = -\frac{2}{a^2} g_{ik}, \quad R = -\frac{6}{a^2}, \quad G_{ik} = \frac{1}{a^2} g_{ik}, \quad (\text{für } i, k = 1, 2, 3)$$

$$R_{i4} = R_{44} = 0.$$

Ferner wird

$$T_{44} = \mu_0 c^2, \quad \text{die übrigen } T_{ik} = 0, \quad T = -\mu_0 c^2:$$

die Gleichungen (452) sind also erfüllt, wenn

$$(455)\qquad \lambda = \frac{1}{a^2} = \frac{1}{2} \varkappa \mu_0 c^2 = \frac{4\pi k \mu_0}{c^2}.$$

Aus den Feldgleichungen (401) würde dagegen wegen $\lambda = 0$ auch $\frac{1}{a^2} = \mu_0 = 0$ folgen.

Da die Welt sich in diesem Beispiel und voraussichtlich auch bei allgemeineren Massenverteilungen räumlich geschlossen ergibt, so sind Grenzbedingungen im Unendlichen nicht weiter erforderlich. *Die Feldgleichungen* (452) *beseitigen also nicht nur den Konflikt der kleinen Sterngeschwindigkeiten mit der statistischen Mechanik, sondern auch den oben erwähnten erkenntnistheoretischen Mangel, welcher der früheren Fassung der Theorie anhaftet.* Man hat sich vorzustellen, daß die Lösung (454) der Feldgleichungen das mittlere Verhalten der Weltmetrik wiedergibt. Nur in der Nähe von einzelnen Massen werden die g_{ik} merklich von den Werten (434) abweichen. Bei Massensystemen, deren Dimensionen klein gegen diesen jedenfalls außerordentlich großen Krümmungsradius sind, wie z. B. beim Planetensystem, wird man das λ-Glied vernachlässigen können, und die Lösungen der Feldgleichungen (401) werden ihre Gültigkeit behalten. Auch das *Mach*sche Prinzip scheint durch die Feldgleichungen (452) erfüllt zu sein, obzwar ein allgemeiner Beweis dafür noch nicht erbracht ist. Während nämlich die früheren Gleichungen (401) bei verschwindender Materie die allgemeine Lösung g_{ik} = konst. besitzen[365]), ist dies bei den Gleichungen (452) nicht der Fall, sondern es muß dann $g_{ik} = 0$ sein. *In einem völlig leeren Raum gäbe es überhaupt kein G-Feld*; weder eine Lichtfortpflanzung, noch die Existenz von

365) Daß dies die einzige Lösung der früheren Gleichungen (401) für den völlig materiefreien Raum ist, ist bisher noch nicht im allgemeinen Fall bewiesen. Für den *statischen* Fall hat jedoch *R. Serini*, Rend. Acc. Linc. (5) 27 (1918), 1. Hälfte, p. 235, einen Beweis des Satzes gegeben.

Maßstäben und Uhren wären dann möglich. Damit hängt zusammen, daß auch das Postulat der Relativität der Trägheit befriedigt ist. Allerdings hat *de Sitter*[366]) auch für den völlig *leeren* Raum eine von $g_{ik} = 0$ verschiedene Lösung der Feldgleichungen (452) gegeben, nämlich eine vierdimensional-pseudosphärische Welt

$$g_{ik} = \delta_i^k + \frac{x^i x^k}{a^2 - \sum_1^4 i (x^i)^2}, \quad (i, k = 1, 2, 3, 4; x^4 = ict) \tag{456}$$

$$T_{ik} = \mu_0 = 0, \quad \lambda = \frac{3}{a^2}, \tag{457}$$

im Gegensatz zur „Zylinderwelt" *Einsteins*, die durch (454) gegeben ist. Jedoch vertrat *Einstein*[367]) die Anschauung, daß erstere Lösung nicht überall regulär ist, so daß sie eigentlich nicht das *G*-Feld einer leeren Welt, sondern einer Welt mit flächenhaft verteilter Masse darstellt. Zu einem übereinstimmenden Resultat kam *Weyl*[368]). Die Frage ist jedoch noch nicht endgültig geklärt.

Die astronomischen Konsequenzen der Feldgleichungen (452) werden diskutiert von *de Sitter*[369]) und *Lense*[370]). Man vgl. dazu auch den Art. VI 2, 22 von *Kottler*.

c) *Die Energie der geschlossenen Welt.* Ebenso wie die Gleichungen (401) lassen sich auch die Gleichungen (452) aus einem Variationsprinzip ableiten. Man braucht nur zur Wirkungsfunktion (404) noch den Term $2\lambda\sqrt{-g}$ hinzuzufügen:

$$\delta \int \mathfrak{H}\, dx = 0, \tag{458}$$

$$\mathfrak{H} = \mathfrak{R} + 2\lambda\sqrt{-g} + \varkappa \mathfrak{M}. \tag{459}$$

Auch gilt wieder der Energiesatz in der Form (406):

$$\frac{\partial(\mathfrak{T}_i^k + \bar{\mathfrak{t}}_i^k)}{\partial x^k} = 0, \tag{460}$$

wenn man von den früheren Größen t_i^k noch $\frac{\lambda}{\varkappa}\delta_i^k$ subtrahiert:

$$\bar{t}_i^k = t_i^k - \frac{\lambda}{\varkappa}\delta_i^k. \tag{461}$$

---

366) *W. de Sitter*, Amst. Proc. 19 (1917), p. 1217 u. 20 (1917), p. 229.

367) *A. Einstein*, Berl. Ber. 1918, p. 270; *De Sitters* Erwiderung: Amst. Proc. 20 (1918), p. 1309.

368) *H. Weyl*, Phys. Ztschr. 20 (1919), p. 31; vgl. auch *F. Klein*, Gött. Nachr. 1918, l. c. Anm. 354), insbes. § 9. Es werden hier die geometrischen Verhältnisse eingehend diskutiert.

369) *W. de Sitter*, Monthly Not. Roy. Astr. Soc. 78 (1917), p. 3.

370) *J. Lense*, Wien. Ber. 126 (1917), p. 1037.

Diese Überlegung findet sich in der eingangs [Anm. 357)] zitierten *Einstein*schen Arbeit angedeutet und bei *Klein*[371]) näher ausgeführt.

Es fragt sich nun, ob der in Nr. **61** bewiesene Satz der Unabhängigkeit des *Integralwertes* der Energie vom Koordinatensystem auch für die Gesamtenergie der geschlossenen Welt gilt. Hierzu ist deshalb eine neue Überlegung nötig, weil früher der Satz unter der Voraussetzung bewiesen wurde, daß außerhalb des betrachteten abgeschlossenen Systems die g_{ik} gleich $\pm \delta_i^k$ werden, was hier offenbar nicht der Fall ist. Mit dieser Frage beschäftigten sich *Einstein*[372]) und *Klein*[372]). Es muß gezeigt werden, daß gewisse Oberflächenintegrale verschwinden. Bei speziellen Koordinatensystemen wurde bereits von *Einstein* nachgewiesen, daß dies in der Tat zutrifft, einen allgemeinen Beweis gibt *Grommer*[373]). Es zeigt sich überdies, daß sowohl der Gesamtimpuls als auch die Gesamtenergie der geschlossenen Welt, soweit sie vom Gravitationsfeld herrühren, verschwinden:

$$\int \tilde{t}_i^4 \, dx^1 \, dx^2 \, dx^3 = 0. \tag{462}$$

Setzt man jedoch an Stelle der *Einstein*schen Energiekomponenten die in Nr. **61** erwähnten *Lorentz*schen, die auch die zweiten Ableitungen der g_{ik} enthalten, so würde, wie *Klein* gezeigt hat, die Gesamtenergie des Gravitationsfeldes nicht mehr verschwinden.

V. Theorien über die Natur der elektrischen Elementarteilchen.

63. Elektron und spezielle Relativitätstheorie. Schon seit langer Zeit war man bemüht, alle mechanischen Eigenschaften des Elektrons auf elektromagnetische Prinzipien zurückzuführen. Die Bewegungsgleichung

$$\frac{d\mathfrak{G}}{dt} = \mathfrak{K} \tag{463}$$

($\mathfrak{G}$ = Impuls des Elektrons, $\mathfrak{K}$ = *äußere* Kraft)

wird hierbei so gedeutet[374]): Man stellt die Postulate auf, daß erstens alle auf das Elektron wirkenden Kräfte elektromagnetischer Art sind, also durch den *Lorentz*schen Ausdruck (215) gegeben sind, und zweitens die auf das Elektron wirkende Gesamtkraft stets verschwinden soll:

$$\int \varrho \left\{ \mathfrak{E} + \frac{1}{c} [\mathfrak{v} \mathfrak{H}] \right\} dV = 0. \tag{464}$$

---

371) *F. Klein*, Gött. Nachr. 1918, p. 235, l. c. Anm. 103), Zusatz am Schluß.

372) *A. Einstein*, Berl. Ber. 1918; *F. Klein*, Gött. Nachr. 1918, p. 394, l. c. Anm. 354).

373) *J. Grommer*, Berl. Ber. 1919, p. 860.

374) Man vgl. hierzu Art. V 14 dieser Encykl. von *H. A. Lorentz*, Nr. 21.

Die Integration ist hierin über ein Elektron zu erstrecken. Diese Gesamtkraft kann man nun in zwei Teile teilen. Eine vom äußeren Feld herrührende Kraft

$$\int \varrho \left\{ \mathfrak{E}^a + \frac{1}{c} [\mathfrak{v}\mathfrak{H}^a] \right\} dV = \mathfrak{K},$$

die auf der rechten Seite von (463) steht, und eine vom Elektron auf sich selbst ausgeübte Kraft, die nach dem Impulssatz gleichgesetzt werden kann

$$\int \varrho \left\{ \mathfrak{E}^i + \frac{1}{c} [\mathfrak{v}\mathfrak{H}^i] \right\} dV = -\frac{d\mathfrak{G}}{dt}.$$

$\mathfrak{G}$ bedeutet darin den elektromagnetischen Impuls des Eigenfeldes des Elektrons. Bei nicht allzu großen Beschleunigungen (quasistationärer Bewegung) kann dafür derjenige Impuls genommen werden, welcher der gleichförmigen Translationsbewegung des Elektrons mit der betreffenden Momentangeschwindigkeit entspricht. Er ist natürlich abhängig von der Ladungsverteilung im Elektron.

Die naheliegendste Annahme war die, daß das Elektron vollkommen starr sei. Die Theorie für diesen Fall wurde vollständig von *Abraham*[375]) durchgeführt. Im Jahre 1904 zeigte jedoch *H. A. Lorentz*[376]), daß nur dann der Impuls des Elektrons in einer solchen Weise von der Geschwindigkeit abhängt, daß die Folgerungen mit dem Relativitätsprinzip im Einklang stehen, wenn eine Kontraktion des Elektrons in der Bewegungsrichtung im Verhältnis $\sqrt{1-\beta^2}:1$ angenommen wird. Und *Einstein*[377]) zeigte hierauf, daß die Abhängigkeit von Energie, Masse und Impuls von der Geschwindigkeit aus dem Relativitätsprinzip allein folgt, ohne daß irgendeine Annahme über die Natur des Elektrons gemacht werden muß (vgl. Nr. 29). Man kann deshalb auch umgekehrt aus den Beobachtungen über die Massenveränderlichkeit keinen Aufschluß über die Natur des Elektrons erhalten.

Es ist jedoch leicht zu sehen, daß das Relativitätsprinzip die Existenz einer Energie nicht elektromagnetischer Art beim Elektron zur zwingenden Konsequenz hat, wenigstens solange man auf dem Boden der *Maxwell-Lorentz*schen Theorie bleibt. Es wurde dies zuerst von *Abraham*[378]) hervorgehoben. Nehmen wir zunächst an, daß die Ladungsverteilung im ruhenden Elektron kugelsymmetrisch ist.

---

375) *M. Abraham*, Ann. d. Phys. 10 (1903), p. 105. Siehe auch *H. A. Lorentz*, Art. V 14 dieser Encykl., Nr. 21.

376) *H. A. Lorentz*, Amst. Versl. 1904, l. c. Anm. 9).

377) *A. Einstein*, Ann. d. Phys. 17 (1905), p. 891, l. c. Anm. 11), § 10.

378) *M. Abraham*, Phys. Ztschr. 5 (1904), p. 576; Theorie d. Elektrizität 2, p. 205, Leipzig 1905, 1. Aufl.

Dann gilt für Energie und Impuls des bewegten Elektrons, soweit sie elektromagnetischer Art und durch die *Maxwell-Lorentz*schen Ausdrücke gegeben sind, nach (351):

$$(351) \qquad \mathfrak{G} = \mathfrak{u}\,\frac{\frac{4}{3}\frac{E_0}{c^2}}{\sqrt{1-\beta^2}}, \quad E = \frac{E_0\left(1+\frac{1}{3}\frac{u^2}{c^2}\right)}{\sqrt{1-\beta^2}}.$$

Wären diese Ausdrücke zugleich Gesamtenergie und Gesamtimpuls, so müßte nach (317), (318) gelten

$$E = \int\left(\mathfrak{u}\frac{d\mathfrak{G}}{dt}\right)dt = \int\left(\mathfrak{u}\frac{d\mathfrak{G}}{d\beta}\right)d\beta.$$

Dies ist jedoch nicht der Fall, vielmehr hat das Integral der rechten Seite den Wert

$$\frac{\frac{4}{3}E_0}{\sqrt{1-\beta^2}} + \text{konst.}$$

Nimmt man den *Impuls* im Gegensatz zur Energie als rein elektromagnetisch an, so folgt für die gesamte Energie $\overline{E}_0$ bzw. $\overline{E}$ des ruhenden bzw. bewegten Elektrons, sowie für die Ruhmasse

$$(465) \qquad \overline{E} = \frac{\overline{E}_0}{\sqrt{1-\beta^2}}, \quad \overline{E}_0 = \frac{4}{3}E_0, \quad m_0 = \frac{\overline{E}_0}{c^2} = \frac{4}{3}\frac{E_0}{c^2}.$$

Die Ruhmasse m_0 ist dabei definiert durch

$$\mathfrak{G} = \frac{m_0\,\mathfrak{u}}{\sqrt{1-\beta^2}}.$$

Diese Relationen sind mit dem Satz von der Trägheit der Energie im Einklang, wie es sein muß (die additive Konstante in $\overline{E}$ wurde bereits diesem Satz entsprechend festgelegt). *Die Gesamtenergie des ruhenden Elektrons ist gleich $\frac{4}{3}$ der Lorentzschen elektromagnetischen Energie desselben.*

Es hat nach den bisherigen Betrachtungen den Anschein, als ob das starre Elektron der Absoluttheorie mit einem rein elektromagnetischen Weltbild — oder besser gesagt, mit dem speziellen elektromagnetischen Weltbild, das auf der *Maxwell-Lorentz*schen Theorie basiert — vereinbar wäre im Gegensatz zu dem Elektron, wie es von der Relativitätstheorie gefordert wird. Dies ist jedoch aus folgendem Grunde nicht richtig. Die Starrheitshypothese ist ein der Elektrodynamik vollständig fremdes Element. Hätten wir sie nicht eingeführt, so hätten wir verlangen müssen, daß nicht nur die an dem Elektron angreifende *Gesamt*kraft verschwindet [Gl. (464)], sondern sogar die an jeder einzelnen Stelle angreifende Kraft:

$$\varrho\left\{\mathfrak{E} + \frac{1}{c}[\mathfrak{v}\mathfrak{H}]\right\} = 0.$$

Es ist klar, daß mit dieser Forderung eine ruhende Ladung ($\mathfrak{v} = 0$)

unvereinbar ist, es folgt $\varrho = 0$ (man beachte die Beziehung div $\mathfrak{E} = \varrho$). Wir sehen also: *Die Maxwell-Lorentzsche Elektrodynamik ist mit der Existenz von Ladungen überhaupt unvereinbar, sofern sie nicht durch ihr wesensfremde theoretische Elemente ergänzt wird.* Das Elektron der Absoluttheorie hat also in Wirklichkeit, was die rein elektromagnetische Auffassung anlangt, vor dem Elektron der Relativitätstheorie nichts voraus. Es ist auf jeden Fall nötig, Kräfte einzuführen, welche den *Coulomb*schen Abstoßungskräften der Ladung des Elektrons auf sich selbst das Gleichgewicht halten, und diese Kräfte resultieren nicht aus der *Maxwell-Lorentz*schen Elektrodynamik. Schon *Poincaré*[379]) erkannte diese Notwendigkeit und führte rein formal einen skalaren Kohäsionsdruck p ein, über dessen Natur er keine Aussagen machen konnte. Allgemein ist das Problem des Elektrons so zu formulieren: Der Impuls-Energietensor S_{ik} der *Maxwell-Lorentz*schen Elektrodynamik ist durch solche Terme zu ergänzen, daß die Erhaltungssätze

$$(341) \qquad \frac{\partial T_i^k}{\partial x^k} = 0$$

für den gesamten Impuls-Energietensor mit der Existenz von Ladungen vereinbar werden. Die Zusatzterme müssen jedenfalls von physikalischen Zustandsgrößen abhängen, die durch Differentialgleichungen kausal bestimmt sind. (In Nr. **42** hatten wir für den Energietensor eines isolierten Elektrons den phänomenologischen Ansatz $\mu_0 u_i u_k$ gemacht.) Inwiefern diese Formulierung vom Standpunkt der *allgemeinen* Relativitätstheorie zu modifizieren ist, wird in Nr. **65** und **66** erörtert werden.

Wir können jetzt auch die von *Ehrenfest*[380]) aufgeworfene Streitfrage beantworten, ob für ein schon in der Ruhe nicht kugelsymmetrisches Elektron eine gleichförmige Translationsbewegung nach jeder Richtung hin kräftefrei möglich ist. Es wird nämlich in diesem Fall der elektromagnetische Impuls des bewegten Elektrons nicht immer die Richtung der Geschwindigkeit haben, so daß die elektromagnetischen Kräfte ein Drehmoment auf das Elektron ausüben werden. Die Verhältnisse sind jedoch, wie *Laue*[381]) betont hat, völlig analog denjenigen beim *Trouton-Noble*schen Versuch. So wie dort das elektromagnetische Drehmoment durch das vom elastischen Energiestrom hervorgerufene kompensiert wird, erfolgt die Kompensation hier durch den Energiestrom, der durch die oben erwähnten Zusatzterme im Im-

379) *H. Poincaré,* Rend. Pal. 21 (1906), p. 129, l. c. Anm. 40).

380) *P. Ehrenfest,* Ann. d. Phys. 23 (1907), p. 204; Bemerkung hierzu von *A. Einstein,* Ann. d. Phys. 23 (1907), p. 206.

381) *M. v. Laue,* Ann. d. Phys. 35 (1911), p. 524, l. c. Anm. 240).

puls-Energietensor dargestellt wird. Die Einführung dieser Zusatzterme erweist sich nicht erst beim bewegten, sondern schon beim ruhenden Elektron als notwendig. Die *Ehrenfest*sche Frage ist also zu bejahen.

Es bleibt noch die Frage zu erörtern, was von diesem theoretischen Standpunkt aus und was erfahrungsgemäß über die *Dimensionen* des Elektrons ausgesagt werden kann. *Erfahrungsgemäß* wissen wir heute mit ziemlich großer Wahrscheinlichkeit, daß alle Materie letzten Endes aus Wasserstoffkernen und Elektronen besteht. *Alles was wir bisher über das Elektron sagten, gilt natürlich auch für den Wasserstoffkern.* Die Erfahrung hat über die Dimension dieser Teilchen nur gelehrt, daß sie sicher nicht größer als 10^{-13} cm sind, d. h. daß sich zwei solche Teilchen in dieser Entfernung in bezug auf die Kräfte, die sie aufeinander ausüben, praktisch noch wie Punktladungen verhalten. Daß die Dimensionen der Teilchen noch viel kleiner sind als 10^{-13} cm, wird durch die bisherigen Erfahrungen nicht ausgeschlossen. *Theoretisch* kann man nur vom Standpunkte der *Lorentz*schen Anschauungen aus bestimmte Aussagen machen, nämlich folgende: Eine mit gleichmäßiger Oberflächenladung belegte Kugel vom Radius a hat die Energie

$$E = \frac{e^2}{8\pi a},$$

wenn e die in *Heaviside*schen Einheiten gemessene Gesamtladung bedeutet. Aus (465) folgt dann

$$m_0 = \frac{e^2}{6\pi a c^2}, \quad a = \frac{e^2}{6\pi m_0 c^2}. \tag{466}$$

Eine Veränderung der Annahme über die Ladungsverteilung würde nur den Zahlenfaktor modifizieren, nicht die Größenordnung des a-Wertes. Dieser ergibt sich aus den bekannten Ruhmassen für Elektron und Wasserstoffkern, für ersteres von der Größenordnung 10^{-13} cm, für diesen entsprechend seiner größeren Masse ca. 1800 mal kleiner. Es muß jedoch bemerkt werden, daß diese Betrachtung auf sehr schwachen theoretischen Grundlagen steht. Sie beruht nämlich, wie wir gesehen haben, auf folgenden Hypothesen:

1. Die Ladungsverteilung des ruhenden Elektrons (H-Kerns) ist kugelsymmetrisch.

2. Der gesamte Impuls des bewegten Elektrons (H-Kerns) ist durch den Ausdruck $\mathfrak{G} = \frac{1}{c}\int [\mathfrak{E}\mathfrak{H}]\, dV$ der *Maxwell-Lorentz*schen Theorie gegeben; diese wird also auch bei äußerster Konzentration der Ladungen und Felder noch als gültig angenommen.

Besonders die zweite Hypothese erscheint bedenklich. Eine empirische Stütze für die so berechneten Dimensionen, insbesondere für die theoretische Forderung, daß der Radius des Wasserstoffkerns wesentlich kleiner sein muß als der des Elektrons, läßt sich aus dem bis jetzt gesammelten Erfahrungsmaterial in keiner Weise finden.[381a])

64. Die Theorie von Mie. Den ersten Versuch, eine Theorie aufzustellen, welche von der Existenz der elektrischen Elementarteilchen Rechenschaft gibt, hat *Mie*[382]) unternommen. Er stellte sich die Aufgabe, die Feldgleichungen und den Impuls-Energietensor der *Maxwell-Lorentz*schen Theorie so zu verallgemeinern, daß im Innern der elektrischen Elementarteilchen den *Coulomb*schen Abstoßungskräften durch andere Kräfte, *die ebenfalls elektrischer Natur sind,* das Gleichgewicht gehalten wird, außerhalb der Teilchen jedoch die Abweichungen von der gewöhnlichen Elektrodynamik unmerklich bleiben.

Das erste System der *Maxwell*schen Gleichungen

$$\frac{\partial F_{ik}}{\partial x^l} + \frac{\partial F_{li}}{\partial x^k} + \frac{\partial F_{kl}}{\partial x^i} = 0, \tag{203}$$

aus dem die Existenz eines Viererpotentials folgt,

$$F_{ik} = \frac{\partial \varphi_k}{\partial x^i} - \frac{\partial \varphi^i}{\partial x^k} \tag{206}$$

(vgl. Nr. 28), behält *Mie* bei. Ferner wird der Viererstrom jedenfalls die Kontinuitätsgleichung

$$\frac{\partial s^k}{\partial x^k} = 0 \tag{197}$$

erfüllen müssen. Daraus folgt die Existenz eines Flächentensors $H^{ik} = -H^{ki}$, welcher der Gleichung

$$s^i = \frac{\partial H^{ik}}{\partial x^k} \tag{467}$$

genügt. Dabei faßt H_{ik} die Vektoren $\mathfrak{D}$ und $\mathfrak{H}$ zusammen, ebenso wie F_{ik} die Vektoren $\mathfrak{E}$ und $\mathfrak{B}$. Man sieht, daß für $H^{ik} = F^{ik}$ die Gleichungen in die der gewöhnlichen Elektrodynamik übergehen und daß sie formal mit denen der phänomenologischen Elektrodynamik in ponderablen Körpern übereinstimmen.

381a) Wir können in diesem Punkte der Darstellung in *M. Borns* Buch, Die Relativitätstheorie Einsteins, Berlin 1920, p. 192 nicht beistimmen.

382) *G. Mie,* Grundlagen einer Theorie der Materie, Ann. d. Phys. 37 (1912), p. 511; 39 (1912), p. 1; 40 (1913), p. 1. Vgl. auch die Darstellung bei *M. Born,* Gött. Nachr., math.-phys. Kl. 1914, p. 23, wo die Analogie der Ableitung des Impuls-Energiesatzes aus dem Wirkungsprinzip der *Mie*schen Theorie zur Ableitung des Energiesatzes aus dem Hamiltonschen Prinzip in der gewöhnlichen Mechanik herausgearbeitet wird. Ferner *H. Weyl,* Raum — Zeit — Materie, 1. Aufl. 1918, § 25, p. 165; 3. Aufl. 1920, § 25, p. 175.

Nun bekommen aber diese Feldgesetze einen neuen physikalischen Inhalt durch folgenden entscheidenden Ansatz: *Die Vektoren H^{ik} und s^k sollen universelle Funktionen von F_{ik} und φ_i sein:*

(467a) $$H^{ik} = u_{ik}(F, \varphi), \quad s^k = v_k(F, \varphi).$$

Die ersten sechs Beziehungen unterscheiden sich von denen der phänomenologischen Elektrodynamik wesentlich dadurch, daß H^{ik} auch explizite von φ_i abhängt. In der *Mie*schen Theorie haben nicht nur Potentialdifferenzen, sondern auch der Absolutwert des Potentials eine reale Bedeutung. Die Gleichungen bleiben nicht unverändert, wenn man φ durch $\varphi +$ konst. ersetzt. Wir werden später sehen, daß aus diesem Umstand der *Mie*schen Theorie eine ernstliche Schwierigkeit erwächst. Die letzten vier Gleichungen (467a) sind für die Existenz und die Bewegungsgesetze der materiellen Teilchen (Elektron und H-Kern) wesentlich. In mehr oder weniger willkürlicher Weise nennt *Mie* φ_i und F_{ik} *Intensitätsgrößen*, s^k und H^{ik} *Quantitätsgrößen.*

Durch (467a) werden nicht weniger als zehn universelle Funktionen in die Theorie eingeführt. Hier bringt jedoch das Energieprinzip, wie *Mie* gefunden hat, eine große Vereinfachung mit sich, indem es gestattet, die zehn unbekannten universellen Funktionen auf eine einzige zu reduzieren. Es zeigt sich nämlich, daß aus (206) und (467) nur dann eine Gleichung von der Form

$$\frac{\partial W}{\partial t} + \operatorname{div} \mathfrak{S} = 0 \quad (W = \text{Energiedichte}, \ \mathfrak{S} = \text{Energiestrom})$$

gefolgert werden kann, wenn eine Invariante $L(F, \varphi)$ (zunächst relativ zur Lorentz-Gruppe) existiert, aus der H^{ik} und s^i durch Differentiation abgeleitet werden können:

(468) $$H^{ik} = \frac{\partial L}{\partial F_{ik}}, \quad s^i = -\frac{1}{2}\frac{\partial L}{\partial \varphi_i},$$

so daß also gilt:

(468a) $$\delta L = H^{ik}\delta F_{ik} - 2 s^i \delta \varphi_i.$$

Eine einfache Rechnung zeigt dann, daß die Gleichungen (467) aus dem Wirkungsprinzip

(469) $$\delta \int L \, d\Sigma = 0$$

folgen, wenn die Variation die Bedingung erfüllt, daß die Beziehungen (206) auch für das variierte Feld gültig bleiben.

Über die Invariante L, die oft auch Weltfunktion genannt wird, lassen sich einige allgemeine Aussagen machen. Zunächst sind die einzigen voneinander unabhängigen Invarianten, die sich aus dem Flächentensor F_{ik} und dem Vektor φ_i bilden lassen, diese:

1. Das Quadrat des Flächentensors F_{ik}: $\frac{1}{2}F_{ik}F^{ik}$.
2. Das Quadrat des Vektors φ_i: $\varphi_i\varphi^i$.
3. Das Quadrat des Vektors $F_{ik}\varphi^k$: $F_{ir}\varphi_s F^{is}\varphi^r$.
4. Das Quadrat des Vektors $F^*_{ik}\varphi^k$ oder, was dasselbe ist, des Raumtensors $F_{ik}\varphi_l + F_{kl}\varphi_i + F_{li}\varphi_k$.

L muß also eine Funktion dieser vier Invarianten sein. Wird L gleich der ersten der genannten Invarianten, so degenerieren die Feldgleichungen der *Mie*schen Theorie in die gewöhnlichen Gleichungen der Elektronentheorie für den ladungsfreien Raum. *Es wird also L nur innerhalb der materiellen Teilchen von $\frac{1}{2}F_{ik}F^{ik}$ merklich verschieden sein können.* Weitere Aussagen lassen sich über die Weltfunktion L nicht machen. Es gelingt nicht, die Möglichkeiten so weit einzuschränken, daß man mit Notwendigkeit auf eine ganz bestimmte Weltfunktion geführt wird, vielmehr bleibt noch eine unendliche Mannigfaltigkeit von Möglichkeiten übrig.

Wir müssen nun noch den Impuls-Energietensor T_{ik} als Funktion der Feldgrößen ermitteln. Die zugehörigen Rechnungen vereinfachen sich nach *Hilbert*[383]) und *Weyl*[384]) außerordentlich, wenn man die *Mie*schen Feldgleichungen in einer der allgemeinen Relativitätstheorie angepaßten Form schreibt und dann die in Nr. 55 eingeführte Methode des Variierens der g_{ik} anwendet. Erst dann treten die formalen Zusammenhänge klar hervor. Wir haben dies durch die Schreibweise der vorangehenden Formeln schon vorbereitet und sind darin formal von *Mie* abgewichen, der sich in seinen Arbeiten von 1912 und 1913 natürlich auf den Boden der speziellen Relativitätstheorie stellte. Zunächst bleibt genau wie bei der gewöhnlichen Elektrodynamik in Nr. 54 das Gleichungssystem (203), (208) auch in einem beliebigen G-Feld bestehen, dagegen sind (197), (467) zu ersetzen durch

$$\frac{\partial \mathfrak{s}^i}{\partial x^i} = 0, \tag{197a}$$

$$\mathfrak{s}^i = \frac{\partial \mathfrak{H}^{ik}}{\partial x^k}. \tag{467b}$$

Wir bemerken mit *Weyl*, daß die „Quantitätsgrößen" jetzt als Tensor*dichten* (d. h. mit $\sqrt{-g}$ multipliziert) auftreten, während die „Intensitätsgrößen" gewöhnliche Tensoren bleiben. Die Beziehungen (468), (468a) und das Hamiltonsche Prinzip (469) bleiben ebenfalls bestehen, letzteres kann natürlich auch geschrieben werden

$$\delta\int \mathfrak{L}\, dx = 0. \tag{469a}$$

383) *D. Hilbert*, Grundlagen der Physik I, l. c. Anm. 99).

384) *H. Weyl*, Raum — Zeit — Materie, 1. Aufl. 1918, p. 184f.; 3. Aufl. (1920), p. 199.

Um den Energietensor T_{ik} zu finden, brauchen wir nur die Variation der Wirkungsfunktion bei Variation des G-Feldes zu bestimmen. Da hier L von den Ableitungen der g_{ik} unabhängig ist, muß bei konstant gehaltenem elektromagnetischen Feld einfach gelten

$$\delta \mathfrak{L} = \mathfrak{T}_{ik} \delta g^{ik},$$

also

$$T_{ik} = \frac{\partial L}{\partial g^{ik}} - \frac{1}{2} L g_{ik}, \quad T_i^k = \frac{\partial L}{\partial g^{ik}} g^{kr} - \frac{1}{2} L \delta_i^k. \tag{470}$$

Setzt man andererseits in den aus (468a) resultierenden allgemeinen Ausdruck

$$\delta L = \frac{\partial L}{\partial g^{ik}} \delta g^{ik} + H^{ik} \delta F_{ik} - 2 s^i \delta \varphi_i$$

speziell eine solche Variation der Feldgrößen, die einer infinitesimalen Koordinatentransformation entspringt, so wie sie durch (163), (164) gegeben wird, so muß δL identisch verschwinden. D. h. es muß gelten

$$2 \frac{\partial \xi^i}{\partial x^k} \left(\frac{\partial L}{\partial g^{ir}} g^{rk} - H^{kr} F_{ir} + s^k \varphi_i \right) \equiv 0,$$

was nur möglich ist, wenn die Klammer selbst identisch verschwindet. Setzt man endlich den hieraus folgenden Wert für $\frac{\partial L}{\partial g^{ik}} g^{rk}$ in (470) ein, so erhält man

$$T_i^k = H^{kr} F_{ir} - s^k \varphi_i - \tfrac{1}{2} L \delta_i^k. \tag{470}$$

Aus der Ableitung geht hervor, daß die zughörigen kovarianten Komponenten T_{ik} symmetrisch sind. Ferner können wir auf Grund der Ergebnisse der Nr. 55 ohne weiteres sagen, daß der Impulsenergiesatz, der bei Abwesenheit von Gravitationsfeldern die Form

$$\frac{\partial T_i^k}{\partial x_k} = 0 \tag{341}$$

und in Gravitationsfeldern die Form

$$\frac{\partial \mathfrak{T}_i^k}{\partial x^k} - \frac{1}{2} \mathfrak{T}^{rs} \frac{\partial g_{rs}}{\partial x^i} = 0 \tag{341a}$$

annimmt, eine Folge der Feldgleichungen ist. Der Ausdruck (470) für den Impuls-Energietensor ist identisch mit demjenigen, zu dem bereits *Mie* durch direkte Ausrechnung gelangt war.

Wir wenden uns nun wieder zur Frage nach dem Bewegungsgesetz und der Existenzmöglichkeit von materiellen Teilchen. In der gewöhnlichen Elektrodynamik ist die elektrische Feldstärke definiert als die auf die (ruhende) Ladung wirkende Kraft. Diese einfache Bedeutung der Feldstärke ist in der Mieschen Theorie im Innern der materiellen Teilchen nicht mehr vorhanden, vielmehr ist ja die ponderomotorische Kraft überall stets gleich Null. Dennoch bleibt die praktische Bedeutung der Gesamtladung des Teilchens bestehen. Betrachten wir nämlich ein elektrisches Elementarteilchen, das sich in einem äußeren Feld befindet. Für diesen Fall folgt aus (341) für $i = 1, 2, 3$:

$$\frac{d}{dx^4}\int T_i^4\, dx^1\, dx^2\, dx^3 = -\int (T_i^k \mathfrak{n}_k)\, d\sigma \qquad (k = 1, 2, 3)$$

($\mathfrak{n}_k$ = Einheitsvektor in Richtung der Flächennormale.)

Hierin erstrecken wir das zweite Integral über eine hinreichend vom materiellen Teilchen entfernte Fläche. Da auf ihr die gewöhnliche Elektrodynamik gilt, hat das Oberflächenintegral den gleichen Wert wie in dieser, d. h. es stellt die Lorentzsche Kraft dar. Wir haben hiermit nach dem Vorgang von *Mie* eine elektrodynamische Begründung des Bewegungsgesetzes (210) für das Elektron gegeben. Zugleich sehen wir, daß die Ruhmasse m_0 des materiellen Teilchens gemäß dem Satz der Trägheit der Energie sich bestimmt aus

$$(471) \qquad m_0 = \frac{E_0}{c^2} = -\int T_4^4\, dx^1\, dx^2\, dx^3.$$

Für T_4^4 ist der aus (470) resultierende Ausdruck einzusetzen.

Mie setzt das Feld des ruhenden Elektrons statisch und kugelsymmetrisch an. Letztere Annahme ist zwar, wie in der vorigen Nr. erläutert wurde, durch unser tatsächliches Wissen allein nicht gerechtfertigt, empfiehlt sich aber doch wegen ihrer Einfachheit. Man hat dann diejenigen Lösungen der Feldgleichungen aufzusuchen, die überall — sowohl für $r = 0$, als auch für $r = \infty$ — regulär sind. Von derjenigen Weltfunktion, die der Wirklichkeit entspricht, hat man zu fordern, daß sie für jede Elektrizitätsart eine und nur eine solche Lösung ergibt. *Es ist bisher nicht gelungen, eine Weltfunktion zu finden, die diese Forderung erfüllt.* Die bisher diskutierten Ansätze für L führen vielmehr zu der der Erfahrung widersprechenden Folgerung, daß Elementarteilchen mit beliebigen Werten der Gesamtladung möglich sind. Man darf aber deshalb die Miesche Elektrodynamik noch nicht verwerfen, weil durchaus nicht nachgewiesen ist, ob es nicht doch eine Weltfunktion gibt, die mit der Existenz *bestimmter* Elementarteilchen im Einklang ist.

Eine viel ernstere Schwierigkeit scheint uns in folgendem bereits von *Mie* bemerkten Umstand zu liegen. Wenn wir eine Lösung für das elektrostatische Potential φ eines materiellen Teilchens von der verlangten Art gefunden haben, so wird $\varphi +$ konst. nicht wieder eine Lösung sein, weil in die Feldgesetze der Mieschen Theorie der Absolutwert des Potentiales eingeht. *Das materielle Teilchen wird also in einem konstanten äußeren Potentialfeld nicht existenzfähig sein.* Es scheint uns dies ein sehr schwerwiegender Einwand gegen die Miesche

Theorie zu sein. Bei den in den folgenden Nrn. zu besprechenden Theorien tritt eine derartige Schwierigkeit nicht auf.

Es muß noch ein Versuch von *Weyl* erwähnt werden, die Asymmetrie der beiden Elektrizitätsarten auf Grund der Mieschen Theorie verständlich zu machen. Ist die Weltfunktion L keine rationale Funktion von $\sqrt{\varphi_i \varphi^i}$, so kann man

$$\text{für} \quad \varphi_i \varphi^i > 0, \qquad L = \tfrac{1}{2} F_{ik} F^{ik} + w(+\sqrt{\varphi_i \varphi^i})$$

und

$$\text{für} \quad \varphi_i \varphi^i < 0, \qquad L = \tfrac{1}{2} F_{ik} F^{ik} + w(-\sqrt{\varphi_i \varphi^i})$$

setzen. w bedeutet darin irgendeine nicht gerade Funktion. Die Feldgleichungen bleiben dann im statischen Fall bei Vertauschung von φ mit $-\varphi$ (positiver und negativer Elektrizität) nicht invariant. Allgemein ist die Möglichkeit vorhanden, wenn L eine *mehrdeutige* Funktion der 4 oben erwähnten Fundamentalinvarianten ist, für die positive Elektrizität den einen, für die negative den anderen eindeutigen Zweig dieser Funktion als Weltfunktion zu wählen. Wir kommen in Nr. 67 auf diese Möglichkeit zurück.

65. Die Theorie von Weyl. In einer Reihe von Arbeiten[385]) hat *Weyl* eine überaus tiefgehende, auf einer Verallgemeinerung der Riemannschen Geometrie basierende Theorie entwickelt, die beansprucht, alles physikalische Geschehen auf Gravitation und Elektromagnetismus und diese Erscheinungen selbst wieder auf die Weltmetrik zurückzuführen. Ihre Grundlagen und bisherigen Ergebnisse mögen an *dieser* Stelle besprochen werden, weil die Theorie auch über die Natur der materiellen Teilchen bestimmte Aussagen macht.

a) *Reine Infinitesimalgeometrie. Eichinvarianz.* Der Übergang der euklidischen Geometrie zur Riemannschen wird nach Abschn. II dadurch vollzogen, daß die Übertragung der *Richtung* eines Vektors vom Punkt P zum Punkt P' nicht mehr als vom Zwischenweg unabhängig angenommen wird. *Weyl* geht nun noch einen Schritt weiter, indem er auch eine entsprechende Abhängigkeit der Längenübertragung zuläßt. Es ist dann nur mehr möglich, *an einem und demselben Weltpunkt* gemessene Längen miteinander zu vergleichen, nicht aber solche in verschiedenen Weltpunkten. Dem entspricht es, daß nur mehr die Verhältnisse der g_{ik} zu einander durch Messungen ermittelbar sind, nicht diese Größen selbst. Legen wir zunächst die Absolutwerte der g_{ik} irgendwie *willkürlich* (in stetiger Weise) fest und definieren

$$ds^2 = g_{ik}\, dx^i dx^k$$

---

385) *H. Weyl*, Berl. Ber. 1918, p. 465; Math. Ztschr. 2 (1918), p. 384; Ann. d. Phys. 59 (1919), p. 101; Raum—Zeit—Materie, 3. Aufl. (1920), II. Kap. und IV. Kap. § 34 u. 35, p. 242 ff.; Phys. Ztschr.

als das Längenquadrat eines Maßstabes, wenn dx^i die Koordinatendifferenzen seiner Enden sind. (Wir sprechen hier und im folgenden der Kürze halber von der Länge eines Maßstabes, natürlich gilt aber im Fall eines zeitartigen Linienelementes das gleiche für die Periode einer Uhr.) Verschiebt man dann den Maßstab längs einer bestimmten Kurve $x^i = x^i(t)$ vom Punkt $P'(t)$ zum Punkt $P'(t + dt)$, so wird sich das Längenquadrat $ds^2 = l$ dabei verändern, und zwar wollen wir axiomatisch annehmen, daß es sich immer um einen bebestimmten Bruchteil von l ändern wird:

(472) $$\frac{dl}{dt} = -l\frac{d\varphi}{dt},$$

wo φ eine bestimmte Funktion von t ist, die nicht mehr von l abhängt. Als zweites Axiom führen wir ein, daß $\frac{d\varphi}{dt}$ nur von den ersten Differentialquotienten $\frac{dx^i}{dt}$ der Koordinaten abhängt. Da ferner die Gleichung (472) für eine beliebige Wahl des Parameters t gültig sein muß, *muß* $\frac{d\varphi}{dt}$ *eine homogene Funktion ersten Grades der* $\frac{dx^i}{dt}$ *sein.* Wir können diese Funktion weiter spezialisieren, wenn wir den in Nr. **14** erläuterten Begriff der Parallelverschiebung in unsere Betrachtungen mit einbeziehen. Dieser Begriff wurde dort durch zwei Forderungen festgelegt, von denen die eine die Unveränderlichkeit der Komponenten eines Vektors bei *infinitesimaler* Parallelverschiebung *in einem passend gewählten Bezugssystem* ausspricht, während die zweite die Unveränderlichkeit der Länge eines Vektors bei der Parallelverschiebung zum Ausdruck bringt. Die erste Annahme können wir unverändert beibehalten; sie führt zum Ausdruck (64) für die Änderung der Vektorkomponenten:

(64) $$\frac{d\xi^i}{dt} = -\Gamma^i_{rs}\frac{dx^s}{dt}\xi^r$$

mit

(65) $$\Gamma^i_{rs} = \Gamma^i_{sr}.$$

Die zweite Annahme aber verliert hier offenbar ihren Sinn, weil zwei Vektoren in verschiedenen Punkten der Länge nach nicht mehr verglichen werden können. Sie ist vielmehr zu ersetzen durch die Forderung, daß sich bei Parallelverschiebung die Länge gemäß (472) verändern soll:

(473) $$\frac{d}{dt}(g_{ik}\xi^i\xi^k) = \frac{d}{dt}(\xi_i\xi^i) = -g_{ik}\xi^i\xi^k\frac{d\varphi}{dt}.$$

Setzt man (64) ein, so folgt zunächst, daß $\frac{d\varphi}{dt}$ eine Linearform der $\frac{dx^i}{dt}$ sein muß:

(474) $$d\varphi = \varphi_i dx^i.$$

Nur dann ist also eine Parallelverschiebung möglich. Weiter ergibt sich mit

(66) $$\Gamma_{i,rs} = g_{ik}\Gamma^k_{rs}, \quad \Gamma^i_{rs} = g^{ik}\Gamma_{k,rs},$$

(475) $$\frac{\partial g_{ir}}{\partial x^s} + g_{ir}\varphi_s = \Gamma_{r,is} + \Gamma_{r,is}.$$

Die geodätischen Komponenten der Weylschen Geometrie sind also von denen der Riemannschen verschieden. Wir wollen immer die Ausdrücke der letzteren, die im Fall $\varphi_i = 0$ aus ersteren hervorgehen, durch einen Stern kennzeichnen. Sind also $\Gamma^*_{i,rs}$ die Größen (69), so ist

(476) $$\Gamma_{i,rs} = \Gamma^*_{i,rs} + \tfrac{1}{2}(g_{ir}\varphi_s + g_{is}\varphi_r - g_{rs}\varphi_i).$$

Wir hatten die Absolutwerte der g_{ik} vollständig willkürlich festgelegt. Statt des Wertesystems g_{ik} hätten wir ebenso gut ein Wertesystem λg_{ik} verwenden können, wo λ eine beliebige Ortsfunktion ist. Alle Längenelemente wären dann mit λ zu multiplizieren, und nach (472) hätten wir statt φ_i das Wertesystem $\varphi_i - \frac{\partial \log \lambda}{\partial x^i} = \varphi_i - \frac{1}{\lambda}\frac{\partial \lambda}{\partial x^i}$ gefunden. Das Festlegen des Faktors λ, **der Eichung**, in der Geometrie von *Weyl* ist nun der Wahl der Koordinaten in der Riemannschen Geometrie durchaus an die Seite zu stellen. *So wie wir dort die Invarianz aller geometrischen Beziehungen und physikalischen Gesetze gegenüber beliebigen Koordinatentransformationen gefordert haben, müssen wir hier außerdem noch ihre Invarianz gegenüber den Substitutionen*

(477) $$\bar{g}_{ik} = \lambda g_{ik}, \quad \bar{\varphi}_i = \varphi_i - \frac{1}{\lambda}\frac{\partial \lambda}{\partial x^i},$$

d. i. Abänderungen der Eichung fordern (Eichinvarianz).

b) *Elektromagnetisches Feld und Weltmetrik.* Aus (472) folgt durch Integration

$$\log l \Big|_P^{P'} = -\int_P^{P'} \varphi_i\, dx^i,$$

(478) $$l_{P'} = l_P\, e^{\int_P^{P'} \varphi_i\, dx^i}.$$

Ist die Linearform $\varphi_i dx^i$ ein vollständiges Differential, so ist die Länge eines Vektors, vom Weg, auf dem er transportiert wird, unabhängig, und wir kommen auf den Riemannschen Fall zurück. Die notwendige und hinreichende Bedingung dafür ist das Verschwinden der Ausdrücke

(479) $$F_{ik} = \frac{\partial \varphi_k}{\partial x^i} - \frac{\partial \varphi_i}{\partial x^k}.$$

In der Tat läßt sich in diesem Fall nach (477) der Vektor φ_i durch passende Wahl der Eichung stets vollständig zum Verschwinden bringen.

Im allgemeinen Fall werden jedoch die Größen F_{ik} von Null verschieden sein. Sie bilden dann die kovarianten Komponenten eines Flächentensors, die überdies bei Änderungen der Eichung nach (477) unverändert bleiben. Sie genügen ferner den Gleichungen

$$\frac{\partial F_{ik}}{\partial x^l} + \frac{\partial F_{li}}{\partial x^k} + \frac{\partial F_{kl}}{\partial x^i} = 0, \tag{480}$$

die eine Folge von (479) sind. Man sieht, daß die Beziehungen (479), (480) vollständig gleichlauten mit den Gleichungen (206), (203) der Elektronentheorie. Die Analogie geht aber noch weiter. Wenn man (entgegen den Annahmen der *Mie*schen Theorie) der Ansicht ist, daß die elektromagnetischen Erscheinungen primär nur durch den örtlichen und zeitlichen Wechsel der Feldstärken bedingt werden, die Potentiale dagegen nur die Bedeutung von mathematischen Hilfsgrößen haben, so sind alle Potentialwerte φ_i, die zu den gleichen Feldstärken F_{ik} führen, physikalisch vollkommen gleichwertig, so daß in ersteren ein Gradient $\frac{\partial \psi}{\partial x^i}$ unbestimmt bleibt. Genau das gleiche gilt aber, wie wir gesehen haben, für den metrischen Vektor φ_i. Dies führt dazu, mit *Weyl* beide Größenreihen φ_i, F_{ik} zu identifizieren: *Der metrische Vektor φ_i, der nach* (478) *das Verhalten der Längen bestimmt, soll (bis auf einen numerischen Faktor) mit dem elektromagnetischen Viererpotential identisch sein.* So wie in der Einsteinschen Theorie die Gravitationswirkungen mit dem Verhalten von Maßstäben und Uhren innig verknüpft sind, derart, daß jene aus diesem eindeutig folgen, gilt in der Weylschen Theorie für die elektromagnetischen Wirkungen das gleiche. In dem angegebenen Sinne erscheinen Gravitation und Elektrizität in dieser Theorie beide als Ausfluß der Weltmetrik.

Diese Auffassung muß *Weyl* jedoch nachträglich modifizieren. Die Grundannahmen der Theorie führen nämlich in dieser Gestalt, wie *Einstein*[386]) betont hat, zunächst zu Folgerungen, welche der Erfahrung zu widersprechen scheinen. Denken wir uns ein elektrostatisches Feld verbunden mit einem statischen G-Feld. Die räumlichen Komponenten φ_i $(i = 1, 2, 3)$ verschwinden dann, und die zeitliche Komponente $\varphi_4 = \varphi$ sowie die g_{ik} sind von der Zeit unabhängig. Die Eichung ist dadurch bis auf einen *konstanten* Faktor festgelegt. Wenden wir die Beziehung (478) auf die Periode τ von ruhenden Uhren an, so folgt sofort

$$\tau = \tau_0 \, e^{\alpha \varphi t}, \tag{481}$$

wo α ein Proportionalitätsfaktor ist. Der Sinn dieser Gleichung ist

386) *A. Einstein,* Berl. Ber. 1918, p. 478, mit der nachfolgenden Erwiderung *Weyls.*

dieser. Es mögen sich zuerst zwei gleich beschaffene Uhren U_1, U_2 mit gleicher Ganggeschwindigkeit an der Stelle P_1 mit dem elektrostatischen Potential φ_1 befinden. Die Uhr U_2 möge dann t sec. lang an eine Stelle P_2 mit dem Potential φ_2 und dann wieder nach P_1 zurückgebracht werden. Das Resultat wird sein, daß die Ganggeschwindigkeit der Uhr U_2 gegenüber der von U_1 um den Faktor $e^{-\alpha(\varphi_2-\varphi_1)t}$ vergrößert bzw. verkleinert sein wird (je nach dem Vorzeichen von α und von $\varphi_2 - \varphi_1$). Insbesondere müßte sich dieser Effekt bei den Spektrallinien einer bestimmten Substanz zeigen, und es könnte überhaupt nicht Spektrallinien von bestimmter Frequenz geben. Denn wenn auch α noch so klein ist, so würden nach (481) die Unterschiede im Laufe der Zeit beliebig anwachsen. Demgegenüber nimmt *Weyl* jetzt folgenden Standpunkt ein. *Der ideelle Prozeß der kongruenten Verpflanzung von Weltstrecken, wie er durch* (472) *festgelegt wird, hat nichts zu tun mit dem realen Verhalten von Maßstäben und Uhren; das metrische Feld darf nicht direkt durch die diesen Meßinstrumenten entnommenen Angaben definiert werden.* Die Größen g_{ik} und φ_i sind dann im Gegensatz zum Linienelement ds^2 der Einsteinschen Theorie prinzipiell nicht mehr durch direkte Beobachtungen ermittelbar. Dieser Verzicht erscheint sehr schwerwiegend. Wenn jetzt auch kein direkter Widerspruch zur Erfahrung vorhanden ist, so scheint die Theorie dadurch doch vom physikalischen Standpunkt aus ihrer inneren Überzeugungskraft beraubt.[387]) So ist jetzt z. B. der Zusammenhang zwischen Elektromagnetismus und Weltmetrik kein eigentlich physikalischer, sondern ein rein formaler. Denn es besteht gar kein unmittelbarer Zusammenhang mehr zwischen den elektromagnetischen Erscheinungen und dem Verhalten von Maßstäben und Uhren, sondern nur mehr ein Zusammenhang zwischen jenen und dem durch mathematische Definition als kongruente Vektorverpflanzung bezeichneten ideellen Prozeß. Übrigens lassen sich ja für einen Zusammenhang zwischen Weltmetrik und Elektrizität nur formale, keine physikalischen Gründe geltend machen, ganz im Gegensatz zu dem Zusammenhang zwischen Weltmetrik und Gravitation, welcher in der Gleichheit von schwerer und träger Masse eine kräftige empirische Stütze findet und eine zwingende Konsequenz des Äquivalenzprinzips und der speziellen Relativitätstheorie ist.

c) *Der Tensorkalkül in Weyls Geometrie.* Bevor wir zur Aufstellung der Feldgesetze schreiten, müssen wir noch die formalen Regeln zur Aufstellung eichinvarianter Gleichungen kurz darlegen.

387) *A. Einstein* glaubt, daß die Theorie auch in dieser Fassung der Wirklichkeit gegenüber nicht standhalten wird (Phys. Ztschr. 21 (1920), p. 651, ferner „Äther und Relativitätstheorie", Berlin 1920; Rede gehalten in Leiden.)

Es ist klar, daß in der Weylschen Theorie der Tensorbegriff so modifiziert werden muß, daß ein Gleichungssystem, welches das Verschwinden aller Komponenten eines Tensors ausdrückt, nicht nur bei beliebiger Änderung der Koordinaten, sondern auch bei beliebiger Änderung der Eichung nach (477) invariant bleibt. Und zwar erweist es sich als zweckmäßig, nur diejenigen Größen Tensoren zu nennen, die sich bei einer Transformation (477) bloß mit einer Potenz λ^e von λ multiplizieren; e heißt das Gewicht des Tensors. So ist g_{ik} vom Gewicht 1, g^{ik} vom Gewicht -1, $\sqrt{-g}$ in einer vierdimensionalen Welt vom Gewicht 2, Γ^r_{ik} ist nach (64) oder (476) *absolut* eichinvariant, d. h. vom Gewicht 0.

Alle diejenigen Operationen, die allein auf dem Begriff der Parallelverschiebung fußen, lassen sich naturgemäß sofort auf die Weylsche Geometrie übertragen, nur muß man für die Γ^r_{ik} statt der Ausdrücke (66), (69) die Ausdrücke (66), (476) setzen. So lassen sich auch hier geodätische Linien definieren durch die Forderung, daß ihre Tangenten stets sich selbst parallel bleiben sollen; sie genügen wieder den Gleichungen (80). Die Gleichungen (77a) [$u_i u^i =$ konst.] sind jedoch nach (472), (474) zu ersetzen durch

$$\frac{d}{d\tau}(u_i u^i) = -(u_i u^i)(\varphi_k u^k).$$

Ist speziell an einer Stelle der geodätischen Linie $u_i u^i = 0$, so bleibt diese Beziehung dauernd bestehen. Hierauf beruht die Möglichkeit, geodätische Nullinien festzulegen. Die Eigenschaft der geodätischen Linien, zugleich die kürzesten zu sein, fällt in der Weylschen Geometrie weg, weil der Begriff der Kurvenlänge hier sinnlos wird. Wie in Nr. **16** gelangt man ferner durch Parallelverschieben eines Vektors längs einer geschlossenen Kurve zum Krümmungstensor

$$R^h_{ijk} = \frac{\partial \Gamma^h_{ij}}{\partial x^k} - \frac{\partial \Gamma^h_{ik}}{\partial x^j} + \Gamma^h_{k\alpha}\Gamma^\alpha_{ij} - \Gamma^h_{j\alpha}\Gamma^\alpha_{ik}. \tag{86}$$

Die hier angeschriebenen Komponenten sind vom Gewicht 0, die Komponenten R_{hijk} infolgedessen vom Gewicht 1. Die Symmetrieverhältnisse bei diesem Krümmungstensor sind jedoch andere als die beim Riemannschen, die durch (92) bestimmt sind. *Weyl* hat dies noch näher ausgeführt und auch den Ausdruck (86) für den Krümmungstensor durch Einsetzen von (476) explizite ausgerechnet. Ebenso wie in Nr. **17** ergibt sich auch der verjüngte Krümmungstensor R_{ik} (94), dessen kovariante Komponenten das Gewicht Null haben, sowie die Invariante R (95) vom Gewicht -1. Schließlich bleiben alle Operationen der Nr. **19** und **20** auch in der Tensoranalysis der *Weyl*schen Theorie bestehen, wenn erstens die differenzierten Komponenten von Tensoren oder Tensordichten von Gewicht 0 sind und zweitens für die Größen Γ^r_{ik} wie oben die durch (66) und (476) bestimmten Ausdrücke genommen werden. Man wird bemerken, daß es zum Beweis der meisten angeführten Sätze vollständig ausreicht zu wissen, daß mit Hilfe der Größen Γ^r_{ik} der Begriff der Parallelverschiebung gemäß (64) in invarianter Weise festgelegt wird, ohne daß der Zusammenhang mit den metrischen Größen g_{ik}, φ_i bekannt zu sein braucht. In den letzten Darstellungen seiner Theorie hat *Weyl* diesen Umstand stark betont, indem er den Aufbau der Geometrie in drei Stufen vollzieht. In der ersten werden diejenigen Sätze entwickelt, die in einer beliebigen Mannigfaltigkeit gelten, in der zweiten die auf dem Begriff der Parallelverschiebung („affiner Zusammenhang" nach *Weyl*) fußenden Beziehungen und endlich in der dritten die Folgerungen aus der Existenz der beiden metrischen Fundamentalformen: der quadratischen $g_{ik}\,dx^i\,dx^k$ (Gravitation) und der linearen $\varphi_i\,dx^i$ (Elektrizität). Die Verknüpfung dieser beiden in den früheren Theorien getrennten Erscheinungsgebiete kommt auch formal dadurch zum Ausdruck, daß die g_{ik} und φ_i in den geodätischen Komponenten Γ^r_{ik} und somit auch in den meisten anderen eichinvarianten Gleichungen beide gleichzeitig vorkommen.

Von besonderer Wichtigkeit für die physikalischen Anwendungen sind die Modifikationen und Erweiterungen, welche die in Nr. 23 angestellten Überlegungen über infinitesimale Koordinatentransformationen und Integralinvarianten in der *Weyl*schen Theorie erfahren. Zunächst treten neben die infinitesimalen Koordinatentransformationen als gleichberechtigt die infinitesimalen Änderungen der Eichung. Für diese gilt nach (477) mit $\lambda = 1 + \varepsilon\pi(x)$:

(482) $$\delta g_{ik} = \varepsilon\pi g_{ik} \quad (\delta g^{ik} = -\varepsilon\pi g^{ik}), \qquad \delta\varphi_i = -\varepsilon\frac{\partial\pi}{\partial x^i}.$$

Sodann führen in der Weylschen Theorie offensichtlich nur skalare Dichten $\mathfrak{W}$ vom Gewicht Null zu Integralinvarianten $\int\mathfrak{W}\,dx$. Die zugehörigen Skalare sind dann wegen des Faktors $\sqrt{-g}$ in einer vierdimensionalen Welt vom Gewicht -2. Skalare von dieser Art werden deshalb im folgenden eine wichtige Rolle spielen. Unter ihnen gibt es vier, die rational aus den Komponenten des Krümmungstensors gebildet sind:

(483) $$\tfrac{1}{2}F_{ik}F^{ik}, \quad R_{hijk}R^{hijk}, \quad R_{ik}R^{ik}, \quad R^2.$$ [388])

388) Daß die angegebenen Invarianten die einzigen dieser Art sind, beweist *R. Weitzenböck*, Wien. Ber. math.-nat. Kl., IIa, 129 (1920).

Die im Wirkungsprinzip der Einsteinschen Theorie auftretende Invariante R ist dagegen vom Gewicht -1. *Weyl* hebt hervor, daß durch den Umstand, daß die zu (483) gehörenden skalaren Dichten das Gewicht 0 haben, eine vierdimensionale Welt vor einer metrischen Mannigfaltigkeit von anderer Dimensionszahl ausgezeichnet ist. In der Tat ließen sich in letzteren keine skalaren Dichten mit dem Gewicht 0 von so einfachem Bau konstruieren.

d) *Feldgesetze und Wirkungsprinzip. Physikalische Folgerungen.* Wir müssen nun die eichinvarianten Naturgesetze aufsuchen. Nach *Weyl* müssen sich alle Vorgänge auf elektromagnetische und Gravitationswirkungen zurückführen lassen. Es sind also die 14 unabhängigen Zustandsgrößen φ_i, g_{ik} vorhanden. Da aber zur Invarianz gegenüber Koordinatentransformationen noch die Eichinvarianz hinzukommt, müssen in der allgemeinen Lösung der Feldgleichungen jetzt 5 statt 4 willkürliche Funktionen vorkommen, weshalb auch zwischen den 14 Feldgleichungen 5 Identitäten bestehen müssen. Wir werden sehen, daß analog wie in der Einsteinschen Theorie die 4 Identitäten den Impuls-Energiesatz aussprechen, hier die 5. Identität den Satz von der Erhaltung der Ladung ausspricht.

Man wird zunächst versuchen, die Maxwell-Lorentzschen Gleichungen beizubehalten und auch den Energietensor der Materie mit dem Maxwellschen zu identifizieren und in den Einsteinschen Gleichungen bloß den Krümmungstensor der Riemannschen Geometrie durch den der Weylschen Theorie zu ersetzen. Es zeigt sich jedoch, daß nur ersteres, nicht aber letzteres möglich ist. Untersuchen wir zuerst die Maxwellsche Theorie. Das erste System der Maxwellschen Gleichungen ist, wie schon bemerkt wurde, von Haus aus erfüllt. Da aber die Feldstärken F_{ik} vom Gewicht Null sind, gilt in einer vierdimensionalen Welt dasselbe von den kontravarianten Komponenten $\mathfrak{F}^{ik}$ der zugehörigen Tensordichte. Die Gleichungen

$$\frac{\partial \mathfrak{F}^{ik}}{\partial x^k} = \mathfrak{s}^i$$

sind deshalb eichinvariant: *Die Maxwellschen Gleichungen bleiben invariant, wenn man g_{ik} durch λg_{ik} ersetzt.* Der Satz von *Bateman*, daß die Maxwellschen Gleichungen gegenüber konformen Transformationen invariant sind (Nr. 28), ist hierin als Spezialfall enthalten. In der Tat führt eine solche Transformation die Normalwerte δ_i^k der g_{ik}, die in der speziellen Relativitätstheorie Geltung haben, in $\lambda\delta_{ik}$ über. Die Eichinvarianz der Maxwellschen Gleichungen hängt damit zusammen daß das Wirkungsintegral $J = \int \frac{1}{4} F_{ik} \mathfrak{F}^{ik} dx$, aus dem sie hervorgehen, selbst eichinvariant ist. — Wir wollen hier noch die Bemerkung einfügen, daß das in Nr. **30**, Gl. (223) als scheinbar zufällig erwähnte Verschwinden des Skalars des Maxwellschen Energietensors ebenfalls in der Eichinvarianz dieses Wirkungsintegrals seinen Grund hat. Die Variation desselben liefert nämlich nach Nr. **55** bei konstant gehaltenen F_{ik}:

$$\delta J = \int \mathfrak{S}_{ik} \delta g^{ik} dx.$$

Sucht man nun die Bedingung dafür, daß J bei der infinitesimalen Eichänderung $\lambda = 1 + \varepsilon\pi(x)$ unverändert bleibt, so folgt nach (482) direkt $\mathfrak{S}_i^i = 0$, w. z. b. w.[389]).

Ganz anders wie mit der Maxwellschen verhält es sich mit der Einsteinschen Theorie. Schon das Gesetz, daß die Weltlinien von Massenpunkten und Lichtstrahlen geodätisch sind, gilt in der Weylschen Theorie nicht allgemein. Der Massenpunkt bewegt sich nur bei Abwesenheit von elektromagnetischen Feldern auf einer geodätischen Weltlinie, und für den Lichtstrahl verliert die Gleichung der geodätischen Linie ihren Sinn, weil schon bei Abwesenheit von Gravitationsfeldern die Glieder, welche das Viererpotential φ_i enthalten, oszillierende Funktionen von der Periode des Lichtes in die Gleichung der geodätischen Linie hineinbringen. Nur die eichinvariante Gleichung

$$g_{ik} dx^i dx^k = 0$$

des Nullkegels bleibt für die Weltlinien der Lichtstrahlen zu Recht bestehen. Der Versuch, die *Feldgleichungen* der Einsteinschen Theorie für die Theorie von *Weyl* dadurch nutzbar zu machen, daß man an Stelle der Riemannschen Krümmungsgrößen die allgemeineren Weylschen setzt, scheitert endlich daran, daß in der Gleichung

$$G_{ik} = - \varkappa T_{ik}$$

---

389) Da nämlich J die φ_i nur in Gestalt der eichinvarianten F_{ik} enthält, brauchen wir hier die φ_i nicht zu variieren. — Dieser Zusammenhang läßt eine interessante Anwendung auf die *Nordström*sche Gravitationstheorie zu. Da hier das Linienelement, wie in Nr. **56** erwähnt wurde, die Form

$$ds^2 = \Phi \sum_i (dx^i)^2$$

annimmt, folgt zunächst aus der Eichinvarianz der Maxwellschen Gleichungen, daß diese in der *Nordström*schen Theorie auch in Gravitationsfeldern unverändert gültig bleiben, daß somit Gravitationsfelder elektromagnetische Vorgänge nicht beeinflussen (z. B. keine Krümmung der Lichtstrahlen). Umgekehrt erzeugt wegen des Verschwindens des Maxwellschen Energieskalars in der *Nordström*schen Theorie die elektromagnetische Energie keine Gravitationsfelder, da in die Feldgleichungen der Gravitation nur der Energieskalar eingeht. Nach Obigem hat auch dieser Umstand seinen formalen Grund in der Eichinvarianz der Maxwellschen Gleichungen.

die linke Seite vom Gewicht 0, die rechte vom Gewicht — 1 wäre; letzteres sieht man leicht am Beispiel des Maxwellschen Energietensors. Es liegt dies daran, daß das Wirkungsintegral $\int \mathfrak{R}\, dx$, aus dem die Einsteinschen Feldgleichungen hervorgehen, nicht eichinvariant ist, da der Integrand das Gewicht 1 statt 0 hat. Wenn man also am Prinzip der Eichinvarianz festhält, muß man die Einsteinschen Feldgleichungen verlassen. Die letzte Bemerkung deutet aber bereits auf den Weg hin, wie man zu eichinvarianten Feldgleichungen gelangen kann. Man hat ein Wirkungsprinzip

(484) $$\delta \int \mathfrak{W}\, dx = 0$$

aufzustellen, in dem das Integral auch gegenüber Abweichungen der Eichung invariant ist. Ist allgemein bei Variieren von φ_i und g_{ik}, falls die Variationen am Rand verschwinden:

(485) $$\delta \int \mathfrak{W}\, dx = \int (\mathfrak{w}^i \delta \varphi_i + \mathfrak{W}^{ik} \delta g_{ik})\, dx,$$

so sind

(486) $$\mathfrak{w}_i = 0, \quad \mathfrak{W}^{ik} = 0$$

die Naturgesetze. Indem man die Bedingungen dafür aufsucht, daß das $\int \mathfrak{W}\, dx$ gegenüber infinitesimalen Koordinatentransformationen und infinitesimalen Änderungen der Eichung invariant ist, erhält man 5 Identitäten zwischen diesen 14 Gleichungen, sowie es oben aus Gründen der Kausalität gefordert wurde, nämlich:

(487) $$\frac{\partial \mathfrak{w}^i}{\partial x^i} + \mathfrak{W}_i^i \equiv 0$$

(488) $$\frac{\partial \mathfrak{W}_i^k}{\partial x^k} - \Gamma_{si}^r \mathfrak{W}_r^s + \tfrac{1}{2} F_{ik} \mathfrak{w}^k \equiv 0.$$

Ferner folgt aus der Betrachtung von solchen Variationen des Wirkungsintegrals, die am Rande nicht verschwinden, die Möglichkeit, aus der Wirkungsinvariante in bestimmter Weise eine Vektordichte $\mathfrak{s}^i$ und die Dichte eines *Affin*tensors $\mathfrak{S}_i^k$ zu konstruieren, welche die Beziehungen

(489) $$\frac{\partial \mathfrak{s}^i}{\partial x^i} \equiv \frac{\partial \mathfrak{w}^i}{\partial x^i} \quad \text{und} \quad \frac{\partial \mathfrak{S}_i^k}{\partial x^k} \equiv \frac{\partial \mathfrak{W}_i^k}{\partial x^k}$$

identisch erfüllen, ohne selbst zufolge der Naturgesetze zu verschwinden. *Weyl* bezeichnet deshalb $\mathfrak{s}^i$ als den Viererstrom, $\mathfrak{S}_i^k$ als Energiekomponenten. Wir sehen daraus: *Der Satz von der Erhaltung der Ladung tritt dem Satz von der Erhaltung der Energie in der Weylschen Theorie als formal durchaus gleichberechtigt an die Seite. Beide Sätze folgen auf doppelte Weise aus den Naturgesetzen, was die notwendigen*

5 *Identitäten zwischen denselben liefert.* Die Komponenten der Totalenergie, die auch schon in der Einsteinschen Theorie nur einen Affintensor bilden, d. h. nur gegenüber *linearen* Transformationen kovariant sind, können jetzt nicht mehr in einen von der Gravitation und einen von der eigentlichen Materie herrührenden Anteil zerlegt werden; einen Impuls-Energietensor $\mathfrak{T}_i^k$ der Materie gibt es hier also überhaupt nicht mehr. Man muß zugeben, daß das Wirkungsprinzip diese Zusammenhänge in überaus einfacher und übersichtlicher Weise erkennen läßt. Wir möchten jedoch hinzufügen, daß es vom physikalischen Standpunkt durchaus nicht selbstverständlich ist, daß sich die Naturgesetze aus einem Variationsprinzip ableiten lassen. Vielmehr scheint es naturgemäßer, die Naturgesetze aus rein physikalischen Forderungen abzuleiten, so wie es für die Einsteinsche Theorie in Nr. **56** geschehen ist.

Um weitere Folgerungen ziehen zu können, muß man nun spezielle Ansätze für die Wirkungsfunktion machen. Die Zahl der Möglichkeiten ist hier zwar nicht so groß wie in der Theorie von *Mie.* Während dort nämlich aus irgendwelchen Invarianten $J_1, J_2, \ldots$ durch eine *beliebige* Funktion $f(J_1, J_2, \ldots)$ eine neue Invariante abgeleitet werden konnte, ist dies hier nicht mehr der Fall, weil die Invarianten vom Gewicht -2 sein müssen, damit die zugehörigen skalaren Dichten das Gewicht 0 haben. Es führt deshalb höchstens eine *homogene* Funktion *ersten Grades* dieser Invarianten zu einer neuen zulässigen Wirkungsfunktion. Immerhin bleibt die Mannigfaltigkeit der zulässigen Wirkungsfunktionen noch ziemlich beträchtlich. Die nächstliegende Annahme ist die, daß die Wirkungsinvariante rational aus den Krümmungskomponenten gebildet sein soll. Nach dem, was unter c) gesagt wurde, muß sich dann die Wirkungsfunktion linear aus den Invarianten (483) zusammensetzen.[390]) Die Ausrechnung ergibt dann zunächst die *Gültigkeit der Maxwellschen Gleichungen*

$$\frac{\partial \mathfrak{F}^{ik}}{\partial x^k} = \mathfrak{s}^i, \tag{211'}$$

sodann den Ausdruck

$$s_i = k\left(\frac{\partial R}{\partial x^i} + R\varphi_i\right) \tag{490}$$

für den Viererstrom (R bedeutet die Krümmungsinvariante der *Weyl*schen Geometrie, k eine Konstante). Für den statischen Fall folgt daraus

$$R = \text{konst.} \tag{491}$$

Ist überhaupt Ladung vorhanden, so kann die const. nicht verschwin-

390) *H. Weyl* (Ann. d. Phys. **59** und Raum — Zeit — Materie, 3. Aufl., l. c. Anm. 385) hält es für wahrscheinlich, daß speziell die Annahme $W = \frac{1}{2} F_{ik} F^{ik} + c R_{hijk} R^{hijk}$ der Wirklichkeit entspricht.

den. Nimmt man überdies an, daß sie positiv ist, so *folgt die positive Krümmung des Raumes und somit die Geschlossenheit der Welt von selbst*, ohne daß es nötig ist, ein besonderes λ-Glied zu den Gravitationsgleichungen hinzuzunehmen. Es ist dies ein wesentlicher Vorzug der Weylschen Theorie. Was endlich die Gravitationsgleichungen anlangt, so sind sie auch für den Fall der Abwesenheit eines elektromagnetischen Feldes ($\varphi_i = 0$) mit den Einsteinschen Gleichungen nicht identisch, wie es nach den früheren Überlegungen zu erwarten war, auch sind sie von höherer als zweiter Ordnung. Es läßt sich jedoch zeigen, daß für den praktisch allein wichtigen Fall des statischen, kugelsymmetrischen Feldes im Außenraum eines „Massenpunktes", der für die Perihelbewegung des Merkur und die Krümmung der Lichtstrahlen maßgebend ist, das Gravitationsfeld (421) der Einsteinschen Theorie zugleich eine Lösung der Gravitationsgleichungen der Theorie von Weyl ist. *Diese ist daher ebensogut wie jene imstande, die Perihelbewegung des Merkur und die Krümmung der Lichtstrahlen im Schwerefeld zu erklären.*[391])

Es bleiben noch die Folgerungen für das Problem der Materie zu besprechen. Die Aufgabe ist wieder, diejenigen statischen, kugelsymmetrischen Lösungen der Feldgleichungen zu ermitteln, die nirgends singulär sind. Von derjenigen Wirkungsfunktion, die der Wirklichkeit entspricht, muß man wieder verlangen, daß sie nur je *eine* solche Lösung für jede der beiden Elektrizitätsarten zuläßt. Als wesentlich neues Moment gegenüber der Theorie von *Mie* kommt hinzu, daß wegen der Geschlossenheit der Welt nicht Regularität im Unendlichen, sondern auf dem „Äquator" der Welt zu fordern ist. So kommt man dazu, einen Zusammenhang zwischen der Größe der Welt und der des Elektrons zu vermuten, was immerhin etwas phantastisch erscheinen mag. Die Kräfte, die das Elektron zusammenhalten, sind hier nur teilweise elektrischer Natur, teilweise aber Gravitationskräfte. Schon bei den hier speziell näher diskutierten Ansätzen für die Wirkungsfunktion werden jedoch die Differentialgleichungen so kompliziert, daß die Integration bisher nicht ausgeführt werden konnte. Außerdem sind die Differentialgleichungen die gleichen für positive und negative Elektrizität (vgl. dazu Nr. 67), so daß die tatsächlich völlig asymmetrischen Verhältnisse jedenfalls nicht richtig wiedergegeben werden. *Zusammenfassend kann man also sagen, daß es der Theorie von Weyl bisher nicht gelungen ist, das Problem der Materie der Lösung näher zu bringen.*

391) Man vgl. dazu außer den in der Anm. 385) zitierten Arbeiten von *Weyl* auch *W. Pauli jr.*, Verh. d. deutschen phys. Ges. 21 (1919) p. 742, wo speziell das in Anm. 390) erwähnte Wirkungsprinzip zugrunde gelegt wird.

Wie in Nr. **67** noch näher erörtert werden wird, spricht im Gegenteil manches dafür, daß eine Lösung des Problems auf diesem Wege überhaupt nicht gefunden werden kann.

66. Die Theorie von Einstein. Von einem ganz verschiedenen Gesichtspunkt aus suchte *Einstein*[392]) die Frage nach dem Bau der materiellen Teilchen in Angriff zu nehmen. Die Feldgleichungen (401) resp. (452) fußten auf der Annahme eines materiellen Impuls-Energietensors $\mathfrak{T}_i^k$, welcher die Gleichung

$$\frac{\partial \mathfrak{T}_i^k}{\partial x^k} - \frac{1}{2}\mathfrak{T}^{rs}\frac{\partial g_{rs}}{\partial x^i} = 0 \tag{341a}$$

erfüllt. An dieser Annahme wollen wir hier festhalten. Da der Maxwellsche Energietensor

$$\mathfrak{S}_i^k = F_{ir}\mathfrak{F}^{kr} - \frac{1}{4}F_{rs}\mathfrak{F}^{rs}\delta_i^k \tag{222a}$$

(vgl. Nr. **54**) nur im ladungsfreien Raum dieser Bedingung genügt, müssen noch weitere Glieder zu $\mathfrak{S}_i^k$ hinzugenommen werden. *Mie* nahm nun an, daß diese Glieder elektrischer Natur, d. h. Funktionen der elektrischen Zustandsgrößen F_{ik}, φ_i seien. Dagegen nimmt *Einstein* an, daß *die materiellen Teilchen allein durch Gravitationskräfte zusammengehalten* werden, also die Zusatzglieder von den g_{ik} und ihren Ableitungen abhängen sollen. Obwohl der Maxwellsche Tensor $\mathfrak{S}_i^k$ jetzt nicht als der totale Energietensor der Materie bezeichnet werden kann und der Gleichung (341a) nicht genügt, geht *Einstein* auch hier analog wie in Nr. **56** von dem Ansatz aus, daß *dieser Maxwellsche Energietensor* $\mathfrak{S}_i^k$ *proportional sein soll einem aus den* g_{ik} *allein gebildeten Differentialausdruck zweiter Ordnung.* Dieser einfache Ansatz ist für die Einsteinsche Theorie ausschlaggebend. Man schließt daraus, im Verein mit der Forderung der allgemeinen Kovarianz wie in Nr. **56**, daß die Feldgleichungen die Form haben müssen:

$$R_{ik} + \bar{c}Rg_{ik} = -\varkappa S_{ik}.$$

Hier noch ein zu g_{ik} proportionales Glied hinzuzufügen, wird sich als überflüssig erweisen. Da aber die Gleichung (341a) für S_{ik} nicht gilt, haben wir kein Recht mehr, so wie früher $\bar{c} = -\frac{1}{2}$ zu setzen, vielmehr ist für die Bestimmung von $\bar{c}$ ein anderer Umstand maßgebend. Nach (223) verschwindet der Skalar S_i^i; damit auch der Skalar der linken Seite der Feldgleichungen identisch verschwindet, muß $\bar{c} = -\frac{1}{4}$ gesetzt werden, so daß die Feldgleichungen lauten:

$$R_{ik} - \frac{1}{4}g_{ik}R = -\varkappa S_{ik}. \tag{492}$$

---

392) *A. Einstein*, Berl. Ber. 1919, p. 349; auch in der Sammlung *Lorentz-Einstein-Minkowski*, Das Relativitätsprinzip, 5. Aufl., Berlin 1920.

Außerdem sollen die Gleichungen

(203) $$\frac{\partial F_{ik}}{\partial x^l} + \frac{\partial F_{li}}{\partial x^k} + \frac{\partial F_{kl}}{\partial x^i} = 0$$

und

(208) $$\frac{\partial \mathfrak{F}^{ik}}{\partial x^k} = \mathfrak{f}^i$$

der Elektronentheorie ihre Gültigkeit behalten. Eine einfache Abzählung lehrt, daß (203) und (492) gerade 4 unabhängige Gleichungen weniger als Unbekannte enthalten, wie es in einer allgemein relativistischen Theorie verlangt werden muß. Es sei noch bemerkt, daß sich die Feldgleichungen in diesem Fall, wie es scheint, nicht aus einem Wirkungsprinzip herleiten lassen. Da ferner nach Nr. **54** die Divergenz von S_{ik} auf Grund von (203) und (208) den Wert

$$-F_{ik}\mathfrak{f}^k$$

des negativen Lorentzschen Kraftvektors annimmt und die Divergenz von $R_{ik} - \frac{1}{2} g_{ik} R$ verschwindet, liefert die Divergenz der Feldgleichungen (492) die Beziehung

(493) $$F_{ik} s^k - \frac{1}{4\varkappa} \frac{\partial R}{\partial x^i} = 0.$$

Sie zeigt, daß bei den zugrunde gelegten Feldgleichungen in der Tat den Coulombschen Abstoßungskräften durch einen Gravitationsdruck das Gleichgewicht gehalten wird. Setzt man $s^k = \varrho_0 u^k$, so folgt überdies

(494) $$\frac{\partial R}{\partial x^i} u^i = \frac{dR}{d\tau} = 0,$$

d. h. R bleibt auf der Weltlinie eines und desselben Materieelementes konstant. Im ladungsfreien Raum wird nach (493)

$$\frac{\partial R}{\partial x^i} = 0,$$

also

(495) $$R = \text{konst.} = R_0 .$$

Im Innern der materiellen Teilchen sinkt R vom Wert R_0 ständig zu immer kleineren Werten bis zum Mittelpunkt des Teilchens. $\frac{1}{4\varkappa} R$ stellt nach (493) direkt die potentielle Energie der das Teilchen zusammenhaltenden Gravitationskräfte dar.

Wir müssen nun den Impuls-Energietensor T_{ik} der Materie aufsuchen. *Für diesen soll die das λ-Glied enthaltende Gleichung* (452) *bestehen bleiben.* Nach (453) wird hier für den materiefreien Raum $R = -4\lambda$. Der Vergleich mit (495) zeigt, daß

(496) $$R_0 = -4\lambda, \quad \lambda = -\frac{R_0}{4}$$

zu setzen ist. Es ist ein Hauptvorzug der neuen Formulierung, daß die Konstante λ hier nicht dem Grundgesetz an sich eigentümlich ist, sondern die Bedeutung einer *Integrationskonstante* hat. Die Gleichung (453) schreibt sich dann

$$G_{ik} + \tfrac{1}{4} R_0 g_{ik} = - \varkappa T_{ik},$$

während (492)

$$G_{ik} + \tfrac{1}{4} R g_{ik} = - \varkappa S_{ik}$$

ergibt. Durch Vergleich folgt

(497) $$T_{ik} = S_{ik} + \frac{1}{4\varkappa}(R - R_0) g_{ik}.$$

Dieser Tensor erfüllt also zufolge von (492) von selbst die frühere Gleichung (452) und somit auch die Gleichung (341a), außerdem verschwindet er im materiefreien Raum. Es ist deshalb auch vom physikalischen Standpunkt durchaus berechtigt, ihn als Energietensor der Materie zu bezeichnen. Die materielle Energiedichte $- \mathfrak{T}_4^4$ setzt sich aus zwei Teilen, einem elektromagnetischen und einem vom Gravitationsfeld herrührenden Teil zusammen, von denen beide positiv sind. Es ist leicht zu sehen, daß die räumlich geschlossene Welt mit konstanter ruhender Massendichte ($T_1^1 = T_2^2 = T_3^3 = 0$, $T_4^4 = - \mu_0 c^2$) eine Lösung der neuen Feldgleichungen ist. Alle Beziehungen der Nr. **62**b) bleiben unverändert bestehen. Der elektromagnetische Tensor S_i^k berechnet sich allgemein aus (497) zu

(498) $$S_i^k = T_i^k - \tfrac{1}{4} T \delta_i^k,$$

also in unserem Fall

(499) $$S_1^1 = S_2^2 = S_3^3 = \tfrac{1}{4}\mu_0 c^2, \quad S_4^4 = - \tfrac{3}{4}\mu_0 c^2$$

Die Energie der räumlich geschlossenen Welt rührt zu $\frac{3}{4}$ vom elektromagnetischen, zu $\frac{1}{4}$ vom Gravitationsfeld her. Dieser Anteil der elektromagnetischen an der Gesamtenergie ist genau der gleiche, wie er in Nr. **63** auf Grund spezieller (nicht notwendig zutreffender) Annahmen für das Elektron hergeleitet wurde.

Versucht man nun auf Grund der Differentialgleichungen (203) bzw. (206), (208) und (492) das Feld eines materiellen Teilchens zu ermitteln, so findet man, daß zur Bestimmung der Unbekannten im statischen kugelsymmetrischen Fall eine Gleichung zu wenig vorhanden ist. *Nach der hier entwickelten Einsteinschen Theorie ist jede statische, kugelsymmetrische Verteilung der Elektrizität im Gleichgewicht.* So befriedigend also auch die Grundlagen dieser Theorie sind, auch sie ist nicht imstande, das Problem der Materie zu lösen.

67. Allgemeines über den gegenwärtigen Stand des Problems der Materie. Jede der besprochenen Theorien hat ihre besonderen Vorzüge und Nachteile. Ihr gemeinsamer Mißerfolg veranlaßt uns jedoch, diejenigen Mängel und Schwierigkeiten besonders zusammenzufassen, die ihnen allen gemeinsam sind.

Das Ziel aller Kontinuumstheorien ist, den Atomismus der Elektrizität darauf zurückzuführen, daß die Differentialgleichungen, welche die Naturgesetze ausdrücken, nur eine diskrete Zahl von überall regulären, statischen und kugelsymmetrischen Lösungen haben, und zwar speziell je eine solche Lösung für die positive und die negative Elektrizitätsart. Es ist klar, daß Differentialgleichungen, welche diese Eigenschaft haben, äußerst kompliziert gebaut sein müssen. Es scheint uns, daß diese Verwickeltheit der Naturgesetze schon an sich gegen die Kontinuumstheorien spricht, denn man wird vom physikalischen Standpunkt wohl verlangen müssen, daß die an sich so einfache und grundlegende Tatsache des Atomismus auch einfach und elementar von der Theorie zu deuten ist und nicht sozusagen als ein Kunststück der Analysis erscheint.

Ferner haben wir gesehen, daß die Kontinuumstheorien gezwungen sind, besondere Kräfte einzuführen, welche den Coulombschen Abstoßungskräften im Innern der elektrischen Elementarteilchen das Gleichgewicht halten. Nimmt man an, daß diese Kräfte *elektrischer Natur* sind, so muß man dem elektromagnetischen Viererpotential eine absolute Bedeutung zusprechen, was zu den in Nr. **64** erörterten Schwierigkeiten führt. Gegen die andere Möglichkeit, daß die elektrischen Elementarteilchen durch *Gravitationskräfte* zusammengehalten werden, spricht aber ein sehr gewichtiges empirisches Argument. Man würde nämlich in diesem Fall erwarten, daß die schwere Masse des Elektrons zu seiner Ladung in einer einfachen Zahlenbeziehung steht. In Wirklichkeit ist aber die betreffende dimensionslose Zahl $\frac{e}{m\sqrt{k}}$ (k = gewöhnliche Gravitationskonstante) von der Größenordnung 10^{20}! (s. auch Nr. 59).

Von den Feldgleichungen ist überdies zu verlangen, daß sie von der Asymmetrie (Verschiedenheit der Massen) der beiden Elektrizitätsarten Rechenschaft geben. Es ist jedoch leicht zu sehen, daß dies mit ihrer allgemeinen Kovarianz in formaler Hinsicht im Widerspruch steht.[393]) Für den statischen Fall enthalten die Feldgleichungen neben den g_{ik} ($i, k = 1, 2, 3$ oder $i = k = 4$) nur das elektrostatische Potential φ als Variable. Als ein spezieller Fall der allgemeinen Kovarianz müssen nun die Differentialgleichungen insbesondere auch bei Umkehrung der Zeit $x'^4 = -x^4$ kovariant sein. Dabei geht aber φ in $-\varphi$ über, während die g_{ik} unverändert bleiben (es ist in unserem

393) *W. Pauli jr.*, Phys. Ztschr. 20 (1919), p. 457.

Fall $g_{i4} = 0$ für $i = 1, 2, 3$). Ist also $\varphi, g_{ik}(g_{i4} = 0)$ eine Lösung der Feldgleichungen, so ist auch $-\varphi, g_{ik}(g_{i4} = 0)$ eine Lösung, im Widerspruch zur Asymmetrie der beiden Elektrizitätsarten. Man könnte versuchen, dieser Konsequenz dadurch zu entgehen, daß man nicht rationale Wirkungsinvarianten einführt, so wie es am Ende der Nr. 64 angegeben wurde. Aber erstens werden dann die Feldgleichungen noch komplizierter, und zweitens geschieht die Auswahl des eindeutigen Zweiges der Wirkungsfunktion nicht in allgemein kovarianter Weise, indem z. B. gegenüber einer Umkehr der Zeit $x'^4 = -x^4$ jetzt keine Kovarianz mehr vorhanden ist.

Endlich ist auch noch ein begriffliches Bedenken zu erwähnen.[394]) Die Kontinuumstheorien operieren ohne weiteres mit dem gewöhnlichen Begriff der elektrischen Feldstärke auch für die innerelektronischen Felder. Diese Feldstärke ist jedoch definiert als die Kraft auf einen Probekörper, und da es keine kleineren Probekörper gibt als Elektron und Wasserstoffkern, scheint die Feldstärke in einem bestimmten Punkt im Innern eines solchen Teilchens prinzipiell nicht beobachtbar, also eine physikalisch inhaltslose Fiktion zu sein.

Wie immer man sich im Einzelnen zu diesen Argumenten stellen mag, so viel scheint sicher zu sein, daß zu den Grundlagen der bisher aufgestellten Theorien erst neue, der Kontinuumsauffassung des Feldes fremde Elemente hinzukommen müssen, damit man zu einer befriedigenden Lösung des Problems der Materie gelangt.

394) Vgl. dazu *W. Pauli jr.*, Verh. d. phys. Ges., l. c. Anm. 391) und die Nauheimer Diskussion, Phys. Ztschr. 21 (1920), p. 650.

(Abgeschlossen im Dezember 1920.)

(Die später erschienene Literatur konnte nachträglich nur teilweise berücksichtigt werden.)

GPSR Compliance

The European Union's (EU) General Product Safety Regulation (GPSR) is a set of rules that requires consumer products to be safe and our obligations to ensure this.

If you have any concerns about our products, you can contact us on ProductSafety@springernature.com

In case Publisher is established outside the EU, the EU authorized representative is:

Springer Nature Customer Service Center GmbH
Europaplatz 3
69115 Heidelberg, Germany

Batch number: 08545655

Printed by Printforce, the Netherlands